武汉轻工大学—恩施德源健康科技发展有限公司—湖北国硒科技发展有限公司学科专项资金资助

硒科学与工程学科系列教材

硒生理生化

——动物篇

陈季旺　王海滨
刘玉兰　程水源　主编

中国农业出版社

北　京

图书在版编目（CIP）数据

硒生理生化. 动物篇 / 陈季旺等主编. -- 北京 ：
中国农业出版社，2025. 6. -- ISBN 978-7-109-33327-7

Ⅰ. O613.52；S87

中国国家版本馆 CIP 数据核字第 2025GX2642 号

中国农业出版社出版

地址：北京市朝阳区麦子店街 18 号楼

邮编：100125

责任编辑：赵　刚

版式设计：小荷博睿　　责任校对：吴丽婷

印刷：北京中兴印刷有限公司

版次：2025 年 6 月第 1 版

印次：2025 年 6 月北京第 1 次印刷

发行：新华书店北京发行所

开本：720mm×960mm　1/16

印张：14

字数：215 千字

定价：59.00 元

　　硒存在于土壤中，通过植物进入食物链，人摄取硒的主要来源是食物，食物含硒量直接影响着人体硒营养水平，各类食物的含硒量不同，而动物源食物是人类摄入硒的主要来源。硒也是动物体内必需的微量元素，在生长、发育、繁殖及疾病预防等方面具有重要的生理功能。近年来，硒在动物科学和产业领域中取得了一系列重要的研究及应用成果，有力支持了富硒动物性农产品和食品生产加工业的发展。作为富硒功能农业的重要组成部分，富硒畜禽产品和水产品产业链在其中占有重要地位。自 2018 年 9 月以来，先后由武汉轻工大学与恩施德源健康科技发展有限公司联合申报和组建了国家富硒农产品加工技术研发专业中心，武汉轻工大学成立了硒科学与工程现代产业学院。这些在国内硒产业和交叉学科领域首创的特色研究平台及学院，在构建硒研发、学科建设与人才培养以及产业化相结合的技术和人才创新发展体系，助力健全硒产业标准化体系，加快富硒农产品的高价值利用，培育引领硒产业提档升级等方面开展了一系列卓有成效的工作。作为"硒科学与工程"学科的系列教材之一，《硒生理生化——动物篇》的出版必将为硒学科建设和硒产业发展作出重要的贡献。

　　《硒生理生化——动物篇》是国内第一本从生理生化的角度和分子水平专门系统介绍硒在动物体内代谢，硒对动物生产、生殖、品质和健康的影响以及加工利用方法的专著。全书主要内容包括绪论，硒概述，硒在动物机体中的消化、吸收与代谢，硒的生物学效应，硒在农业动物养殖生产中的应用，富硒动物产品的生产、加工与利用等。编者全面收集相关领域国内外最新文献资料，并对这些文献资料进行了归纳和总结，内容翔实，阐述深刻，作者付出了大量的心血。相信此书的出版将为我国深入开展动物硒生理生化机制研究及应用提供重要的理论基础，为富硒动物资源的开发和利用起到有力的推动作用，也为促进硒学科建设、硒产业发展和造福人类健康做出贡献。

编　者

2025 年 4 月

目　录

绪　　论

第一节　动物硒生理生化概况

硒（Selenium）是动物体内必需的微量元素，在生长、发育、繁殖及疾病预防等方面具有重要的生理功能。近年来，硒在动物科学领域中取得了一系列重要的研究成果。为了系统了解硒在动物科学中的应用，以推动"硒科学与工程"学科更广泛深入地发展，编委人员经过收集大量文献资料，归纳整理之后，编写了《硒生理生化——动物篇》这本教材。《硒生理生化——动物篇》是研究硒在动物体内代谢以及其对生产、生殖和健康影响的一门新兴科学。

1817 年，瑞典化学家 Berzelius 在焙烧黄铁矿制取硫酸的过程中发现硒元素，其原子量为 78.96g/mol，有多种同位素。在化学元素周期表中，硫、硒、碲统称为硫族。硒在地壳中的丰度排名第 59 位，含量非常低，大约为 50μg/kg。在随后的一个世纪中，人们一直认为硒是一种对动物有毒的元素。然而直至 1957 年，美国营养学家 Schwarz 和 Folz 通过对小鼠的研究首次揭示缺硒会导致小鼠肝脏坏死，并提出硒是动物体必需的微量元素之一，这一发现后来在其他动物和人身上也得到了验证。1973 年，Rotruck 等用同位素[75]Se 标记技术证明硒是谷胱甘肽过氧化物酶（Glutathione peroxidase，GPX）中的必要成分，同年世界卫生组织宣布硒是人体必需的微量元素之一。1974 年，美国食品药品管理局（Food and Drug Administration，FDA）允许硒在动物饲料中添加，从此开启了硒在动物营养研究中的序幕。

动物日粮中硒的添加形式主要是亚硒酸钠和酵母硒。十二指肠是硒的主要吸收部位，目前尚未发现亚硒酸钠的转运载体，其是通过自由扩散的方式被机体吸收。硒代蛋氨酸与蛋氨酸结构相似，且硒和硫属于同一族相邻的元素，硒代蛋氨酸以蛋氨酸的吸收机制被机体吸收。在正常的生理和饮食条件下，几乎所有形式的硒均易被动物吸收，包括无机硒和有机硒，吸收率达 $70\%\sim90\%$。但亚硒酸钠除外，其吸收率不到 60%。硒被肠道吸收后很快被血红细胞摄取，通过谷胱甘肽和谷胱甘肽还原酶参与的一系列还原反应，将硒还原为硒化氢。硒化氢在硒磷酸合成酶的催化下生成硒磷酸，硒磷酸是硒进入硒代半胱氨酸的第一步，也是硒蛋白合成的关键步骤。在硒代半胱氨酸合成酶的作用下生成硒代半胱氨酰-tRNA$^{[Ser]Sec}$（Sec-tRNA$^{[Ser]Sec}$），然后由 mRNA 链上的 UGA 密码子编码硒代半胱氨酸进入多肽链，即硒蛋白。当机体硒过量时，通过甲基化将硒化氢转变为二甲基硒和三甲基硒，分别通过呼吸和粪尿排出体外。

在动物体内，硒蛋白是硒发挥其生物学功能的主要形式，包括参与氧化应激反应、氧化还原信号、细胞分化、免疫调节和蛋白质折叠等。硒蛋白是指含有硒代半胱氨酸的蛋白质，存在于所有的生命体中，硒代半胱氨酸被称为第 21 种氨基酸，其由终止密码子 UGA 在特定条件下编码。目前，在人和动物体内已发现 25 种具有生物活性的硒蛋白，主要包括 GPX 系、碘化甲状腺原氨酸脱碘酶系（Deiodinase，DIO）、硫氧还蛋白还原酶系（Thioredoxin reductase，TXNRD）、硒磷酸合成酶系（Selenophosphate synthase，SEPHS2）等。GPX 酶系含有 5 种硒蛋白，分别为 GPX1～4 和 GPX6，其核心生理功能是作为生物酶催化谷胱甘肽清除动物细胞的过氧化氢、脂质过氧化物和有机过氧化物等有害代谢产物，实现硒的抗氧化能力。DIO 酶系包括 DIO1～3，其核心生理功能是作为生物酶催化调节甲状腺激素的活性，即活化或钝化甲状腺素，实现硒的代谢调节能力。TXNRD 酶系包括 TXNRD1～3，其核心生理功能是作为生物酶催化烟酰胺腺嘌呤二核苷酸磷酸还原硫氧还蛋白，间接实现硒的抗氧化能力。一些硒蛋白定位于内质网，例如硒蛋白 F、硒蛋白 M、硒蛋白 N、硒蛋白 K、硒蛋白 T 和硒蛋白 S，这些硒蛋白在蛋白质折叠过程中起着重要作用。时至今日，大部分硒蛋白通过作为硒酶来参与氧化还原过程中，但其非酶成员目前也逐步被研究以揭示其功能。

我国地貌多样，这造成硒的分布和含量在不同地区有明显差异，并间接地影响动物健康。国内有超过 70% 的地区缺硒，其中 30% 的地区严重缺硒。土壤 pH 是影响植物中硒含量的主要因素，酸性土壤中硒含量虽高，但硒和铁、铜等元素易形成不易被植物吸收的化合物，因此这类地区的植物硒含量一般较低，采食该地区植物的畜禽易患硒缺乏症，其中家禽对缺硒更为敏感。动物缺硒主要表现为骨骼肌变性或坏死、肝坏死及心肌纤维变性等症状。早在 1957 年，研究者们就发现，猪缺硒会导致肝坏死以及心肌和骨骼肌的变性甚至死亡。缺硒和维生素 E 可导致大鼠肝坏死，而补硒可预防该症的发生。研究表明，饲粮中硒缺乏会导致猪出现桑椹心、牛羊产生白肌病、家禽出现渗出性素质病和胰腺坏死、肌肉营养性萎缩等症状。然而，过量的硒摄入会导致动物硒中毒，主要表现为慢性中毒和急性中毒。硒慢性中毒主要是畜禽采食富硒植物出现的硒中毒症状，常见的如"蹒跚盲"综合征或"碱性病"。急性中毒主要由于家畜短时间采食了大量含硒植物或富硒饲料。放牧条件下，应避免家畜采食大量高硒植物，也可考虑通过治理土壤，降低植物原料硒的吸收，防止动物硒中毒。

　　在畜禽生产中，饲粮中添加硒补充剂对于提升畜禽机体健康和生产富硒肉、蛋及奶产品具有重要作用。大量研究表明，硒在促进动物机体生长发育方面有着极其重要的作用。机体在代谢过程中产生的具有高度氧化性的中间产物，例如，活性氧和自由基的过度积累，导致过氧化损伤，会造成细胞破坏和组织损伤，导致动物生长缓慢。硒是机体免疫蛋白重要的组成元素，其可通过提高动物的免疫能力，进而提高生长性能。有研究表明，缺硒会降低仔猪血清的抗体浓度，影响血清中嗜中性粒细胞及 T 淋巴细胞的功能，进而导致仔猪的抗病力以及抗感染力下降。此外，硒通过提高动物蛋白质合成代谢，增加蛋白质的体内合成和积累从而提高动物的生长性能。甲状腺激素是促进动物组织生长、分化和成熟的重要激素；同时能促进机体免疫器官的发育，调节多种酶的表达和机体内的代谢。硒是脱碘酶的主要成分，而甲状腺的合成少不了脱碘酶的参与。有研究表明，硒代蛋氨酸提高了仔猪血清中 T3、T4 和白蛋白水平，降低了血清尿素氮含量，从而改善仔猪的生长性能。此外，在畜禽饲粮中添加硒可提高肌肉组织的硒沉积含量，并且影响肌肉中的脂肪酸组成和蛋白质含量，从而改善肌肉产品的营养价值。因此，通过在畜禽饲粮中添加硒补充剂可以改善机体健康和生产富硒畜禽产品。

动物硒生理生化立足于当前动物生产与硒关系的研究，整合目前硒在动物研究中的最新成果，也包括编委成员相关系列的研究进展，加以归纳总结，以回答动物体内的硒吸收和代谢、硒对动物生产和繁殖影响等关键问题，以期为相关研究或行业从业人员提供理论指导。全书共五章。第一章为硒概述，重点阐述了硒的发现与理化性质，硒存在形式与在饲料中检测的方法，以及动物日粮中硒的来源途径。第二章为硒在动物中的消化、吸收与代谢，阐明了动物对日粮中硒的消化、吸收和代谢过程，以及硒在不同组织中的转运和分布情况，重点介绍了不同形式硒的代谢特点。第三章为硒的生物学效应，阐述了硒蛋白的生物合成过程、种类和分布以及硒蛋白的主要生物学功能，重点介绍了缺硒和高硒营养状态对动物生理机能的影响以及与硒缺乏相关的动物疾病。第四章为硒在农业动物养殖生产中的应用，重点阐述了硒对家畜、家禽、反刍动物和水产动物生产性能和繁殖性能的影响，以及其在动物免疫机能、抗应激能力和肉蛋品质中的调控作用。第五章为富硒动物产品等的加工与利用，重点阐述了富硒动物产品如富硒禽蛋、畜禽肉、乳品等的加工方式和工艺，以及富硒动物产品的利用情况。

第二节　动物硒生理生化展望

动物硒生理生化的发展有以下趋势：

1. 硒饲料添加剂在养殖业的应用前景将更加广阔

近年来，硒在动物体内的生理生化机制已越来越清楚，有多种含硒蛋白被纯化出来，其生理生化功能也逐渐成为动物营养学界注目的焦点。对硒的研究主要集中于动物科学与畜禽养殖等方面，并已取得一定的成果。在畜禽养殖中，硒被广泛用于预防畜禽疾病，提高家畜的受胎率、产仔率和家禽的产蛋率，以及促进动物生长等方面。今后随着对各种硒蛋白和含硒蛋白分子水平上的深入研究，以及对硒与饲料中其他营养物质复杂互作的探索，必将使硒在动物养殖业中具有更加广阔的利用前景。

2. 富硒畜产品相关标准将更加完善

迄今为止，我国湖北、陕西、江西、重庆等多个地区均已发布富硒食品硒含量地方标准。例如，湖北省 DB 42/211—2002《富硒食品标签》注明富硒肉类及蛋类产品含硒量要在 0.2mg/kg 以上；液态、固态奶类含硒量分别在 0.025mg/L、0.08mg/L 以上等。除部分地方标准外，我国在富硒畜产品领域还未形成一套系统、成熟的质量监管及营养标准体系，难以对生产企业实行有效监管，导致市面上冠以"富硒"头衔的畜产品种类繁多、参差不齐，混淆了消费者的认知，影响人民群众对优质食物的美好期待。因此，以硒的摄入量以及生物学效应为依据，结合我国居民实际硒营养现状背景，科学合理地制定相关富硒畜产品质量监管及营养标准体系，培养消费者科学消费观，已成为该领域亟待解决的重要问题之一，符合我国营养导向型现代农业发展方向。

3. 硒营养需要量将更加精准化

目前硒补充剂一般有两种形式，即硒酸盐、亚硒酸钠等形式的无机硒及硒代蛋氨酸等形式的有机硒。无机硒中的亚硒酸根离子易发生氧化作用，生物利用率较低，且可能与其他矿物质发生拮抗作用，导致体内硒沉积和贮备力差。因而添加无机硒不但不能达到理想的补硒效果，还可能对动物存在潜在的危害以及对环境造成污染。而有机硒吸收利用率高、毒副作用小，且在提高机体抗氧化、抗应激和免疫能力等方面效果均明显优于无机硒。农业农村部 1224 公告中已明确将酵母硒列入使用范围，随着这一新规的出台，有机硒的应用价值也进一步被畜禽养殖业所认可。但是目前对硒的营养性功能和毒性作用研究还存在一定争议。因此，关于不同形态的硒添加剂的使用量以及不同动物在不同阶段对硒的需要量也是今后主要的研究方向之一。

第一章 硒 概 述

硒是一种重要的微量元素，具有抗氧化等多种生理功能，在血液和组织中可能以多种形式存在，对人体和其他生物体的健康具有至关重要的作用。但硒也是一种有毒元素，过量摄入可能导致中毒现象，例如脱发、指甲变形、恶心、呕吐等，而其毒性取决于其存在形式及摄入量。2023 年中国营养学会发布的《中国居民膳食营养素参考摄入量》指出，成年人推荐每天补充 $60\sim250\mu g$ 的硒，可耐受最高摄入量为 $400\mu g$。使用含硒饲料饲养的动物性食品（肉类、蛋类、水产类）都是硒的良好来源。而针对硒含量及硒形态的分析，在确保食品质量、促进健康、推动科学研究和环境保护等方面，都具有重要作用。

第一节 硒及其理化性质

一、元素综述

硒（Selenium），符号 Se，是元素周期表中第 34 号元素，属于 VIA 族第四周期的稳定性非金属固体元素，与氧、硫元素同属一族。硒元素于 1817 年首次被人类发现，成为我们认识到的第 50 种元素。硒的发现与其命名有着密切的联系。硒的发现者是瑞典化学家永斯·贝采利乌斯（Jöns Jacob Berzelius），他在分析一种化学样品时发现了一种新的元素。由于这种新元素的化学性质与之前发现的碲元素相似，而碲的名称来源于拉丁文，意为"地球"，因此贝采利乌斯决定以希腊神话中的月亮女神"Selene"来命名这种新元素，以与碲形成对应。而当我们提到硒的中文名称时，它其实是一个根据拉丁文名音译而新造的形声字，既保留了其原有的音韵，又赋予了它新的文化内涵。

　　硒元素主要生成于恒星演化核燃烧阶段的中子俘获及质子俘获过程，也有小部分来自铀 238 的自发裂变。恒星在其生命周期内，通过一系列复杂的核反应生成各种元素，硒就是其中之一。中子俘获过程包括慢中子俘获（s-过程）和快中子俘获（r-过程），这些过程在恒星内部发生，为硒的生成提供了主要途径。此外，还有一小部分硒来自铀 238 的自发裂变，这一过程虽然罕见，但同样为硒元素的生成贡献了重要力量。

　　作为一种稀有元素，硒在地壳中的含量相对较少，位列第 59 位。地壳中的平均硒含量约为 $50\mu g/kg$，但这一数值在不同地理区域间存在着显著的差异。例如，在中国、日本、俄罗斯、加拿大和美国等地，硒的含量可能在 $10\sim200\mu g/kg$ 之间波动，这种差异可能与地壳的构成和地质活动有关。

　　硒元素拥有 6 种稳定的天然同位素，它们分别是硒 74（^{74}Se）、硒 76（^{76}Se）、硒 77（^{77}Se）、硒 78（^{78}Se）、硒 80（^{80}Se）和硒 82（^{82}Se）。这些同位素在自然界中的丰度各不相同，它们丰度分别为：0.87％、9.02％、7.58％、23.52％、49.82％和 9.19％。其中，^{80}Se 是最丰富的同位素，占天然硒的近一半。不同的同位素在自然界中的分布和存在形式略有不同，这些同位素在科学研究和工业应用中有着重要的作用。例如，^{74}Se 和 ^{76}Se 可以用于核物理研究，^{77}Se 在医学上用于放射性标记和成像。

　　硒在工业、农业和生物学中具有广泛的应用。在工业上，硒被用作玻璃制造中的脱色剂和染色剂，特别是在生产红色和粉红色玻璃时。硒还用于电子工业中，利用其光电导特性制造光敏电阻和光电池。农业上，硒是作物生长的重要微量元素，适量添加硒肥可以提高作物的抗病性和产量。

　　在生物学中，硒是多种生物体不可或缺的微量元素。硒在人体内主要以硒蛋白的形式存在，参与多种生物过程，包括抗氧化作用、甲状腺激素代谢和免疫功能。硒是谷胱甘肽过氧化物酶（Glutathione peroxidase，GPX）的活性中心，参与清除体内的过氧化物，保护细胞免受氧化损伤。此外，硒对甲状腺功能有重要影响，参与甲状腺激素的合成和代谢，缺硒会导致甲状腺疾病。硒还具有调节免疫系统功能的作用，提高机体的抗病能力。

　　虽然硒是必需微量元素，但其摄入量需要适量，过量摄入硒会导致硒中毒，表现为脱发、指甲变形、胃肠道症状和神经系统损伤。因此，控制硒的摄入量对健康至关重要。

综上所述，硒作为一种重要的非金属元素，在化学、工业和生物学中扮演着多种重要角色。从其发现历史到地球上的分布，再到其在工业和生物中的应用，硒的多面性和重要性显而易见。通过对硒元素的深入研究，不仅可以更好地理解其基本性质和行为，还可以更有效地利用其独特的性质，服务于科学研究和实际应用。

二、物理性质

硒元素的原子量为 $78.96g/mol$，它是一种具有多种物理形态的元素，拥有 4 种主要的同素异形体：灰色六方晶形硒、红色单斜晶型硒、红色无定形硒和黑色玻璃态硒。这些同素异形体在物理性质上有显著差异。

灰色六方晶形金属型硒，灰色，略带蓝色金属光泽，其相对密度高达 $4.81g/cm^3$（20℃，405.2 kPa），这使得它在同素异形体中显得格外坚实。熔点 220.5℃、沸点 685℃，这意味着它可以在高温环境下保持稳定的物理状态。然而，这种硒并不溶于水、二硫化碳和乙醇，但能够溶于硫酸和氯仿，这为其在化学领域的应用提供了可能。

红色单斜晶型硒，这种硒的相对密度略低于灰色六方晶形硒，为 $4.39g/cm^3$。其熔点为 221℃，沸点同样为 685℃。与灰色六方晶形硒相似，它也不溶于水、乙醇，但微溶于乙醚，并且能溶于硫酸和硝酸。这种微小的溶解性差异可能决定了它们在特定化学反应中的不同表现。

红色无定形硒则是另一种形态。它的相对密度为 $4.26g/cm^3$，与红色单斜晶型硒相近。尽管形态不同，但它们在物理性质上却有许多相似之处。

黑色玻璃态硒易碎且有光泽，结构不规则，由超过 1 000 个原子形成的环聚合而成。相对密度为 $4.28g/cm^3$，沸点为 685℃。与其他同素异形体一样，它也不溶于水，但微溶于二硫化碳。这种硒的独特之处在于其结构的不规则性和易碎性，这使得它在某些特定应用中具有独特的优势。

值得注意的是，这些不同的同素异形体可以随温度变化相互转换。其中，灰硒的晶型最稳定，具有由螺旋形聚合物链组成的手性六方晶格。这种结构赋予了它很好的光电导性，使其成为一种优秀的半导体材料。通过加热其他同素异形体，我们都可以获得这种稳定的灰硒。

硒有剧毒，能导电、导热。电导率随光照强弱而急剧变化，可增强 1 000 倍以上，是一种重要的光导材料。这种性质使得硒在光电领域具有广泛的应用前景。硒的热导率较低，表现出类似于非金属的热导特性。同时，它的金属性介于硫和碲之间，这使得它在金属和非金属之间具有独特的地位。

三、化学性质

硒的原子大小、键能、电离势和主要氧化态与硫相似。其价电子构型 $4S^2 4P^4$，电负性 2.5，第一电子亲和能 194.93kJ/mol，第一电离能 941.0kJ/mol，标准电极电势 0.74V。

硒的价态非常多样，包括＋6、＋4、＋2 和－2，但其中最常见的是－2、＋4 和＋6。这些价态的存在使得硒在化学反应中能够形成多种化合物，从而展现出其丰富的化学性质。其中，－2 价态的硒通常以硒化物的形式存在，如硒化氢（H_2Se）、硒化钠（Na_2Se）等；＋4 氧化态下的硒主要形成二氧化硒（SeO_2）和亚硒酸（H_2SeO_3）等化合物；而＋6 氧化态下的硒主要形成硒酸（H_2SeO_4）和硒酸盐（如硒酸钠、Na_2SeO_4）等化合物。

硒的化学性介于金属和非金属之间，这使得它在化学反应中既表现出金属的一些特性，又具备非金属的某些属性。在常温下，硒是稳定的，不会自发地发生氧化反应。硒与氧的亲和力低于硫与氧的亲和力。目前已知的硒氧化物只有两种：二氧化硒和三氧化硒。

当硒在空气中燃烧时，会发出纯蓝色的光焰，并散发出一种特殊的臭萝卜味。这种燃烧反应生成的二氧化硒具有挥发性和强氧化性，与水反应生成亚硒酸；同时，它还能与过氧化氢反应，生成硒酸。硒酸是一种强酸，可溶解金、银、铜；当热硒酸与浓盐酸混合时，形成的混合液如同王水一般，能够溶解惰性最强的金属铂。

硒能与氢反应生成 H_2Se，硒化氢是一种无色、有毒且具有恶臭的大蒜味气体，其化学性质与硫化氢（H_2S）类似，但毒性更大。H_2Se 在水中的溶解度比 H_2S 低，且易被氧化成红色硒单质或其他硒化物。

在化学反应中，硒与不同类型的元素反应时，会展现出不同的行为。例如，当硒与碱金属和碱土金属反应时（除铍外），会生成离子型硒化物；而与过渡金属反应时，则会生成间充型硒化物。此外，当硒与 p 区的金属和稀有气体以外的非金属反应时，均会生成共价型化合物。

硒作为一种酸性元素，它不与酸和水发生反应，但可以与强碱发生反应，生成硒酸盐。这种性质使得硒在制备某些特定化合物时具有独特的优势。此外，硒的氢化物溶于水可以形成无氧酸。

第二节　硒的存在形式

硒在自然界和生物体内以多种形态存在，包括无机硒和有机硒两大类。无机硒主要存在于岩石、土壤和煤矿中，而有机硒则主要以硒代氨基酸和含硒蛋白的形式存在于生物体内。这些不同形态的硒在生物体内发挥着各自的生理功能，对于维持生物体的正常代谢和健康状态具有重要意义。

一、无机硒

硒是亲硫的一种稀散元素，自然界中无单质存在。硒在地壳中通常以无机化合物形态存在于富含硫的黄铁矿和闪锌矿中，或与金、银、铜、锌、铁、铅等亲硫元素共生。主要的无机化合物类型为硒化物、硒酸盐和硒的非金属化合物。常见无机硒化合物包括：硒化锌（$ZnSe$）、硒化铅（$PbSe$）、H_2Se、H_2SeO_4、二硫化硒（SeS_2）、SeO_3、亚硒酸钠（Na_2SeO_3）、Na_2SeO_4、硒化铝（Al_2Se_3）等。

常见亚硒酸盐是最具毒性的硒化合物之一。它具有较高的生物活性，能够与生物分子（如蛋白质和 DNA）发生反应，导致细胞损伤和氧化应激。而致毒机理可能是其能与蛋白质中的巯基或其他含硫基团反应生成过量活性氧，一方面上述反应会影响甚至破坏生物机体中的相关酶、扰乱细胞代谢，另一方面反应中所产生的活性氧会引起细胞损伤。高剂量的亚硒酸盐摄入会导致急性中毒症状（如恶心、呕吐、腹痛、腹泻）和神经系统症状（如头痛、头晕和共济失调）。

硒酸盐的毒性相对较低，但长期高剂量摄入仍可能导致慢性中毒。硒酸盐在体内可以被还原为亚硒酸盐，进而引发类似的毒性反应。此外，硒酸盐可以干扰硫代谢，导致代谢紊乱。长期高剂量的硒酸盐摄入可能导致慢性中毒症状，如指甲和头发的变化（如指甲变厚、脱发）、皮肤损伤和神经系统症状（如疲劳、易怒和记忆力减退）。

硒纳米颗粒（Selenium nanoparticle，SeNP）是一种在生物医学、营养补充、食品保鲜、化妆品以及环境治理等多个领域具有潜在应用价值的新型纳米材料。SeNP 主要由硒元素构成，粒径通常在 1～100nm 之间。具有更大的比表面积、更高的催化效率、更高的表面活性和更强的吸附能力等特性。SeNP 的制备方法包括物理法、化学法和生物法。物理法主要通过激光烧蚀、微波辐射等技术手段制备；化学法则利用化学反应合成；而生物法则通过微生物或植物的新陈代谢作用将硒源转化为纳米硒。SeNP 的毒性在某些研究中显示出较低的生物利用度，但其毒性效应仍需进一步研究。

二、有机硒

硒在生物体内大多以有机硒形态存在，例如，硒代氨基酸、含硒蛋白（Selenium‐containing protein 或 selenium‐binding protein）、硒糖和硒核酸等。

（一）硒代氨基酸和含硒蛋白

无机形式的硒在植物、真菌和细菌的生物累积过程中，被掺入至氨基酸中形成硒代氨基酸，例如，硒代蛋氨酸（Selenomethionine，SeMet）、硒代半胱氨酸（Selenocysteine，SeCys）、甲基硒代半胱氨酸（Methylselenocysteine，MeSeCys）、硒胱硫氨酸（Selenocystathionine，CysSeMet）、γ‐谷氨酰硒‐甲基硒代半胱氨酸和硒腺苷硒代同型半胱氨酸等（表1-1）。硒代胱氨酸（Selenocystine，$SeCys_2$）是两个 SeCys 聚合形成，作为 SeCys 的储存形式，可以在需要时释放 SeCys。硒代氨基酸的毒性相对较低，具有较高的生物利用度，可以作为蛋白质的组成部分被掺入体内，缓慢释放硒。但高剂量摄入仍可能导致硒过量，进而引发氧化应激和细胞损伤。长期高剂量的硒代氨基酸摄入可能导致慢性中毒症状，例如，指甲和头发的变化、皮肤损伤和神经系统症状。

这些形式的硒也可以甲基化并生成二甲基硒化物、二甲基二硒化物、二甲基硒酮、甲基硒醇和二甲基硒基硫化物。然而，硒并不像人类那样被认为是这些生物体的必需微量元素。它们积累大量有机硒化合物的能力可能是解毒过程的结果。人体内无机形式的硒转化为 SeCys，并结合到硒蛋白中，或转化为甲基化代谢产物，通过呼气、尿液和粪便排出。

表1-1　常见有机形态硒

中文名	英文名	简写	结构式
硒代蛋氨酸	Selenomethionine	SeMet	
硒代半胱氨酸	Selenocysteine	SeCys	
硒代胱氨酸	Selenocystine	$SeCys_2$	
甲基硒代半胱氨酸	Methylselenocysteine	MeSeCys	
硒胱硫氨酸	Selenocystathionine	CysSeMet	
二甲基硒	Dimethylselenide	$(CH_3)_2Se$	
二甲基二硒	Dimethyldiselenide	$(CH_3)_2Se_2$	

含硒蛋白质中的硒以硒代氨基酸的形式接入多种蛋白质的活性位点。其中，SeMet 中的硒与蛋氨酸中的硫在化学性质上相似，可以被生物体内的酶系统识别并整合到蛋白质合成过程中，是组成含硒蛋白的主要硒代氨基酸之一。SeCys 相对于半胱氨酸而言，其还原性与酸性更强，在生理 pH 下更易电离使其亲核性较强，因此还原反应速率更高。当含硒蛋白的氨基酸序列中包含有 SeCys 残基时，这种蛋白质被称为硒蛋白（Selenoprotein），它是动物体内硒的主要功能形式，包括多种具有生物活性的蛋白质。硒蛋白的合成依赖于 SeCys 的合成和插入，因而 SeCys 被称为"第 21 种氨基酸"。在动物源食品的研究中，肉类（如羊肉、猪肉、鸡肉和牛肉）蛋白质中均检测到了 SeMet 和 SeCys，羊肉和猪肉中还检测到一定量的 MeSeCys。由于哺乳动物没有有效的蛋氨酸合成机制。因此，它们也无法合成 SeMet，这种氨基酸应是通过食物摄入获取。鱼类是最常见的动物硒来源之一，鱼类和其他海鲜（如金枪鱼、鲑鱼、虾）的主要硒形态也是 SeMet 和 SeCys；而扇贝的蛋白质中检测到了 SeMet、MeSeCys 和 SeCys；其他动物源食品（如蜂蜜、昆虫）的主要硒形态也是 SeMet 和 SeCys。有研究显示，在哺乳动物系统中可能存在多达 100 种硒蛋白，通过体内硒同位素标记已经鉴别出 30 种以上的硒蛋白，例如谷胱甘肽过氧化物酶（Glutathione peroxidase，GPX）、硒蛋白 P 和硒蛋白 K 等。GPX 是一类抗氧化酶，主要通过催化谷胱甘肽（GSH）还原过氧化物（如过氧化氢和有机过氧化物），从而保护细胞免受氧化损伤。硒蛋白 P 含有多个 SeCys 残基，可以结合和运输硒，同时清除体内的自由基。目前人类能纯化或是克隆的硒蛋白可达到 15 种，例如 4 种 GPX（胞浆 GPX1、胃肠 GPX2、血浆 GPX3、磷脂氢过氧化物 GPX4）。

（二）硒糖和硒多糖

硒糖是一类复杂的有机硒化合物。它们在硒的结合类型、价态和氧化程度上有相当大的差异。它们可以分为硒烷基硒化物和硒芳基硒化物、硒吡喃糖、硒呋喃糖、硒糖苷、硒核苷和硒酯等。硒糖是单糖、二糖、寡糖以及多糖的衍生物，生物活性上有所不同。目前，其中一些正在被作为无毒且生物可利用性高的有机硒来源进行深入研究。

硒吡喃糖和硒呋喃糖中，硒原子取代了常规糖分子中的氧原子，一般情况下为人工合成。而硒糖苷的硒原子是取代了常规糖分子中糖苷键上的桥氧原子，大部分的硒糖苷也是化学合成。硒代谢的鲜为人知的产物是硒糖。人体的主要代谢产物（尤其是肝脏代谢产物）是 1-甲基硒-N-乙酰基-D-半乳糖胺。

一些真菌和植物，在富硒（如亚硒酸钠）的环境中，能够将硒结合到细胞壁多糖和胞外多糖中。这种硒多糖同时具有硒和多糖的特点，可以通过提高抗氧化酶（如超氧化物歧化酶、过氧化氢酶和 GPX）的活性，减少自由基和过氧化物的生成，保护细胞免受氧化损伤。也有报道硒多糖能够增强免疫系统功能，增加免疫球蛋白（如免疫球蛋白 M、免疫球蛋白 A、免疫球蛋白 G）和细胞因子（如白细胞介素-2、干扰素-γ）的水平，增强机体的抗感染能力。硒多糖通过结合硒和多糖的优势，展现出显著的生物活性增强效果。这种结合不仅为功能性食品和药物开发提供了新的思路，也为提高人类健康水平提供了新的可能性。

硒多糖的结构多样且复杂，具体取决于硒的结合方式、硒的氧化态以及多糖本身的结构。硒可以不同的方式结合到多糖分子中：硒取代了糖苷键中的氧，形成硒糖苷键。这种类型的硒多糖具有抗糖苷酶活性。硒取代了糖环中的氧，形成硒吡喃糖环或硒呋喃糖环。硒还可以以硒酸酯的形式结合到多糖的羟基上，形成硒酸酯化多糖。当纳米硒颗粒被多糖包封后，还可以形成稳定的纳米复合物。现有研究显示：硒多糖中的硒根据化合物的性质，化学键或作用力不同，价态可能是二价、四价或零价。在硒甘糖苷或硒吡喃糖中发现了二价硒，在多糖（亚硒酸酯）的亚硒酸盐中发现了四价硒，在包埋在多糖中的硒纳米颗粒中发现了零价硒。某些结构分析仅限于检测与多糖结构结合的硒的量，而没有考虑其所处化学环境。

硒多糖的具体功能和作用机制仍在研究中，其生物活性与结构密切相关，在体内可能发挥多种生物学功能，包括参与细胞信号传导和抗氧化反应等。

硒糖和硒多糖的发现为有机硒研究开辟了新的领域，可能会带来新的功能性产品以促进人类健康和疾病预防。

三、不同形态硒的吸收和利用

　　硒的肠道吸收机制因其化学形式而异。亚硒酸盐主要在十二指肠和盲肠通过简单的扩散方式被吸收，吸收后的硒酸盐在血浆中仍以硒酸盐形式存在，并通过血液运输到肝脏和其他组织。在单胃动物（如人类和猪）中，亚硒酸盐的吸收效率为 $50\%\sim80\%$；在反刍动物（如牛和羊）中，由于瘤胃微生物的还原作用，吸收效率较低，为 $20\%\sim30\%$。在细胞内，亚硒酸盐与 GSH 反应被还原为硒代二谷胱甘肽（GSSeSG），GSSeSG 进一步还原生成硒代谷胱甘肽（GSSeH），而 GSSeH 最终被还原为 H_2Se。H_2Se 是硒蛋白合成的前体，被激活为硒磷酸后参与硒蛋白的合成（图 1-1）。过量的 H_2Se 在组织中进一步代谢为甲基硒醇、二甲基硒化物和硒糖，并通过尿液排出，部分以挥发性二甲基硒化物的形式通过呼吸排出。

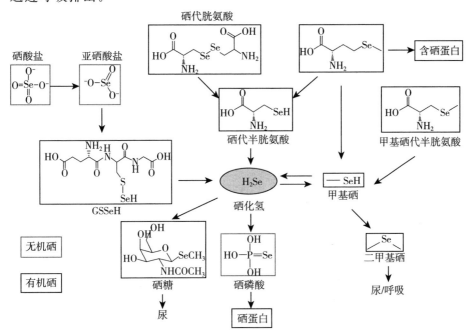

图 1-1　不同形态硒在机体中的代谢途径

硒酸盐的吸收则主要在小肠中通过钠/硒酸盐，OH^- 反转运蛋白的协同转运机制进行，吸收后的硒酸盐在血浆中以硒酸盐形式存在，并通过血液运输到肝脏和其他组织。硒酸盐在单胃动物中的吸收效率为 $80\% \sim 90\%$。在反刍动物中，吸收效率也相对较高，为 $60\% \sim 70\%$。硒酸盐在细胞内被还原为亚硒酸盐。

SeNP 的纳米级尺寸使其能够更容易地穿过胃壁并扩散到体内细胞中，比常规大颗粒元素的扩散速度更快。SeNP 的高稳定性和大表面积确保了其在水或血清中的良好分散性，并增强了与细胞膜的相互作用。与传统的无机硒形式（如亚硒酸盐和硒酸盐）相比，SeNP 对动物体的毒性较低，更加生物相容。但需要进一步研究其潜在毒性和作用机制。

硒代氨基酸的吸收与普通氨基酸类似，通过小肠中钠依赖性氨基酸运输系统进行主动吸收，吸收后可以直接进入体内蛋白质中，作为蛋白质的组成部分存在，或者被代谢为其他硒代化合物。其中，SeMet 在单胃动物中的吸收效率超过 90%；在反刍动物中，吸收效率也较高，为 $80\% \sim 90\%$。SeMet 的生物利用率最高，可以代替蛋氨酸参与蛋白质合成，成为蛋白质的一部分，也可以通过转硫化途径转化 SeCys。SeCys 在单胃动物中的吸收效率为 $80\% \sim 90\%$；在反刍动物中，吸收效率也较高，为 $70\% \sim 80\%$。SeCys 的生物利用率较高，SeCys 在硒代半胱氨酸 β-裂解酶的作用下被还原为 H_2Se。

硒多糖在摄入后首先在胃肠道中被吸收。硒多糖中的硒可以以有机硒多糖（如硒糖苷、硒吡喃糖）或无机硒多糖（如硒酸酯）形式存在。有机硒多糖的吸收效率通常高于无机硒多糖，因为有机硒多糖更容易被胃肠道上皮细胞吸收进入血液循环。硒多糖在胃肠道中可能会部分水解，释放出硒和多糖片段。这些片段可以进一步被吸收和代谢。吸收后的硒多糖及其代谢产物进入肝脏，在肝脏中进行进一步代谢转化为生物活性形式，如硒蛋白和硒酶。硒糖苷在体内代谢后，主要以尿液形式排出。常见的硒糖苷代谢产物包括 1-β-甲基硒-N-乙酰-D-半乳糖胺和 1-β-甲基硒-N-乙酰-D-葡糖胺。硒吡喃糖在肝脏中代谢后，可以形成硒-硫键的糖基化合物。

有机硒的生物利用率以及生物活性显著高于无机硒。生物大分子结合态有机硒毒性低、能更好地被机体吸收并且在体内保持较高的活性，因此，有机硒产品及添加剂的开发和研究引起了广泛关注。

总的来说，硒作为一种重要的微量元素，在自然界中以多种化合物形式存在，并通过复杂的生物和化学过程在生物体内发挥作用。硒的毒性及其在体内的代谢路径是研究的重点领域，了解这些机制不仅对于环境保护和公共健康具有重要意义，而且为开发新的硒补充剂和药物提供了科学基础。硒在不同形式下的吸收、代谢和生物学功能的研究将继续推动我们对这一重要元素的全面理解和应用。

第三节　动物日粮中硒的来源

动物日粮能够被动物摄取、消化、吸收和利用，促进动物生长或修补组织、调节动物生理过程，是动物赖以生存和生产的物质基础。人类在长期的畜禽水产业生产实践中，通过大量的动物营养和饲料科学的理论与应用研究，对动物生产需要的饲料及其营养价值逐渐有了更科学、更全面、更深刻的认识。

硒是畜禽生长所必需的微量元素，具有重要的生物学功能。日粮中硒的含量低于 0.05mg/kg 时，畜禽就会发生各种疾病，例如，幼龄畜常见牛羊白肌病、仔猪肝营养不良、桑葚心、幼驹和牛犊腹泻等。成年畜禽则表现出繁殖机能障碍、繁殖力低下及地方性肌红素尿症等。动物硒的摄入依赖于日粮中硒的存在形式和含量。随着现代饲料工业的发展，饲料的种类不断增加，新型饲料资源不断产生，饲料的利用方式从传统的、经简单加工的单一使用发展到科学的、适宜加工的配合利用，营养素的补充和利用效率显著提高，并不断采取各种新的技术措施，生产出产品质量高、营养更全价的饲料。

就动物日常硒元素的摄入而言，其来源主要有饲料中天然存在的硒和通过饲料添加剂补充这两种途径。

一、饲料原料中天然存在的硒

饲料中天然存在的硒即饲料原料在生长中自然富集得到或代谢产生的

各种形式的硒。大宗饲料原料中，由于种植业由粮食作物、经济作物的二元结构逐步向粮食作物、经济作物、饲料作物和牧草的多元结构调整，极大地丰富了各类植物性饲料原料的供应。现有饲料原料按照《饲料添加剂品种目录（2013）》，包含了：①常作为主要原料的玉米、小麦、大米、谷糠等谷物类；②作为饲料蛋白质补充的大豆、黄豆等豆类；③在青绿状态下进行贮存，保留了较高营养价值的青草、青玉米、青豆秧等青贮料；④富含纤维和部分蛋白质的高粱草、黑麦草、苜蓿等牧草粗饲料；⑤燕麦草、燕麦苗、草木皮等禾本科饲草；⑥甜菜、胡萝卜、洋葱等牲畜的补充饲料；⑦麦糠、米糠、啤酒糟等加工其他食品时产生的副产品；⑧水草、浮萍等适合水产养殖中的鱼类和水禽食用的水生植物。在不使用饲料添加剂时，动物每日的硒摄入量取决于以上饲料原料的硒含量，以及硒在动物体内的消化吸收情况。

饲料原料中硒的形态和含量与饲料原料种类及其生长环境密切相关。

（一）不同产区的饲料原料中，硒含量存在明显差异

生长在耕地土壤中的饲料原料，其硒产量受土壤硒含量水平的影响明显。中国农业科学院早年对全国 29 省（自治区、直辖市）的 1 094 个县饲料普查结果表明，全国大约 72% 的县饲料相对缺硒，饲料中硒含量低于 $50\mu g/kg$，其中 29% 的县饲料严重缺硒，硒含量仅为 $20\mu g/kg$。湖北省恩施州作为国内高硒地区之一，硒矿资源和生物资源丰富。恩施州高硒环境中各种植物硒含量均高于国内缺硒地区的几十倍乃至上千倍。玉米、小麦和黄豆等饲料原料硒含量是黑龙江、四川、辽宁等地的 $80\sim$ 1 890 倍。

通常将土壤硒含量介于 $400\sim3\ 000\mu g/kg$ 的耕地定义为富硒耕地。根据《绿色食品　产地环境质量》（NY/T 391—2013）中重金属评价标准和调查区的土壤硒含量的调查，新发现 350 万 hm^2 绿色富硒耕地，主要分布在闽粤琼区、西南区、湘鄂皖赣区、苏浙沪区、晋豫区及西北区。

（二）不同种类的饲料原料，硒含量及存在形态存在差异

硒不是植物生长所必需的营养元素，但适量的硒不仅能够促进植

物生长，而且可以增强植物对多种生物和非生物胁迫的抗性。依据植物对硒累积和忍耐能力的差异，植物被分为非聚硒植物、硒指示植物和聚硒植物3类，大多数植物都属于非聚硒植物，组织能够忍耐的硒含量（干重）不超过100mg/kg，在高硒含量的土壤上通常无法正常生长。聚硒植物主要包括菊科（Asteraceae）、十字花科（Brassicaceae）、豆科（Fabaceae）植物，另外部分玉蕊科（Lecythidaceae）、苋科（Amaranthaceae）、茜草科（Rubiaceae）植物也具有较强的聚硒能力。其中十字花科、豆科和百合科的植物富硒水平明显高于禾本科、菊科和伞形花科（Umbelliferae）植物。

植物吸收土壤中的无机硒元素之后，无机硒会经过植物体内复杂的化学反应形成不同的硒形态，可以分为无机硒形态和有机硒形态。经过植物转化之后无机硒主要以+4氧化态下的硒形式存在，其含量很低；有机硒占总硒含量的80%以上，并以硒蛋白为主的有机硒形态存在。有机硒以不同的形态存在于植物中，硒以不同的化学价态（包括零价硒）存在于各种各样的生物体内。硒代氨基酸及其衍生物是植物体内主要的小分子形式的硒化合物，如SeCys2、SeCys、SeMet、MeSeCys等。在聚硒能力不同的植物当中，硒代氨基酸存在形态具有显著的不同，在聚硒能力强的植物中以SeCys/SeCys2、MeSeCys为主，同时还有少量的硒代高胱氨酸；在聚硒能力差的植物中则以SeMet为主，包括含硒蛋白、含硒核糖核酸（RNA硒）、核多糖等植物体内大分子硒的存在形态（表1-2）。

表1-2　饲料原料中的硒化合物

硒化合物名称	分子结构
SeCys	$HSeCH_2CHNH_2COOH$
SeCys2	$(SeCH_2CHNH_2COOH)_2$
SeMet	$CH_3SeCH_2CH_2CHNH_2COOH$
MeSeCys	$CH_3SeCH_2CHNH_2COOH$
硒甲基硒代蛋氨酸	$(CH_3)_2SeCH_2CH_2CHNH_2COOH$
硒-丙烯基硒代半胱氨酸氧化硒	$CH_3CH=CHSeOCH_2CHNH_2COOH$

（续）

硒化合物名称	分子结构
硒代半胱氨酸亚硝酸	$HO-SeOCH_2CHNH_2COOH$
γ-谷氨酰硒甲基硒代半胱氨酸	$HOOCCH_2CH_2CH_2CONHCH（COOH）CH_2SeCH_3$
硒代蛋氨酸氧化硒	$CH_3SeOCH_2CH_2CHNH_2COOH$
硒代高胱氨酸	$(SeCH_2CH_2CHNH_2COOH)_2$
硒代胱硫醚	$HOOCCNH_2CH_2SeCH_2CH_2CHNH_2COOH$
二甲基硒	CH_3SeCH_3
二甲基二硒	$CH_3SeSeCH_3$
硒酸盐	$SeO_4{}^{2-}$
亚硒酸盐	$SeO_3{}^{2-}$

（三）施用外源硒肥可明显提高饲料原料中的硒含量

考虑到经济成本，对饲料原料有针对性地进行外源硒强化并不普遍。从研究角度上，在土壤硒含量有限的情况下，通过施用外源硒肥可提高饲草和各类饲料原料的产量及硒含量得到了广泛证实。紫花苜蓿（*Medicago sativa*）是奶牛、肉牛、肉羊等草食动物的优质饲草，已成为我国最重要的饲草资源。通过施用适量外源硒肥，可提高苜蓿产量、株高、叶茎、粗蛋白、硒含量以及抗氧化能力。粗蛋白是饲草品质的主要考量指标，粗蛋白含量越高，饲草品质越好。适量补硒能够促进黑麦草（*Lolium multiflorum*）分蘖、株高及地上（地下）生物量增加，提高根与叶中 GPX 的活性。菊苣（*Cichorium intybus*）是一种优质高产饲草，施用外源硒肥（亚硒酸钠、硒代蛋氨酸）可提高菊苣中的无机硒含量，表明施用外源硒肥也能够提高饲草的无机硒含量。

二、饲料中外源添加的硒

《饲料添加剂品种目录（2013）》于 2013 年 12 月 30 日由中华人民共

和国农业部公告第 2045 号发布，2014 年 2 月 1 日起实施，后经农业农村部多次修订。截至 2024 年 5 月，我国允许使用的含硒饲料添加剂为适用所有养殖动物的亚硒酸钠和酵母硒，以及经绵阳市新一美化工有限公司申请于 2015 年 10 月获批的适用于肉仔鸡、产蛋鸡和断奶仔猪的 L-硒代蛋氨酸（新饲证字〔2015〕02 号）。其中亚硒酸钠为无机硒，酵母硒和 L-硒代蛋氨酸为有机硒。

根据中华人民共和国农业部第 2625 号公告，2018 年 7 月 1 日起实施的修订版《饲料添加剂安全使用规范》指出，饲料中无论是亚硒酸钠还是酵母硒推荐添加量均为 0.1～0.3mg/kg，在配合饲料或全混合日粮中的最高限量为 0.5mg/kg（表 1-3）。其中，饲料级亚硒酸钠由氢氧化钠和亚硒酸反应生成，在饲料加工中作为硒的预混料的原料。

饲料级酵母硒一般指以酵母为菌种，在含亚硒酸钠的培养基中进行发酵培养，将无机态硒转化生成有机硒，有机硒酵母浆经过分离、干燥等工艺制得的饲料添加剂酵母硒产品。酵母硒中包含 SeMet（70%）和 SeCys（20%）两种主要有机硒，具有重要生理作用。与无机硒相比较，酵母硒不仅含有硒元素，而且还含有大量的 B 族维生素、GSH，有利于更好地消化吸收，具有更高的生物学利用率和生物安全性。

除 Na_2SeO_3 和酵母硒外，近年有很多研究将纳米硒作为动物外源硒强化的重要研究对象。纳米硒通常是指经物理方法、微生物转化或以包括但不限于蛋白质、碳水化合物等有机物作分散剂和稳定剂经化学方法制备得到的以零价硒为中心的纳米颗粒。由于 SeNP 的表面积大，且表面有更多的原子数及不饱和键，具有较高的表面活性，所以与块状材料相比纳米硒具有更好的物理和化学吸附能力，从而易被动物胃肠道吸收利用。

研究表明，在饲料中适量添加 Na_2SeO_3、酵母硒或 SeNP，都可以在一定程度上提高各类养殖动物的产品品质，如提高肉猪的出栏量，使肉猪红度值上升，并降低肉质性状中的滴水损失；提高牛奶中的乳脂、乳蛋白浓度及硒含量，提升奶牛机体生理免疫能力；增加鹅肉肌肉中硒的沉积并能改善鹅肉的品质，提升鹅肝的营养和保质期等。

表1-3 饲料中外源添加硒的安全使用规范

元素	化合物通用名称	化合物英文名称	化学式或描述	来源	含量规格（%）		适用动物	在配合饲料或全混合日粮中的推荐添加量（以元素计，mg/kg）	在配合饲料或全混合日粮中的最高限量（以元素计，mg/kg）	其他要求
					以化合物计	以元素计				
硒：来自以下化合物	亚硒酸钠	Sodium selenite	Na_2SeO_3	化学制备	≥98.0（以干基计）	≥44.7（以干基计）		畜禽 0.1～0.3 鱼类 0.1～0.3	0.5（单独或同时使用）	使用时应先制成预混剂，目标签上应标示最大硒含量
	酵母硒	Selenium yeast complex	酵母在含无机硒的培养基中发酵培养，发酵生产将无机态硒转化成有机态硒	发酵生产	—	有机态硒含量≥0.1	养殖动物 有机硒含量≥0.1	同上		产品需标示最大硒含量和有机硒含量，无机硒含量不得超过总硒的2.0%

第四节　硒的检测方法

硒的形态可分为无机硒和有机硒两大类，早期对硒的研究主要集中于对总硒含量的分析检测，但随着对不同形态硒的毒理及人体对不同形态硒的吸收利用的深入了解，硒形态的分析逐步成为研究热点。目前，针对硒的检测方法包括总硒（硒元素）含量的检测和硒形态的分析。

一、总硒含量的检测

尽管已经建立了多种用于测定总硒含量的检测方法，但目前科研人员仍在积极寻求更为稳健且检测限更低的新方法。此外，由于基质本身的复杂性，某些分析技术在食品基质中可能面临显著的潜在干扰。因此，针对不同食品的总硒不同定量方法的验证对于制定准确的质量控制措施至关重要。目前用于总硒含量检测的方法主要有：电感耦合等离子体质谱法（ICP-MS）、原子吸收光谱法（AAS）、原子荧光光谱法（AFS）、电感耦合等离子体原子发射光谱（ICP-AES）、电感耦合等离子发射光谱法（ICP-OES）等。其中使用最多的是 ICP-MS，其次是 AAS。我国的国家标准 GB 5009.93—2017 食品中硒的测定中推荐的总硒测定方法包括氢化物原子荧光光谱法（HS-AFS）、荧光光谱法和 ICP-MS。

总硒含量的检测方法均是检测硒元素，因而样品在检测前，需先进行消解，破坏样品中的有机物，释放与氨基酸、糖结合的硒，达到消除基质干扰的目的。常用的消解方法有湿法消解法、压力罐消解法和微波消解法等。

HS-AFS 是在盐酸介质下，将消解样品中的硒还原成硒化氢并使之原子化，在硒空心阴极灯的照射下，激发基态硒原子至激发态，根据其发射出的特征波长的荧光强度进行定量（图 1-2）。该方法应用于不同样品的检测限（LOD）可达 $0.11 \sim 2\mu g/L$；最低定量限（LOQ）可达 $1.5 \sim 6\mu g/L$。该方法具有灵敏度高、选择性好、线性动态范围宽、分析速度快、设备和运行成本低等优点，在国内有着广泛的应用。但其操作相对复杂、耗时长、同时试剂消耗量较大，复杂样品基质可能会干扰检测结果。

$$Se^{6+} \xrightarrow{\ H^+\ } Se^{4+} \xrightarrow[NaBH_4/KBH_4]{\ H^+\ } H_2Se \xrightarrow{\ \text{原子化}\ } Se\,（\text{气}）$$

图 1-2　HS-AFS 测硒的原理

　　荧光光谱法是将样品中的硒化合物通过消解处理转化为 Se^{4+}，在酸性条件下 Se^{4+} 与 2,3-二氨基萘反应生成 4,5-苯并苊硒脑（图 1-3）。4,5-苯并苊硒脑在波长为 376nm 的激发光作用下，发射波长为 520nm 的荧光，通过测定其荧光强度间接测定硒含量。该方法在检测食品中硒含量的应用中，LOD 可达 $10\mu g/L$；LOQ 可达 $30\mu g/L$。该方法相比其他方法而言，仪器设备造价低、使用方便，但相对灵敏度较低，不适合痕量硒的检测。

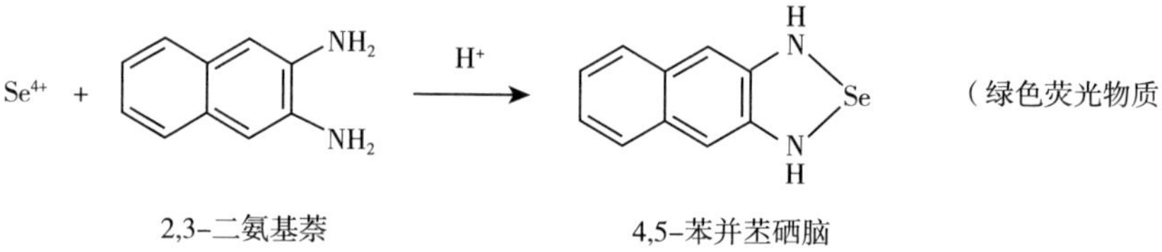

图 1-3　荧光光谱法测硒的原理

　　ICP-MS 是一种先进的分析技术，它通过一系列精密的步骤来定量测定样品中的元素含量。首先，经过消解处理的样品被送入电感耦合等离子体中，这个过程将样品中的元素转化为离子状态。随后，质谱仪对这些离子进行精确的质量分析，通过测定元素特定的质量数（质荷比，m/z）来识别不同的元素。定量分析基于待测元素质谱信号与内标元素质谱信号的强度比。硒有六种天然同位素，其中 ^{80}Se 的丰度最高，因此，一般情况下其离子信号最强。但由于不同基质中存在其他元素的干扰，^{78}Se 和 ^{82}Se 也常被选择用于信号检测以定量总硒。ICP-MS 在硒的检测中展现出了极高的灵敏度和广泛的应用范围。在硒检测的应用中，LOD 低至 $0.1\sim3\mu g/L$，LOQ 低至 $0.38\sim10\mu g/L$。在鱼、肉、奶的检测中，LOQ 达到 $41\mu g/kg$。ICP-MS 的优势不仅在于其高灵敏度和宽线性动态范围，更在于它能够同时检测多种元素，且分辨率极高。这使得 ICP-MS 在痕量分析和复杂基质样品中的应用具有显著的优势。然而，ICP－MS 的应用也面临着一些挑战。首先，ICP－MS 仪器设备的造价较高，这对于一些小型实验室或研究机构来说可能是一个不小的负担。其次，设备的运行操作成本也相对较高，包括样品处理、设备维护、人员培训等各方面的费用都较高。此外，ICP－MS 的操作和维护需要专业技术人员进行，这也增加了其使用的门槛。

另外，AAS 也常用于总硒的检测。AAS 与 AFS 较为相似，AAS 检测的是硒对特征辐射的吸收，而 AFS 检测的是硒发射出的特征辐射强度。AAS 的光源与检测器在一条直线上，而 AFS 的光源与检测器呈 90°，因而 AAS 较 AFS 的灵敏度稍低。AAS 技术包括火焰原子吸收光谱（FAAS）、石墨炉原子吸收光谱（GF－AAS）、氢化物发生原子吸收光谱（HG－AAS）等。HG－AAS 在用于鱼、鸡肉和鸡蛋的硒测定时，LOD 达到 $0.46\sim0.78\mu g/L$。GF－AAS 在牛奶、鱼和小麦麸皮等样品中进行应用，LOD 范围为 $1.2\sim2.5\mu g/L$。不同的 AAS 技术（如 GF－AAS 和 HG－AAS）各有其优势，适用于不同浓度范围和样品基质的硒测定。但是，AAS 的应用因其无法同时对多种元素进行检测而受到了一定限制。

二、硒形态分析

由于不同形态硒的特性，如生物利用率和潜在毒性有所不同，因此需要对不同形态硒分别进行定性定量分析。对于不同形态硒的分离，目前主要使用色谱，包括高效液相色谱（High performance liquid chromatography，HPLC）和气相色谱（Gas chromatography，GC）。色谱基于分析物与系统的固定相和流动相的相互作用来分离样品组分，可与很多检测器进行在线联用，实现对混合样品的在线分离与检测。在硒形态的分析中，GC 联用原子发射检测器（Atomic emission detector，AED）和质谱（Mass spectrometry，MS）；而 HPLC 则与原子发射光谱（Atomic emission spectroscopy，AES）、MS、光电倍增管（Photomultiplier tube，PMT）和紫外线（Ultraviolet rays，UV）检测器进行联用。

在硒形态分析时，样品不进行消解处理，而是对有机形态的硒在不改变其分子构型的前提下进行有效提取。提取方式主要通过添加酶进行水解，常用的酶有：蛋白酶 XIV、蛋白酶 K 和 α-淀粉酶。有研究显示，与动物和蔬菜来源的蛋白酶相比，微生物来源的蛋白酶 XIV 和链霉蛋白酶更适合鸡蛋中 SeCys、MeSeCys 和 SeMet 的提取。对于 SeCys，胰蛋白酶和木瓜蛋白酶无效。由于不同酶的作用位点具有特异性，往往单一酶的使用无法完全水解样品。

GC 适用于挥发性化合物的分离，对复杂混合物具有较好的分离能力。MS 可以获取化合物分子量、分子式及结构信息。气相色谱-质谱联用技术（Gas chromatography-mass spectrometry，GC-MS）能够消除多干扰、简化分离步骤，提高分析准确度。由于大部分形态的硒的挥发性低，无法直接使用 GC 进行分离，因而在使用 GC-MS 进行硒形态分析时，需要使用如氯甲酸盐、n-异丁酰基半胱氨酸和邻苯二甲醛等试剂对样品进行衍生化处理，使之成为挥发性化合物。研究显示，从富硒酵母中提取的 SeMet 进行衍生化处理后使用 GC-MS 检测，LOD 为 $4\mu g/L$，该方法相对标准偏差为 7.8%（Gionfriddo 等，2012）。

高效液相色谱-质谱联用技术（High performance liquid chromatography-mass spectrometry，HPLC-MS）对混合样品的分离能力强、灵敏度高、选择性好、分析速度快，常用于混合样品中非挥发部分中的目标化合物的定性、定量检测，普遍应用于肉类、蔬菜和菌类等生物样品中有机硒的研究，具有较低 LOD。HPLC-MS 根据保留时间和相应二级质谱图对不同形态有机硒进行定性，准确性好，干扰少，也是对未知形态有机硒进行结构定性的常用手段之一。同时，该技术通常根据不同形态硒的二级质谱图选择特征离子作为定量离子，再通过其离子信号强度进行定量。研究硒在体内的代谢物时（Kobayashi 等，2002），通过 HPLC-MS 分析，发现了代谢物 A（m/z 591）。在对其二级质谱的分析中，发现代谢物 A 的部分碎片离子与 GSH 的碎片离子相似，表明代谢物 A 是一种与 GSH 结合的硒糖。HPLC-MS 研究小米中硒形态显示：MeSeCys 与 SetMet 的 LOD 均低于 $1\mu g/L$，LOQ 分别为 0.8 和 $2.5\mu g/L$（Zou 等，2022）。由于 MS 的离子源能量较低，具有高电离能的无机硒化合物难以气化产生离子，因而 HPLC - MS 无法对无机硒进行分析。

高效液相色谱-电感耦合等离子体质谱联用（High performance liquid chromatography - inductively coupled plasma mass spectrometry，HPLC - ICP - MS）技术可用于分析 HPLC 分离样品中不同形态的硒，ICP 光源中的电离温度很高，可使大部分硒元素离子化进入 MS 进行检测，因此 HPLC - ICP - MS 可以对有机形态和无机形态的硒同时进行检测，且检测灵敏度高。HPLC - ICP - MS 分析扇贝硒形态的研究显示：MeSeCys、SeCys$_2$、SeMet、SeO$_3^{2-}$ 和 SeO$_4^{2-}$ 五种硒形态可以很好地分离，且 LOD 均低于 1μg/L（Zhang 和 Yang，2014）。较之 GC - MS 和 HPLC - MS，HPLC - ICP - MS 分离模式灵活、能同时检测有机和无机形态的硒，缺点是操作条件苛刻以及维护成本较高。

总的来说，目前总硒检测方法较为成熟，已经标准化；但硒形态的分析方法，特别是样品前处理方法还需要进一步发展。

◇ 主要参考文献

[1] GB 5009.93—2017 食品中硒的测定 [S].

[2] GB 7300.302—2019，饲料添加剂　第 3 部分：矿物元素及其络（螯）合物　亚硒酸钠 [S].

[3] 农业部办公厅关于发布《饲料原料目录》修订意见的通知 [J]. 中华人民共和国农业部公报，2013（4）：40.

[4] 饲料添加剂品种目录（2013）[J]. 中华人民共和国农业部公报，2014（1）：61 - 63.

[5] T/ESL 32002—2023 饲料添加剂 酵母硒 [S].

[6] 王晓龙，钱华，钟鹏，等. 富硒饲草饲料产业发展研究 [J]. 现代畜牧兽医，2023（8）：75 - 78.

[7] 新饲料和新饲料添加剂管理办法 [J]. 中华人民共和国国务院公报，2012（25）：64 - 66.

[8] 徐德海，李绍山. 化学元素知识简明手册 [M]. 北京：化学工业出版社，2016.

[9] 佘煊彦，袁婉清. 化学元素知识精编 [M]. 北京：化学工业出版社，2022.

[10] 中华人民共和国农业部公告 第 2625 号 [J]. 中华人民共和国农业部公报，2018（1）：58 - 59.

[11] Cabānero A I, Carvalho C, Madrid Y, et al. Quantification and speciation of mercury and selenium in fish samples of high consumption in Spain and Portugal [J]. Biological Trace Element Research, 2005, 103（1）：17 - 35.

［12］ Chen Z，Lu Y，Dun X，et al. Research progress of selenium－enriched foods ［J］. Nutrients 2023 （15）：4189.

［13］ Dufailly V，Nöel L，Gúerin T. Determination of chromium，iron and selenium in foodstuffs of animal origin by collision cell technology，inductively coupled plasma mass spectrometry （ICP－MS），after closed vessel microwave digestion ［J］. Analytica Chimica Acta，2006，565 （2）：214－221.

［14］ Fang G，Lv Q，Liu C，et al. An ionic liquid improved HPLC－ICPMS method for simultaneous determination of arsenic and selenium species in animal/plant－derived foodstuffs ［J］. Analytical Methods：Advancing Methods and Applications，2015，7 （20）：8617－8625.

［15］ Ferrari L，Cattaneo D M I R，Abbate R，Manoni M，Ottoboni M，Luciano A，et al. Advances in selenium supplementation：From selenium－enriched yeast to potential selenium－enriched insects，and selenium nanoparticles ［J］. Animal Nutrition，2023 （14）：193－203.

［16］ Flohé L. The labour pains of biochemical selenology：the history of selenoprotein biosynthesis ［J］. Biochim Biophys Acta，2009，1790 （11）：1389－1403.

［17］ Fordyce F. Selenium geochemistry and health ［J］. Ambio，2007，36 （1）：94－97.

［18］ Gawor A，Ruszcynska A，Czauderna M，et al. Determination of selenium species in muscle，heart，and liver tissues of lambs using mass spectrometry methods ［J］. Animals，2020 （10）：808.

［19］ Genchi G，Lauria G，Catalano A，et al. Biological Activity of Selenium and Its Impact on Human Health ［J］. International Journal of Molecular Sciences，2023 （24）：2633.

［20］ Gionfriddo，E，Naccarato，A，Sindona，G，et al. A reliable solid phase microextraction－gas chromatography－triple quadrupole mass spectrometry method for the assay of selenomethionine and selenomethylselenocysteine in aqueous extracts：Difference between selenized and not－enriched selenium potatoes ［J］. Analytica Chimica Acta，2012 （747）：58－66.

［21］ Gorka S，Maksymiuk A，Turlo J. Selenium－containing polysaccharides—structural diversity，biosynthesis，chemical modifications and biological activity ［J］. Applied Sciences，2021 （11）：3717.

［22］ Kobayashi Y，Ogra Y，Ishiwata K，et al. Selenosugars are key and urinary metabolites for selenium excretion within the required to low－toxic range ［J］. Proceedings of the National Academy of Sciences of the United States of America，2002，99 （25）：

15932 - 15936.

[23] Mehdi Y, Hornick J L, Istasse L, et al. Selenium in the environment, metabolism and involvement in body functions [J]. Molecules, 2013, 18 (3): 3292 - 3311.

[24] Patai S. The chemistry of organic selenium and tellurium compounds [M]. Wiley, 1986.

[25] Pedrero Z, Madrid Y. Novel approaches for selenium speciation in foodstuffs and biological specimens: A review [J]. Analytica Chimica Acta, 2009 (634): 135 - 152.

[26] Schmitz C, Grambusch I M, Lehn D N, et al. A systematic review and meta - analysis of validated analytical techniques for the determination of total selenium in foods and beverages [J]. Food Chemistry, 2023 (429): 136974.

[27] Surai P F, KochishII, Fisinin V I, Velichko O A. Selenium in poultry nutrition: From sodium selenite to organic selenium sources. Journal of Poultry Science, 2018, 55 (2): 79 - 93.

[28] Wang L, Sagada G, Wang R, Li P, Xu B, Zhang C, et al. Different forms of selenium supplementation in fish feed: The bioavailability, nutritional functions, and potential toxicity [J]. Aquaculture, 2022 (549): 737819.

[29] Zhang K, Guo X, Zhao Q, et al. Development and application of a HPLC - ICP - MS method to determine selenium speciation in muscle of pigs treated with different selenium supplements [J]. Food Chemistry, 2020 (302): 125371.

[30] Zhang Q, Yang G. Selenium speciation in bay scallops by high performance liquid chromatography separation and inductively coupled plasma mass spectrometry detection after complete enzymatic extraction [J]. Journal of Chromatography A, 2014 (1325): 83 - 91.

[31] Zou X, Shen K, Wang C, et al. Molecular recognition and quantitative analysis of free and combinative selenium speciation in selenium - enriched millets using HPLC - ESI - MS/MS [J]. Journal of Food Composition and Analysis, 2022 (106): 104333.

第二章 硒在动物机体中的消化、吸收与代谢

充分认识硒在动物机体内的代谢动力学过程是深刻理解硒的生理功能并在养殖生产中进行合理利用的前提。近年来，随着动物硒营养领域对硒的深入研究，其存在形式、在动物机体内的代谢过程、生物学功能以及缺硒对动物健康的影响逐渐得到了全面的认识。本章从整体、器官、组织及细胞等多层面，系统地介绍不同环境下动物机体对不同形式硒的消化、吸收、分布、代谢与排泄过程及其调控机制，为深刻理解硒在动物机体中的生理机能奠定基础，也可为硒在动物养殖生产中的合理利用提供理论支撑。

第一节 动物对日粮中硒的消化与吸收

尽管动物可以通过呼吸及皮肤接触等多种途径摄取环境中的硒，但经这些方式摄取的硒极其微量，难以满足动物机体对于硒的需求，仍需通过食物来进行硒的补充，且已有大量研究证实食物是动物摄取硒的最主要途径。

一、动物日粮中硒形态组成

动物日粮中的硒可以来源于两种不同途径：①天然饲料原料；②饲料硒添加剂。而在各种不同天然饲料原料及饲料硒添加剂中，硒形态的组成通常存在较大差异，而这一差异也将直接影响动物机体对日粮中硒的消化、吸收、代谢及利用。

动物饲料原料一般有植物性原料及动物性原料两类，主要来源于天

然的生物制品。在这些天然饲料原料中，约80％的硒都是以含硒氨基酸（或称硒代氨基酸）的形式存在于各种蛋白质中，其中，尤以硒代蛋氨酸（Selenomethionine，SeMet）最为丰富，大多数植物性饲料原料中SeMet的含量可达到其总硒含量的90％以上，而硒代半胱氨酸（Selenocysteine，SeCys）的含量次之。在动物性饲料原料中，SeCys的含量一般高于植物性饲料原料，而SeMet的含量可在很大范围内进行变化，这主要取决于产生这些饲料原料的动物体所处的硒营养状态及其摄入的硒的具体形态。在生物体内，硒除了以SeMet和SeCys两种主要硒代氨基酸形式存在以外，还可因生物体对硒的代谢而以多种含硒中间代谢物形式存在，如动物体内存在的硒化物（Se^{2-}）、硒磷酸盐（$SePO_3^{3-}$）、甲基硒醚（CH_3SeH）、二甲基硒醚［$(CH_3)_2Se$］、三甲基硒化物［$(CH_3)_3Se^+$］及硒糖等代谢物，植物体内的存在的甲基化的硒代半胱氨酸（Methylselenocysteine，MeSeCys）、硒蒽类化合物代谢物。这些存在于饲料原料中的含硒中间代谢产物经动物摄取后仍然充当了日粮硒补充剂的角色，但由于它们的种类繁多，且含量相对较低，故很少受到关注。截至目前，动物营养学界对于天然动物性及植物性饲料原料来源的硒的研究仍主要集中于SeMet和SeCys这两种主要的硒代氨基酸。

除天然饲料原料外，饲料硒添加剂是供动物摄取硒的另一个重要途径。市面上常见的饲料硒添加剂大致有三类：①无机硒：以硒酸钠（Na_2SeO_4）和亚硒酸钠（Na_2SeO_3）为主；②有机硒：以化学合成的SeMet为主；③富硒酵母及其制品：将酵母置于亚硒酸钠培养液中发酵后浓缩得到的酵母粉/膏，及其水解产物或分离蛋白等制品，此类硒一般称为酵母硒，所含硒为有机硒与无机硒的混合物，其中有机硒以含SeMet的蛋白质或多肽为主，这些蛋白质或多肽中赋存的硒可占富硒酵母中总硒的70％～90％。

二、日粮硒在动物体内的消化

尽管动物日粮中赋存的硒形态种类繁多，但其中含量相对较高或使用较为普遍的主要为有机形式的 SeMet、含 SeMet 和 SeCys 的有机硒产品，抑或是 Na_2SeO_4 和 Na_2SeO_3 等无机硒产品。因此，以往关于动物对于饲料中硒的消化、吸收及利用规律的研究也主要聚焦于 SeMet、SeCys、Na_2SeO_4 和 Na_2SeO_3，目前已研究得较为清楚。而对于动物性饲料原料及植物性饲料原料中的众多含硒中间代谢物而言，虽然它们同样充当了动物日粮硒补充剂，但鉴于其含量低、成分复杂，目前鲜有关于这些含硒中间代谢物在动物体内消化、吸收及代谢的研究，其规律尚不清晰。

众所周知，经食物摄入的各种营养素往往需经胃肠消化过后才能被吸收，尤其是蛋白质等大分子营养物质，须经消化为氨基酸或小分子肽类之后才能被吸收进入血液。对于 Na_2SeO_4 和 Na_2SeO_3 等无机硒产品而言，它们最终是以离子态的 SeO_4^{2-} 和 SeO_3^{2-} 形式被吸收；日粮中添加的 SeMet 单体可直接被吸收；而存在于天然动、植物性饲料原料蛋白质中的 SeMet 和 SeCys，须在各种蛋白酶的作用下被水解成游离形式的氨基酸或多肽形式才能被吸收。

三、动物肠道对不同形态硒的吸收

大部分单胃动物及反刍动物对于日粮硒的吸收主要发生在小肠（从前到后依次为十二指肠和空肠，如图 2-1 所示），其中绝大部分硒在十二指肠部位被吸收，少部分在空肠部位被吸收，但随着距离十二指肠的距离的增加吸收率不断降低。此外，也有研究表明位于大肠首段的盲肠也能吸收部分硒。目前，关于硒能否在胃中被吸收尚存争议，多数学者认为硒在进入肠道之前无法被吸收，但也有少部分学者认为反刍动物的瘤胃是可以少量吸收硒的，但具体情况如何尚需进一步证实。

进入肠道之后，不同形态的硒穿过肠上皮细胞的方式各不相同。其中，SeO_3^{2-} 主要依赖于单纯扩散（被动运输）的方式；SeO_4^{2-} 和 SeMet 类似于其含硫类似物（SO_4^{2-} 和 Met），由 Na^+ 依赖的转运载体介导的主动运输方式进行吸收，由于共用了与其含硫类似物相似的转运途径，因此 SeO_4^{2-} 和 SeMet 均与其含硫类似物之间存在竞争性抑制作用，当日粮中硫含量较高时，动物对于日粮中 SeO_4^{2-} 和 SeMet 利用率通常会降低。对

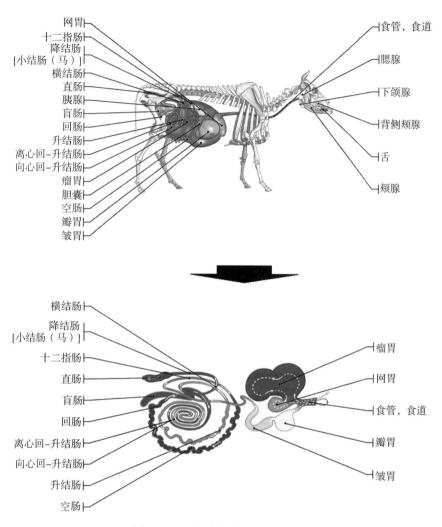

图 2-1 反刍动物消化系统示意图

于 SeCys 而言，其在肠道中的吸收机制目前还未研究透彻。但可预知的是，摄入的含 SeCys 的蛋白质经蛋白酶水解后必然以游离形式大量存在于消化液中，然而，游离态的 SeCys 极不稳定，极易被氧化成硒代胱氨酸（Selenocystine，$SeCys_2$），而在肠上皮细胞转运模型中的研究结果显示，$SeCys_2$ 可以被作为负责转运二元氨基酸的中性氨基酸转运载体运输进细胞。此外，动物摄入的蛋白质类营养素除了被完全消化为游离氨基酸进而吸收外，还可被消化为二肽或三肽进行吸收，这种吸收方式是一种依赖于肠道寡肽转运蛋白 1（Oligopeptide transporter 1，PepT1）的主动运输方式。因此，从理论上来讲，存在于蛋白质中的 SeMet 和 SeCys 同样可以以其与相邻氨基酸残基形成的二肽或三肽的方式被吸收，但目前还未有直接的实验数据能证实这种吸收机制是否真实存在。

四、动物消化、吸收、利用日粮硒的影响因素

影响动物消化、吸收及利用日粮硒的因素较为复杂，主要体现在动物种类的差异、日粮硒形态组成差异及日粮基质差异等方面，但与动物机体硒营养状态之间并无直接联系。

一般而言，反刍动物对于日粮硒的吸收率及利用率普遍低于单胃动物及禽类等非反刍动物，这种差异在对无机形式硒的吸收上尤为明显。在反刍动物中，经日粮摄入的 SeO_4^{2-} 会在瘤胃中被还原为 SeO_3^{2-}，只有部分 SeO_4^{2-} 可经瘤胃旁路直接到达小肠。到达小肠部位的 SeO_4^{2-} 几乎可以被完全吸收，但吸收进入血液循环系统中的 SeO_4^{2-} 必须被进一步还原为 SeO_3^{2-} 才能进入后续的代谢过程，否则将经尿液排出体外。此外，存在于瘤胃中 SeO_3^{2-}，无论是经 SeO_4^{2-} 还原得到的，还是直接从日粮中摄取的，仅有 $40\%\sim60\%$ 可成功到达肠道并被直接吸收，有 $10\%\sim15\%$ 将被代谢为 SeCys 并进一步合成到瘤胃微生物蛋白质中，另外还有 $30\%\sim40\%$ 会被进一步还原为不可溶的 Se^{2-} 等小分子化合物。其中，合成到瘤胃微生物蛋白质中的硒最终可被进一步消化并运送至小肠进行吸收，但以不可溶形式存在的含硒小分子往往不能被胃肠道吸收，大多会经粪便排出体外。基于以上原因，大多数反刍动物对于无机硒的吸收率一般只有 $29\%\sim50\%$，但单胃动物及禽类对于无机硒的吸收率却普遍可以达到 90%。

如上所述，在反刍动物中，摄入的无机形式的硒可在瘤胃中被还原成 Se^{2-} 等不溶性小分子化合物从而降低硒的吸收率，但摄入的有机形式的硒（尤其是 SeMet）主要以蛋白形式存在，难以在瘤胃中被直接还原成不溶性的含硒小分子，因此，摄入的大部分有机形式的硒更多是以硒

代氨基酸等形式在小肠中被吸收，从而有效保证了日粮硒的吸收率。目前，大量研究表明，无论是在反刍动物还是非反刍动物中，经日粮摄入的有机形式的硒（尤其是 SeMet）的吸收率几乎高达 $90\%\sim98\%$。基于反刍动物对于日粮中有机硒与无机硒吸收率的差异，人们很容易形成一种动物对有机硒的吸收率一定高于无机硒的固有印象，但这种情况在单胃动物及禽类等非反刍动物中不一定存在，因为无论是有机硒还是无机硒都能被它们很好地吸收。尽管非反刍动物能很好地吸收无机硒，但并不意味着它们同样能很好地利用无机硒，尤其体现在以 SeO_4^{2-} 形式摄入无机硒时，仍会有部分硒无法被还原成 SeO_3^{2-} 从而经尿液排泄，以致不能被充分利用。

日粮基质是影响动物对于硒的吸收与利用的另一个重要因素。一般而言，日粮中富含的糖类、硝酸盐及钙盐等盐类、维生素 C 等营养素往往会抑制动物对于硒的消化与吸收，而日粮中富含的蛋白质、维生素 A 和维生素 E 等营养物质，又往往可促进动物对于硒的吸收。此外，当日粮中富含与硒形态对应的含硫类似物时，可对硒的吸收存在潜在的竞争性抑制作用，但这种抑制作用的强弱需结合日粮中具体的硒形态及硫的具体存在形式进行具体分析。

第二节　硒在动物组织器官中的转运与分布

一、硒在血液循环系统中的运输

经消化吸收进入血液的各种不同形式的硒由血液循环系统转运至各组织器官进行进一步代谢，其中 SeMet 可以通过非特异性地替换血清中的白蛋白或血红蛋白中的蛋氨酸从而结合到这些蛋白质中进行运输。对于 SeO_3^{2-} 而言，当其被吸收进入血液后，会迅速在红细胞中被谷胱甘肽（Glutathione，GSH）还原为 Se^{2-}，随后转运至各组织器官进行进一步代谢。对于 SeO_4^{2-} 而言，它一般以其完整形式在血液循环系统中进行运输，但其确切运输机制目前尚不清晰。

二、参与机体硒代谢调控的主要组织器官

肝脏是日粮硒经胃肠消化吸收入血后经过的第一个器官，也是动物机体进行硒代谢的最重要器官之一。肝脏在调节机体硒代谢稳态过程中主要发挥三方面作用：①将机体摄入的硒进行代谢，确定其中保留与排泄的份额；②将分配至排泄的硒代谢为低毒的、利于排泄的含硒小分子化合物；③将分配至需进行保留的部分硒进行代谢与加工，并转运至肝外组织器官进行再分配。

肌肉是除肝脏外的另一个可储存硒的部位，肌肉对于硒的储存更多发生在高剂量摄入硒的情况下，尤其是当机体在高硒营养状态继续摄入SeMet 时，这种储存效果最为明显。而在缺硒、低硒及足量硒营养状态下，尽管肌肉会累积大量硒，但这种结果主要是由肌肉占据动物机体比重较大（约占动物总重 40％以上）所致，并非以储存为目的。

此外，肾脏在调节机体硒水平中也扮演重要角色，主要体现在两方面：①当机体缺硒时，肾脏可从原尿中对硒进行重吸收，从而减少机体对于硒的排泄；②高硒营养状态下，肾脏是排泄硒的主要器官。

三、硒在组织器官中的分布概况

硒在动物机体组织器官中的分布情况与机体硒营养状态以及摄入的日粮硒形态密切相关。一般而言，当动物机体摄入的硒刚好达到其需求量时，此时不论继续摄入何种形态的硒，硒在各组织器官中的分布顺序通常为：肝＞肌肉＞肾＞血浆。此时，作为硒的主要代谢与储存部位的肝脏可累积约躯体总硒 30％的硒，而肌肉可累积约躯体总硒 25％～30％的硒（图 2-2）。当机体处于缺硒或低硒营养状态时，肝脏中总硒含量急剧下降，主要是为了将累积的硒贡献给其他组织器官。

当机体处于高硒营养状态时，硒含量最高的组织器官通常为肝脏和肾脏，因为这两个器官是参与硒代谢与排泄的最主要器官。若此时机体继续以 SeMet 形式进一步摄入硒，会有大量 SeMet 沉积于肌肉部位，因为肌

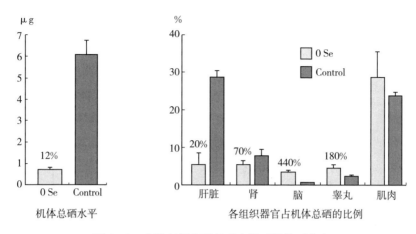

图 2-2　小鼠硒摄入不足或充足时机体硒分布

注：0 Se，饲喂缺硒饲料组，饲料总硒含量＜0.01mg/kg；Control，饲喂足量硒饲料组，以亚硒酸钠形式向缺硒饲料中添加 0.25mg/kg 进行配制；断奶小鼠分别以两种饲料饲喂 18 周。引自 Burk and Hill，2015。

肉占据动物机体总重的 40％以上，而其干物质组分主要为蛋白质，摄入的 SeMet 可非特异性地取代蛋白质中的蛋氨酸（Methionine，Met），因此富含蛋白质的肌肉则成了 SeMet 的一个重要沉积部位。

当然，以上所呈现的硒在动物组织器官中的分布仅代表在现实中出现的可能性较大的一些情况。由于日粮硒形态种类繁多，在不同机体硒营养状态下的代谢极为复杂，因此导致硒在组织器官中的分布也存在多变性，需结合具体情况具体分析。

第三节　硒在动物细胞中的代谢

一、硒在动物细胞中的主要代谢物

SeMet、SeCys、硒甲基硒代半胱氨酸（Se - methylselenocysteine，SeMC）、亚硒酸盐（Selenite）和硒酸盐（Selenate）是动物摄取硒元素的主要存在形态，所有这些形态均无需进一步调节即可被吸收，且都具有较高的生物利用度。

从日粮中摄取的硒元素被吸收后，主要以 SeCys 的形式编码产生硒蛋白行使生物学功能，SeMet 随机取代 Met 掺入蛋白质中产生含硒蛋白。H_2Se 是产生 Sec - tRNA$^{[Ser]Sec}$ 的中间产物之一。过量的硒以三甲基硒离子〔$(CH_3)_3Se^+$〕的形式通过尿液排出体外，或以二甲基硒〔$(CH_3)_2Se$〕的形式通过呼吸道排出体外（图 2 - 3）。硒也存在于尿液中的硒糖中，但硒糖是否参与初级尿液中硒的再循环仍然未知。

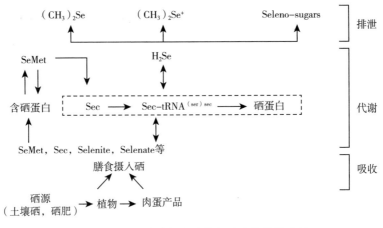

图 2 - 3　含硒化合物在动物细胞内的代谢途径

二、不同形式硒在动物细胞中的代谢特点

不同形态的硒经肠道吸收后进入血液中，通过门静脉循环运送至肝脏进行下一步代谢。

（一）硒代蛋氨酸

SeMet 是动物饲料中硒的主要化学形式之一。SeMet 在植物和一些真菌中通过硫同化途径合成，可非特异性地取代蛋氨酸掺入其蛋白质中。植物中 90% 的硒是以 SeMet 形式存在，剩下的大部分是以其他硫化合物的硒类似物形式存在。

SeMet 被摄入后，通过肠道蛋氨酸转运体被吸收，并转运至体内的蛋氨酸池中，储存于蛋氨酸池中的 SeMet 有两种去向（图 2-4）。

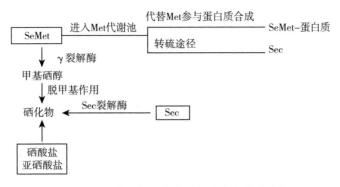

图 2-4　硒代蛋氨酸在动物细胞内的代谢途径

去向一：是被蛋氨酸特异性氨酰 tRNA 合成酶识别，代替 Met 掺入新生多肽链，分布于全身血液和组织含 Met 的蛋白质中。这一过程不受硒营养状态的调节，但取决于 SeMet 的可用性。高浓度 SeMet 的存在常导致该氨基酸在新合成的蛋白质（例如血清白蛋白）中的含量显著升高，然而尽管这种方式产生了更多的含 SeMet 的蛋白质，并不会引起明显的生物学效应。蛋白质中 SeMet 唯一已知的生物学功能是充当一个不受调节的硒储备库，在 SeMet 库周转期间，硒可自由进入特定的硒化合物代谢途径参与反应。因此，在暴露于低硒环境时，在有限时间内，非调节硒池中的 SeMet 被动员用于硒蛋白生物合成，从而确保正常生理功能。

去向二：是在通过蛋氨酸循环和转硫途径在肝脏或肾脏中代谢，产生 SeCys。SeMet 在转化为 SeCys 之前，无法用于合成功能性硒蛋白。SeCys 处于特定的硒代谢途径的入口位置，硒代半胱氨酸裂解酶将其与其硫类似物半胱氨酸区分开来，并将其分解为硒化物和丙氨酸。在组织匀浆中未曾检测到游离的 SeCys 存在，表明其在组织中的浓度非常低。因此，高活性的 SeCys 保持在非常低的水平，而低活性的 SeMet 则被以 Met 的形式代谢掉。有研究表明肝脏中的 γ-裂解酶可作用于 SeMet 并产生甲基硒醇，但需要进一步的证据支持。含 SeMet 的蛋白质在降解后释放的 SeMet 将进入游离蛋氨酸池，并转入特定的可调节硒池中进一步代谢。

（二）硒代半胱氨酸

硒代半胱氨酸 SeCys 是植物在产生 SeMet 时的反向转硫途径的中间产物，它在植物蛋白质中的含量远低于 SeMet。植物中游离的硒代半胱氨酸可能无法达到有效结合到半胱氨酸 tRNA 所需的浓度，并且一旦并入蛋白质，会因改变蛋白的结构和构象，而使这些蛋白受损，并导致其降解，引起中毒症状。一些罕见的硒积累植物如堇叶碎米荠等可通过将硒代半胱氨酸甲基化来解毒，因为甲基化后产生的硒甲基硒代半胱氨酸不能与蛋白质结合，对植物毒性较低。

对于动物来说，SeCys 是硒蛋白中硒的存在形态，以硒代氨基酸残基形式成为硒酶的活性中心，所以它通常存在于含有动物产品的膳食中。目前对其吸收方式还不甚了解，但其氧化形式——SeCys$_2$ 可抑制胱氨酸的吸收，并被二元酸和中性氨基酸的肠道转运体吸收到培养细胞中。肠黏膜上皮细胞摄取硒代胱氨酸的过程尚未报道，但它很可能被还原并进入这些细胞中特定的硒代谢池。

除从日粮中吸收外，SeCys 还可由细胞内硒蛋白降解产生。由硒代半胱氨酸 β-裂解酶分解代谢，释放还原形式的硒及硒化物。摄入的硒酸盐和亚硒酸盐也被代谢为硒化物。硒化物可以通过酶转化为硒磷酸（即硒蛋白合成中硒代半胱氨酸的前体）进入合成代谢途径，可以转化为排泄物形式，或者被修饰以运输出细胞。

（三）亚硒酸盐和硒酸盐

无机硒形态的硒营养摄入主要有两种形式：亚硒酸盐和硒酸盐，二者的吸收代谢特征略有区别。两者都能被机体有效吸收，其中硒酸盐主要以钠离子依赖的硫酸盐转运系统进行主动吸收，而亚硒酸盐是通过肠壁被动吸收。由于日粮结构的影响，亚硒酸盐的吸收率在 $50\% \sim 90\%$ 的范围内变化，而硒酸盐的吸收率几乎是 100%。然而，被吸收后的硒酸盐必须还原为亚硒酸盐后才能进一步代谢，而在此过程中大量的硒酸盐通过尿液流失，这使得硒在亚硒酸盐和硒酸盐中的生物利用度大致相当。

在动物体内，亚硒酸盐通过硫氧还蛋白还原酶（Thioredoxin reductase，TXNRD）或与还原型 GSH 反应被还原为硒化物。因此，摄取生理剂量的亚硒酸盐会在肠黏膜细胞中被还原，而不会以亚硒酸盐的形式存在于其他部位。

此外，亚硒酸盐可与蛋白质结合成为"硒结合蛋白"。研究人员在注射 $19\mu g$ 硒（以 ^{75}Se 标记的亚硒酸盐）的小鼠肝细胞溶胶中鉴定到这种蛋白质的存在，硒结合蛋白中所含硒的量远高于硒代谢池中硒的量，可能与大量硒的非生理结合有关。对拟南芥（*Arabidopsis thaliana*）中与哺乳动物 56 kDa 硒结合蛋白的同源蛋白的结构分析结果显示，硒可以通过亚硒酸盐形式与两个半胱氨酸残基相结合。当亚硒酸盐和硫醇同时存在时，二者可在体外以一种硒的非酶类型的结合方式形成硒的三硫化物。然而，硒结合蛋白是否与毒性较低条件下的硒代谢有关，需要进一步研究确认。

三、不同硒营养状态下的硒在动物细胞中的代谢特点

哺乳动物体内存在两个硒库：非调节的硒代蛋氨酸库（仅含 SeMet 形式的硒）和可调节的（特定）硒库（包含硒蛋白和少量代谢物形式的硒），二者几乎占了体内所有的硒。实验表明：在仅喂食无机硒的小鼠中，为保证可调节硒库的供应，随着硒摄入量的增加，全身硒水平急剧上升，直到硒蛋白表达达到最大值后，硒水平才停止上升，证明可调节硒库中硒的强限制性和非存储性。而当日粮中摄入的硒足以用于动物体内的硒蛋白合成时，摄入多余的硒几乎完全被排泄掉，仅极少量的硒用于全身硒水平的增加。

肝脏富含硒元素，是硒在肠道吸收后体内遇到的第一个器官，也是全身硒稳态调控的关键部位。由于肝脏中的转硫途径比其他组织更为活跃，使肝脏成为将硒蛋氨酸库中的硒转入特定硒库的主要器官。肝脏中硒化物有两个主要的去向：一种是滞留在体内，进入硒蛋白合成途径；另一种是转化成小分子，作为代谢产物被排泄掉。硒化物在这两种去向中的分配决

定了体内硒的含量和排泄量。目前肝脏中硒化物分配到滞留和排泄过程的机制尚不清楚，这种机制可能是被动的，并且与硒磷酸合成酶 2 （Selenophosphate synthase 2，SEPHS2）接受硒化物的能力有关。一旦 SEPHS2 接受硒化物达到饱和，硒代谢物的排泄将增加。在缺硒条件下，硒摄入的少量增加会影响体内硒的分布，但不会影响硒的实际排泄量。将硒在滞留和排泄之间进行分配后，肝脏合成的硒蛋白（Selenoprotein，SELENO）P 被分泌到血浆中，作为载体将硒输送到外周组织。

不同硒营养状态下，硒的代谢分配可分为两个层次。一个是细胞水平，以此调控硒蛋白的合成；另一个是全身水平，硒通过肝脏分泌 SELENOP 运输到其他组织，经 SELENOP 受体被细胞吸收。当硒摄入适量时，这些分配过程可保持所有硒蛋白达到的最佳表达水平。当摄入的硒高于最佳硒蛋白合成所需的量时，硒被纳入排泄代谢产物并排出体外。研究者进行了大量的动物实验来探究硒的调节机制与健康相关性。小鼠严重缺硒会导致雄性不育，但没有观察到其他临床影响。然而，在 SELENOP 或载脂蛋白 E 受体 2 （Apolipoprotein E receptor 2，ApoER2）缺失导致硒转运中断的小鼠中，轻度硒缺乏会导致致命的脑损伤。几种硒蛋白的敲除具有明显的临床表型，表明在野生型小鼠中为保证其合成供应足量的硒是非常重要的，这意味着在单纯缺硒的情况下，可以通过全身硒蛋白层次结构进行硒调控与分配，提供硒蛋白合成所需的硒。

硒在动物体内的分布并不均衡。肝脏是全身硒稳态调控的关键部位，以小鼠为例，全身约 29％的硒存在于肝脏中，而约 50％的肝脏硒存在于一种硒蛋白谷胱甘肽过氧化物酶（Glutathione peroxidase，GPX）1 中，因此在富硒小鼠体内 15％的可调节硒库中的硒贮存于肝脏 GPX1 中。当硒摄入不足时，肝脏 GPX1 急剧下降，释放硒以合成其他硒蛋白包括 SELENOP，并以 SELENOP 形式供应其他组织。对于哺乳动物来说，肝脏和肾脏中的硒浓度最高，其次是脾脏、胰腺、心脏、大脑、肺、骨骼和骨骼肌。在硒供应不足时，大脑和睾丸将优先贮存硒，因为两者正常功能的维持都依赖于稳定的硒供应。

第四节　肝脏对硒的代谢、分配与外排

一、不同硒营养状态下肝脏对硒的代谢特点

根据前面所述，肝脏是机体摄入的硒经过的第一个器官，也是机体对于所摄入硒进行代谢与再分配的主要器官，但肝脏对于硒的代谢状况须视机体硒营养状态和日粮硒摄入剂量与形态而定，大体可分为如下 3 种情况：

（1）当机体处于缺硒或低硒营养状态，或摄入的硒刚好达到机体对于硒的需求。此时，不论摄入的硒的形态如何，都会首先被肝脏所代谢，从而决定其命运。此时肝脏在机体硒代谢中发挥 3 种主要功能：①储存；②将部分硒分配至肝外组织器官；③将多余硒代谢为低毒、适于排泄的含硒小分子化合物。

（2）当机体摄入的硒已达到机体需求，并继续摄入硒，但未超过肝脏的代谢容量。此时，不论摄入的硒的形态如何，仍会如同（1）中所述方式，优先被肝脏所代谢，但此时会有更多的硒被肝脏代谢为低毒、适于排泄的含硒小分子化合物。

（3）机体摄入的硒已达到机体需求，并继续摄入硒，且超过肝脏的代谢容量。此时，摄入的硒中，来不及被肝脏代谢的部分可直接被转运至外周组织器官进行代谢。

二、缺硒、低硒、足量硒营养状态下肝脏对硒的吸收、代谢与外排方式

当机体摄入的硒刚好能满足机体需求时，肝脏可将部分硒合成到硒蛋白中用以储存，一旦机体硒摄入不足时，肝脏便可将储存的硒贡献出来用以维持其他组织器官的需求。在啮齿类动物模型中的研究结果显示，机体中约有 29％的硒分布于肝脏，而肝脏中约有 50％的硒是以 GPX1 硒蛋白形式存在。此外，在动物机体的动态硒库中，也有近 15％的硒以 GPX1

形式存在。

当动物机体硒摄入不足时，肝脏中的 GPX1 会迅速分解，将其中的硒释放出来。此时，肝脏充分利用 GPX1 贡献出来的硒大量合成 SELENOP，并将其分泌至血液循环系统，从而为其他肝外组织器官供应硒。根据在啮齿类动物模型中的研究结果，血液中 90% 的 SELENOP 均来源于肝脏，进入血液循环系统的 SELENOP 的半衰期约为 3～4h，根据其半衰期进行估算，在一个 24h 周期内，肝脏可通过 SELENOP 为肝外组织器官供应约占整个机体 17% 的硒。

三、高硒营养状态下肝脏对硒的吸收、代谢与外排方式

当动物摄入的硒超过机体需求时，此时机体处于高硒营养状态，由于摄入过多的硒对于机体健康十分不利，动物机体已进化出一套精密的应对策略，主要是利用肝脏将机体摄入的过多的硒转化为低毒的硒糖或甲基化的硒化物从而进行排泄。然而，肝脏对于硒的代谢能力仍存在一定限度，一旦摄入的硒超过了肝脏的代谢速率，那么多出的部分可绕过肝脏，直接进入肝外组织器官进行进一步代谢。

第五节　肝外组织器官对于硒的摄取与保留

一、不同硒营养状态下肝外组织器官对硒的吸收与代谢特点

如同肝脏一样，肝外组织器官对于硒的吸收与代谢同样与机体硒营养状态及所摄入的硒形态息息相关，大体可分为如下 3 种情况：

（1）当机体处于缺硒或低硒营养状态，或摄入的硒刚好达到机体对于硒的需求。此时，不论摄入的硒的形态如何，都会首先被肝脏所代谢，通过合成到 SELENOP 并分泌至血液循环系统中从而运输至肝外组织器官为它们补充硒，此时，肝脏来源的 SELENOP 是肝外组织器官摄取硒的最主要方式。

（2）当机体摄入的硒已达到机体需求，并继续摄入硒，但未超过肝脏

的代谢容量。此时，不论摄入的硒的形态如何，仍会如同（1）中所述，优先被肝脏代谢合成为 SELENOP 并为肝外组织器官供应硒，但此时由肝脏合成的硒糖等小分子含硒化合物同样可以经血液循环系统运送至肝外组织器官从而被利用，但其利用率十分有限。

（3）当机体摄入的硒已达到机体需求，并继续摄入硒，且超过肝脏的代谢容量。此时，摄入的硒中来不及被肝脏代谢的部分（尤其是以 SeMet 形式摄入的硒）可直接转运至外周组织器官，被直接吸收与代谢。

二、缺硒、低硒及足量硒营养状态下肝外组织器官对于硒的吸收与保留方式

如上所述，缺硒、低硒、足量硒营养状态下肝外组织器官对于硒的获取主要依赖于肝脏来源的 SELENOP，它们对于 SELENOP 的摄取主要由 ApoER2 和巨蛋白（Megalin）这两个低密度脂蛋白受体（Low - density lipoprotein receptor，LDLR）家族成员介导的内吞作用来实现。这两种受体的组织分布及其与 SELENOP 的结合模式大不相同，在特定组织器官中对于 SELENOP 的摄取是受到严密调控的。

（一）ApoER2 介导从血液循环系统吸收 SELENOP 的过程

ApoER2 又称低密度脂蛋白受体相关蛋白 8（LDL receptor related protein 8，LRP8），是一个广泛存在于细胞表面的跨膜内吞受体蛋白。从结构上（图 2 - 5），ApoER2 含有 LDLR 家族的 6 个典型功能结构域，从 N 端到 C 端分别为：①由多个 A 型低密度脂蛋白受体重复序列（LA repeat）形成的配体结合域；②表皮生长因子受体同源重复序列（EGF repeat）结构域；③含 YWTD（Y：酪氨酸，W：色氨酸，T：苏氨酸，D：天冬氨酸）序列的 β - 螺旋结构域；④氧连接的糖结构域（O-linked sugar domain，OLSD）；⑤跨膜结构域；⑥胞浆尾区结构域［包含一个或多个 NPxY（N：精氨酸，P：脯氨酸，X：任何氨基酸，Y：酪氨酸）序列的胞质尾区］，以及 1 个 ApoER2 特有的结构域；⑦富含脯氨酸的结构域。

在 ApoER2 的 7 个结构域中主要是由③含 YWTD（Y：酪氨酸，W：

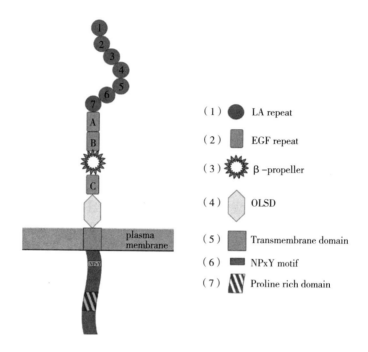

图 2-5　ApoER2 的结构示意图

（修改自 Dlugosz and Nimpf，2018）

色氨酸，T：苏氨酸，D：天冬氨酸）序列的 β-螺旋结构域与 SELENOP 结合来介导 SELENOP 的内吞作用。在小鼠模型中的研究结果表明，ApoER2 的 β-螺旋结构域主要与 SELENOP 的 C-末端由 208～361 氨基酸残基构成的富含 SeCys 的特殊结构域进行结合（图 2-6），且由 324～326（Cys-Gln-Cys）三个氨基酸残基组成的这一位点是 SELENOP 能够与 ApoER2 结合的一个关键位点。此外，在大鼠 L8 成肌细胞中的研究结果表明，SELENOP 通过其 C-末端结构域与 ApoER2 结合的同时，其 N-末端结构域中的 pH 依赖性肝素结合位点会与细胞表面的硫酸乙酰肝素蛋白多糖结合，这种结合一方面可促进 SELENOP 与 ApoER2 的结合，另一方面是为了将 SELENOP 的 N-末端进行切割并让其滞留于细胞外，使得 ApoER2 仅需内吞 SELENOP 富含 SeCys 的 C-末端部分即可，增加了对 SELENOP 的摄取效率。成功进入细胞的 SELENOP 片段进入溶酶体中进行水解，释放出其中的硒，以供细胞进一步利用。

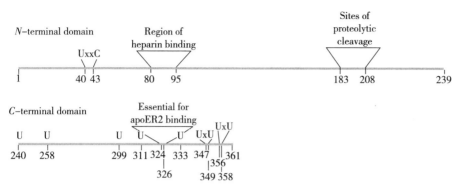

图 2-6　小鼠 SELENOP 结构示意图

(引自 Burk and Hill，2015)

　　ApoER2 介导的细胞对 SELENOP 的内吞作用在肝外组织器官对于硒的摄取中起重要作用，因此，细胞膜上 ApoER2 的多少很大程度上决定了细胞对于硒的摄取能力。ApoER2 在多种组织中均有表达，但其表达量在不同组织间存在巨大差异，这一差异决定了不同组织器官对于硒的利用层级：机体优先将硒分配给更加重要的组织器官以优先满足其功能。如图 2-7 所示，ApoER2 在睾丸、骨髓及胎盘中的表达量相对较高，这也表明睾丸、骨髓及胎盘对于硒的需求相对较高，因为睾丸需要不断地产生并排出富含硒的精子，骨髓需要不断地产生富含硒蛋白的血细胞，而胎盘需要不断地从母体血液循环系统中摄取硒以满足胎儿不断生长发育的需求。在肝脏及肾脏中，ApoER2 的表达量非常低，主要是由于这两个器官对于硒的摄取不依赖于 ApoER2 的作用，而是存在其他特殊机制。

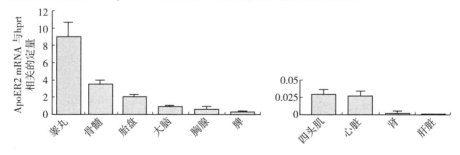

图 2-7　小鼠摄入充足硒时机体中 *ApoER 2* 基因 mRNA 的组织分布

(引自 Burk and Hill，2015)

（二）Megalin 介导从肾小球滤过液吸收 SELENOP 的过程

巨蛋白（Megalin）亦称低密度脂蛋白受体相关蛋白 2（LDL receptor related protein 2，LRP2），主要存在于肾近曲小管（Proximal convoluted renal tubule，PCT）细胞的顶端表面，负责从肾小球滤液中回收蛋白质和其他配体。

在 Megalin 完全敲除的小鼠模型中的研究结果显示，PCT 细胞中完全检测不到 SELENOP，而尿液中排泄的 SELENOP 增加，证实了 Megalin 从原尿中回收 SELENOP 的重要作用。通过这种回收作用可以使机体在硒摄入不足时尽可能地将硒保留在体内，减少流失。目前，Megalin 与 SELENOP 进行结合的确切分子机制尚不明确，但已知的是，Megalin 和 SELENOP 的结合模式与 ApoER2 完全不同，ApoER2 主要与 SELENOP 的 C -端结合，而 Megalin 主要与 SELENOP1 的 N -端结合。

除肾脏之外，Megalin 在脑及其他组织器官中也有表达。有研究表明，硒缺乏会轻微损害小鼠的大脑功能，但对野生型小鼠无影响，表明 Megalin 在调节大脑对硒的摄取中也起到一定作用，但其中的因果关系仍待进一步证实。

三、高硒营养状态下肝外组织器官对于硒的吸收、保留与外排

高硒营养状态下，肝外组织器官对于硒的摄取方式囊括了上述的所有 3 种情况：①肝脏来源的 SELENOP；②肝脏来源的硒糖，可被少量吸收并利用；③当机体摄入的硒超出了肝脏的代谢能力时，部分硒可绕过肝脏被肝外组织器官直接吸收并被代谢利用。

进入肝外组织器官细胞中的硒，其代谢规律仍符合硒在动物细胞中代谢的普遍规律，并且与特定组织器官局部的硒营养状态息息相关。肝外组织器官优先将摄入的各种不同形式的硒转化为 Se^{2-} 并进一步合成到各种硒蛋白中，以维持组织器官正常生理活动的需求。一旦摄入的硒达到需求量时，进一步摄入的硒将被优先用于合成 SELENOP 并被外排至血液循环系统，以供其他还未达到需求量的组织器官所利用，抑或被合成为

$(CH_3)_3Se^+$、$(CH_3)_2Se$ 及硒糖等小分子含硒化合物用以排泄。此外，在肝外组织器官摄入的硒达到需求时，若进一步以 SeMet 形式摄入硒，则会有大量硒被简单当作 Met 而非特异性地合成到各类蛋白质中用以储存。

第六节 硒在动物机体中的平衡与排泄

根据硒在动物各组织器官中的转运、分布与代谢规律可知，动物机体中存在一套精密的用以维持机体硒平衡的调节机制。正如第一节所述，动物对于硒的吸收与机体硒营养状态之间并无直接联系，即使在硒富足的状态下仍能不断地从日粮中消化并吸收硒。因此，动物对于机体硒平衡的维持并非通过控制硒的吸收来实现，而主要依赖于其对硒排泄的调控。当日粮硒的摄入量足够高时，机体硒蛋白合成达到最高水平，此时，若进一步增加硒摄入量，多摄入的硒不会进一步合成到硒蛋白中，而是直接被排泄出体外，从而将机体硒维持在一个相对稳定的水平。

当日粮硒水平处于生理剂量范围内时，硒的排泄途径主要为尿液和粪便。通过尿液排出的硒主要以三甲基硒离子 $[(CH_3)_3Se^+]$ 和硒糖形式存在，而通过粪便排出的硒主要以硒糖形式存在。随着硒摄入量的不断增加，经粪便排出的硒首先达到饱和，其次为尿液。

当机体摄入的硒足够多，以至于经甲基化的二甲基硒醚 $[(CH_3)_2Se]$ 产生三甲基硒离子的酶变得饱和时，部分硒会直接以二甲基硒醚的形式经呼吸排出，其典型特征是呼出的气体带有大蒜味。

综上所述，当动物摄入硒的剂量超出机体需要量时，会将摄入的多余的硒代谢转化为 $(CH_3)_3Se^+$、$(CH_3)_2Se$ 及硒糖三种主要的含硒小分子化合物，并通过粪便、尿液和呼吸的方式排出体外，使得动物机体在摄入大剂量日粮硒时得以将硒维持在相对适宜的水平，极大限度地减弱高剂量硒对机体产生的毒害作用。

◇ **主要参考文献**

[1] 曹鼎鼎，孟田田，舒绪刚，等. 硒元素在动物体内的吸收代谢研究进展 [J]. 仲恺农业工程学院学报，2017，30（4）：66-70.

[2] 卢东赫，付滨丽，高飞，等.载脂蛋白 E 受体 2 的研究进展 [J]. 检验医学，2015，30 (5)：537 - 540.

[3] 庞广昌，陈庆森，胡志和，等.蛋白质的消化吸收及其功能评述 [J]. 食品科学，2013，34 (9)：375 - 391.

[4] Arshad M A，Ebeid H M，Hassan F U. Revisiting the effects of different dietary sources of selenium on the health and performance of dairy animals：A review [J]. Biological Trace Element Research，2021，199 (3)：1 - 19.

[5] Burk R F，Hill K E. Regulation of selenium metabolism and transport [J]. Annual Review of Nutrition，2015 (35)：109 - 134.

[6] Dlugosz P，Nimpf J. The reelin receptors apolipoprotein E receptor 2 （ApoER2） and VLDL receptor [J]. International Journal of Molecular Sciences，2018 (19) (10)：3090.

[7] Gallo C M，Ho A，Beffert U. ApoER2：Functional tuning through splicing [J]. Frontiers in Molecular Neuroscience，2020 (13)：144.

[8] Lei X G，Combs G F Jr，Sunde R A，et al. Dietary selenium across species [J]. Annual Review of Nutrition，2022 (42)：337 - 375.

[9] Mehdi Y，Hornick J L，Istasse L，et al. Selenium in the environment，metabolism and involvement in body functions [J]. Molecules，2013 (18)：3292 - 3311.

[10] Roman M，Jitaru P，Barbante C. Selenium biochemistry and its role for human health [J]. Metallomics，2014，6 (1)：25 - 54.

[11] Saito Y. Selenium transport mechanism via selenoprotein P - Its physiological role and related diseases [J]. Frontiers in Nutrition，2021 (8)：685517.

[12] Schrauzer G N，Surai P F. Selenium in human and animal nutrition：Resolved and unresolved issues. A partly historical treatise in commemoration of the fiftieth anniversary of the discovery of the biological essentiality of selenium，dedicated to the memory of Klaus Schwarz （1914—1978） on the occasion of the thirtieth anniversary of his death [J]. Critical Reviews in Biotechnology，2009，29 (1)：2 - 9.

[13] Thiry C，Ruttens A，Temmerman L D，et al. Current knowledge in species - related bioavailability of selenium in food [J]. Food Chemistry，2012，130 (4)：767 - 784.

[14] Thomson C D. Assessment of requirements for selenium and adequacy of selenium status：A review [J]. European Journal of Clinical Nutrition，2004，58 (3)：391 - 402.

[15] Dolgova N V，Hackett M J，MacDonald T C，Nehzati S，James A K，Krone P H，George G N，Pickering I J. Distribution of selenium in zebrafish larvae after exposure to organic and inorganic selenium forms [J]. Metallomics，2016，8 (3)：305 - 312.

［16］ Donadio J L S，Duarte G B S，Borel P，et al. The influence of nutrigenetics on biomarkers of selenium nutritional status ［J］. Nutrition Reviews，2021，79 （11）：1259 - 1273.

［17］ Esaki N，Nakamura T，Tanaka H，et al. Selenocysteine lyase，a novel enzyme that specifically acts on selenocysteine. Mammalian distribution and purification and properties of pig liver enzyme ［J］. Journal of Biological Chemistry，1982，257 （8）：4386 - 4391.

［18］ Ha H Y，Alfulaij N，Berry M J，et al. From selenium absorption to selenoprotein degradation ［J］. Biological Trace Element Research，2019，192 （1）：26 - 37.

［19］ Kurokawa S，Takehashi M，Tanaka H，et al. Mammalian selenocysteine lyase is involved in selenoprotein biosynthesis ［J］. Journal of Nutritional Science and Vitaminology，2011 （57）：298 - 305.

［20］ Labunskyy V M，Hatfield D L，Gladyshev V N. Selenoproteins：Molecular pathways and physiological roles ［J］. Physiological Reviews，2014 （94）：739 - 777.

［21］ Olson G E，Winfrey V P，Hill K E，et al. Megalin mediates selenoprotein P uptake by kidney proximal tubule epithelial cells ［J］. Journal of Biological Chemistry，2008 （283）：6854 - 6860.

［22］ Olson G E，Winfrey V P，Nagdas S K，et al. Apolipoprotein E receptor - 2 （ApoER2）mediates selenium uptake from selenoprotein P by the mouse testis ［J］. Journal of Biological Chemistry，2007，282 （16）：12290 - 12297.

［23］ Schrauzer G N. Selenomethionine：A review of its nutritional significance，metabolism and toxicity ［J］. Journal of Nutrition，2000，130 （7）：1653 - 1656.

［24］ Schweizer U，Schomburg L，Khrle J. Selenoprotein P and selenium distribution in mammals ［M］. Berlin：Springer International Publishing，2016.

［25］ Seale L A，Hashimoto A C，Kurokawa S，et al. Disruption of the selenocysteine lyase - mediated selenium recycling pathway leads to metabolic syndrome in mice ［J］. Molecular and Cellular Biology，2012，32 （20）：4141 - 4154.

［26］ Vendeland S C，Deagen J T，Butler J A，et al. Uptake of selenite，selenomethionine and selenate by brush border membrane vesicles isolated from rat small intestine ［J］. Biometals，1994，7 （4）：305 - 312.

［27］ Weiss Sachdev S，Sunde R A. Selenium regulation of transcript abundance and translational efficiency of glutathione peroxidase - 1 and - 4 in rat liver ［J］. The Biochemical Journal，2001，357 （Pt 3）：851 - 858.

［28］ Wolfram S，Grenacher B，Scharrer E. Transport of selenate and sulphate across the

intestinal brush – border membrane of pig jejunum by two common mechanisms [J].
Quarterly Journal of Experimental Physiology，1998，73（1）：103 – 111.

[29] Chiu – Ugalde J，Theilig F，Behrends T，et al. Mutation of megalin leads to urinary
loss of selenoprotein P and selenium deficiency in serum，liver，kidneys and brain
[J]. The Biochemical Journal，2010，431（1）：103 – 111.

第三章　硒的生物学效应

硒作为动物的必需微量元素，对于维持动物生命活动正常进行至关重要。一般而言，动物机体摄入的硒主要在硒蛋白基因的编码下以 SeCys 形式掺入到各种不同硒蛋白中以发挥其生物学功能，而硒摄入不足则可导致组织、器官中的硒蛋白表达不足而引起各类疾病。本章将着重介绍硒蛋白基因介导硒掺入各种硒蛋白的合成路径及其调控机制、动物硒蛋白种类及其功能、缺硒对动物生理机能的影响，从而加深对硒在动物生理机能中调控作用的理解。此外，尽管硒是一种必需微量元素，但长期高剂量摄入硒仍可对动物造成危害，本章也将简要介绍高剂量硒对动物生理机能的影响，以加深对养殖生产科学补硒、精准补硒的理解。

第一节　硒发挥营养功能的主要效应分子——硒蛋白

众所周知，蛋白质是生命的物质基础。作为动物机体所必需的微量元素，硒主要通过掺入到蛋白质中来行使其营养功能。在动物细胞内，大多数微量元素一般通过与蛋白质结合后，作为蛋白质的辅助因子来发挥其功能。然而，硒与其他微量元素颇为不同的是，它可以以 SeMet 和 SeCys 两种含硒氨基酸形式直接合成到蛋白质中。对于 SeMet 而言，动物细胞并不能识别其与 Met 的区别，因此误把其当作 Met 合成到各类蛋白质中，通过此过程合成的蛋白质通常被称为含硒蛋白（Selenium containing proteins），此类蛋白质不具备与硒相关的特殊生理功能。然而，动物细胞将 SeCys 合成至蛋白质的过程是受到精密调控的，该过程受一类被称为硒蛋白基因的基因所介导，合成的蛋白质具备与硒相关的特殊生理功能，被定义为硒蛋白（Selenoproteins）。

一、硒蛋白基因的特性

在硒蛋白未被充分认识之前，一般认为生物体内的蛋白质主要由 61 个通用密码子［其中包含一个起始密码子（UGA）和 3 个终止密码子（UGA、UAG 和 UAA）］所编码的 20 种氨基酸所构成。但随着硒生物学的不断发展，科学家们在探究硒蛋白的合成过程中逐渐发现生物体内还存在一种特殊的蛋白质合成机制：由终止密码子 UGA 编码 SeCys 插入蛋白质中特定位点的翻译过程。由此，SeCys 被认定为可用于合成蛋白质的第 21 种氨基酸，见图 3-1。

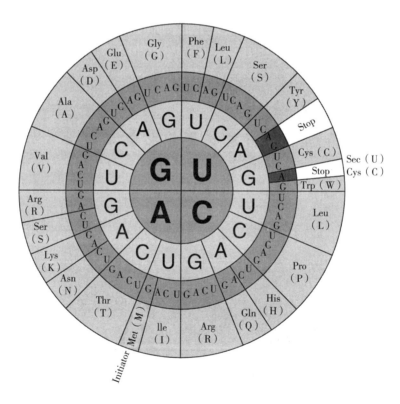

图 3-1　生物体遗传密码子示意图

（引自 Labunskyy 等，2014）

　　在生物体中，编码硒蛋白的基因极其特殊，被称为硒蛋白基因，硒蛋白基因的特殊性在于其 mRNA 的开放阅读框（ORF：从起始密码子开始，结束于终止密码子连续的碱基序列）内存在一个或多个 UGA 密码子（图 3-2）。UGA 是一种传统意义上的终止密码子，在常规蛋白质的翻译过程中，它主要起中止蛋白质翻译过程的作用。但在硒蛋白的翻译过程中，当核糖体移位至 mRNA 上的 UGA 时并未中止翻译过程，而是在此插入一个 SeCys 后继续向下游移位，直至遇到下一个终止密码子（UAA 或 UAG）时才中止翻译过程。在脊椎动物中，大多数硒蛋白 mRNA 的 ORF 区域内只有 1 个 UGA 密码子，但 *SELENOP1* 基因较为例外。据现有报道，哺乳动物 *SELENOP1* 基因的 mRNA 中含 10 个 UGA 密码子，而在鱼类中，*Selenop1* 基因 mRNA 最多有 17 个 UGA 密码子。*SELENOP1* 具有的这种特性可能与其参与动物机体硒的转运与分配功能密切相关。

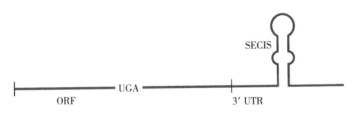

图 3-2　硒蛋白基因 mRNA 结构示意图

（引自 Burk and Hill，2015）

　　硒蛋白基因 mRNA ORF 区域中的 UGA 之所以能够编码 SeCys，而非行使终止密码子功能，是由于其 3′非编码区（3′UTR）内存在一个茎环结构的硒代半胱氨酸插入序列（SeCys insertion sequence，SECIS）元件，当核糖体移位至 UGA 密码子时可在 SECIS 这一顺式作用元件的辅助下，结合一些其他因子，准确地将 SeCys 合成到此处。

　　综上所述，硒蛋白基因 mRNA 区别于其他基因 mRNA 的 2 个典型特征为：①ORF 中存在一个 UGA 密码子，此密码子编码 SeCys 的插入；②3′UTR 区存在一个茎环结构的 SECIS 元件，此元件参与了在 UGA 位置插入 SeCys 的翻译过程。

二、硒蛋白基因介导的硒蛋白合成

生物体合成的硒蛋白氨基酸序列中一定存在 SeCys 残基，但由于真核细胞中并不存在能够直接转运 SeCys 的 tRNA，故最终插入到硒蛋白中的 SeCys 残基也并非细胞从外源环境直接摄入的，而是由细胞重新合成的。事实上，细胞摄入的各种不同形式的硒最终都可以合成到硒蛋白中，但必须首先转化为 Se^{2-}，随后在硒磷酸合成酶 2（SEPHS2）的催化作用下进一步合成为硒磷酸（$H_3SePO_3^{3-}$）。随后，$H_3SePO_3^{3-}$ 与一种名为 tRNA$^{[Ser]Sec}$ 的特殊 tRNA 反应合成 Sec - tRNA$^{[Ser]Sec}$ 复合体，其中 Sec 代表硒代半胱氨酸残基。随后，硒蛋白基因 mRNA 在 SECIS 元件的作用下，经由 SECIS 绑定蛋白 2（SECIS binding protein 2，SBP2）和硒代半胱氨酸特异性翻译延伸因子（Sec - specific translation elongation factor，EFSec）两个反式作用因子的辅助，最终将 Sec - tRNA$^{[Ser]Sec}$ 插入到 UGA 密码子处，从而完成硒蛋白的合成。

（一）Sec - tRNA$^{[Ser]Sec}$ 的生物合成

Sec - tRNA$^{[Ser]Sec}$ 于 1970 年在哺乳动物及鸟类肝脏中被发现，它最初被定义为次要的丝氨酰- tRNA（Ser - tRNA），可以进一步转化为磷酸化丝氨酰- tRNA（pSer - tRNA），或特异性地解码 mRNA 上的密码子 UGA。由于这个 tRNA 只能识别并解码 UGA，因此最初被认为是一种无义抑制因子 tRNA。但是后来的研究发现，真核及原核生物中硒代半胱氨酸残基（Sec）的合成与插入均依赖于 Ser - tRNA，并最终通过形成 Sec 与 tRNA 的复合物形式来解码硒蛋白 mRNA 中的 UGA 密码子，因此，Ser - tRNA 才最终被命名为 Sec - tRNA$^{[Ser]Sec}$。

真核细胞内，Sec - tRNA$^{[Ser]Sec}$ 的合成过程较为复杂，但大体上可分为如图 3 - 3 所示的三个过程：①活性形式的硒磷酸盐 $H_2SePO_3^-$ 的合成；②pSer - tRNA$^{[Ser]Sec}$ 的合成；③$H_2SePO_3^-$ 与 pSer - tRNA$^{[Ser]Sec}$ 反应合成 Sec - tRNA$^{[Ser]Sec}$。

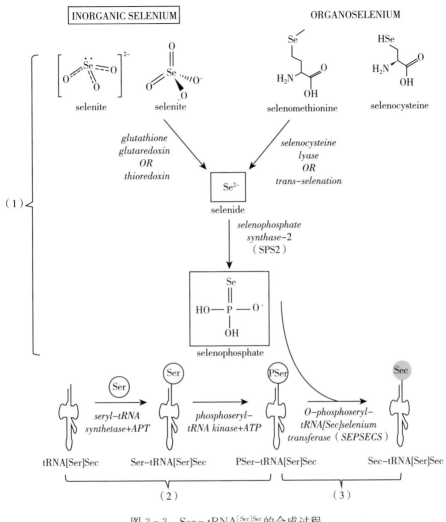

图 3-3 Sec-tRNA$^{[Ser]Sec}$的合成过程

（修改自 Cardoso 等，2015）

1. H$_2$SePO$_3$$^{3-}$ 的合成

细胞摄入的各种不同形式的硒若要合成到硒蛋白中，须首先被代谢为硒化物（Se^{2-}）。无机形式的 SeO$_3$$^{2-}$ 和 SeO$_4$$^{2-}$ 一般经谷胱甘肽-谷氧还蛋白还原酶或硫氧还蛋白还原酶途径被还原为 Se^{2-}；有机形式的 SeMet 可经反式硒化作用转变为 SeCys，而 SeCys 进一步在硒代半胱氨

酸裂解酶的作用下被代谢为 Se^{2-}。经代谢而来的 Se^{2-} 可在硒磷酸合成酶（Selenophosphate synthetase 2，SEPHS 2）的催化作用下，通过消耗 ATP 从而合成活性形式的硒磷酸盐（$H_2SePO_3^-$）。

2. pSer - tRNA$^{[Ser]Sec}$ 的合成

pSer - tRNA$^{[Ser]Sec}$ 的合成起始于 tRNA$^{[Ser]Sec}$ 的氨酰化，tRNA$^{[Ser]Sec}$ 在丝氨酸氨酰- tRNA 合成酶（seryl - tRNA synthetase，SerS）的催化作用下，通过消耗 ATP 合成 Ser - tRNA$^{[Ser]Sec}$ 复合体。随后，存在于 tRNA$^{[Ser]Sec}$ 上的 Ser 进一步被磷酸化丝氨酸氨酰 - tRNA 激酶（Phosphoseryl - tRNA kinase，PSTK）通过磷酸化作用转变为磷酸化形式的 Ser - tRNA$^{[Ser]Sec}$，表示为 pSer - tRNA$^{[Ser]Sec}$。

3. H$_2$SePO$^-$ 与 pSer - tRNA$^{[Ser]Sec}$ 反应合成 Sec - tRNA$^{[Ser]Sec}$

在真核细胞中，由步骤（2）合成的 pSer - tRNA$^{[Ser]Sec}$ 可在硒代半胱氨酸合成酶（SeCys synthase，SEPSECS）的催化作用下转变为 O - pSer - tRNA$^{[Ser]Sec}$ 中间体，随后进一步由 SEPSECS 将步骤（1）获得的活性硒供体 $H_2SePO_3^-$ 转移到 O - pSer - tRNA$^{[Ser]Sec}$ 上以替换掉磷酸基团，使其最终转变为 Sec - tRNA$^{[Ser]Sec}$。

（二）SECIS 介导的硒蛋白翻译

在硒蛋白翻译过程中，Sec - tRNA$^{[Ser]Sec}$ 能够被成功转移至 UGA 密码子处进行肽链合成的关键点在于硒蛋白基因 mRNA 的 3′UTR 区域存在一种呈茎环结构的顺式作用元件——SECIS 元件，其结构如图 3 - 4 所示。

真核生物的 SECIS 元件位于硒蛋白基因 mRNA 的 3′UTR 区域，距离 ORF 中 UGA 密码子约 500～3 000 个核苷酸，由 80～150 个脱氧核糖核苷酸组成的特殊二级结构。其结构包含两个螺旋（Helixe Ⅰ和Ⅱ）、一个内部茎环（存在 GA Quartet 结构）和一个顶环（Apical loop）。根据 SECIS 元件两个螺旋及茎环结构的差异，真核生物 SECIS 元件被分为两类（Ⅰ型 SECIS 和Ⅱ型 SECIS）。其中，Ⅰ型 SECIS 中包含一个相对较大的顶环，以及一个被 12～14 个碱基对形成的螺旋所分割的内部环状结构；在Ⅰ型 SECIS 结构基础之上，若在原有顶环上额外地形成一个仅含 2～7

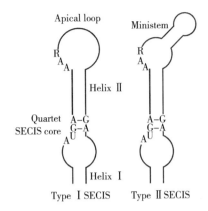

图 3 - 4 真核生物 SECIS 元件结构示意图

(引自 Labunskyy 等，2014)

个碱基对的小螺旋结构（Ministem），并在小螺旋之上再重新形成一个较小顶环，具备这种结构的 SECIS 才称为 II 型 SECIS。现有研究表明，在已知的真核 SECIS 元件中有 66％为 II 型，但 II 型 SECIS 占有优势的原因目前还不清楚。尽管 I 型 SECIS 在数量上不占优势，但其与 II 型 SECIS 在功能上的差异非常微小。

SECIS 元件的内环中包含一个保守的 SECIS 核心，该核心位于 Helixe II 的基部，其中包含了由 4 对非沃森-克里克碱基对（其中包含两个串联的 G A/A G 碱基对）形成的 GA Quartet 结构，该结构可在 Mg^{2+} 的作用下在 Helixe II 的基部形成一个扭结（Kink - turn motifs，K - turn）形状（图 3 - 5A），从而便于 SECIS 元件介导 Sec 在 UGA 位点的掺入过程（图 3 - 5B）。此外，SECIS 顶环中的 AAR 这一保守序列在调控 SeCys 的掺入过程中也起着重要作用，但其机制尚不清楚。

在硒蛋白翻译过程中，SECIS 元件首先需要与 SECIS 结合蛋白 2（Selenocysteine insertion sequence binding protein 2，SBP2）结合才能介导 Sec - tRNA[Ser]Sec 在 UGA 密码子位点的插入过程。此外，由于 Sec - tRNA[Ser]Sec 是一个极其特殊的 tRNA，常规的翻译延伸因子无法有效将其招募至核糖体，必须依赖硒代半胱氨酸特异性延伸因子 EFSec 来完成此过程。因此，SBP2 和 EFSec 是参与 SECIS 介导的硒蛋白翻译的 2 个最为重要的反式作用因子（图 3 - 6）。

A

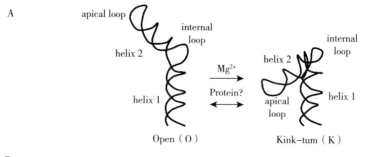

B

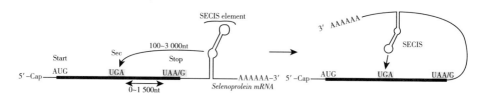

图 3-5 SECIS 元件在介导真核硒蛋白翻译过程中的结构变化示意图

（引自 Bulteau and Chavatte，2015）

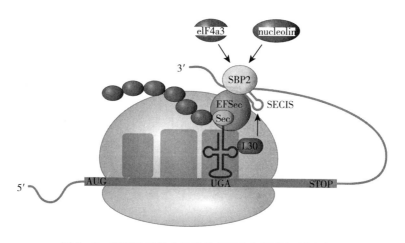

图 3-6 SECIS 元件介导真核硒蛋白翻译的机制示意图

（引自 Labunskyy 等，2014）

1. SBP2 在 SECIS 介导的硒蛋白翻译中的作用

SBP2 含有 3 个不同的结构域：①N-端含有一个约 400 个氨基酸的功

能未知的结构域；②中部含有一个约 100 个氨基酸的 Sec 掺入结构域（Sec incorporation domain，SID）；③C‑端含有一个约 300 个氨基酸的 RNA 绑定结构域（RNA‑binding domain，RBD），此结构域常存在于可与 RNA 上的 K‑turn 基序进行绑定的 L7Ae RNA 绑定蛋白家族成员中。

在 SBP2 的 3 个结构域中，参与 Sec 掺入调控作用的主要为其中部 SID 结构域及 C‑端的 RBD 结构域，而其 N‑端结构域在此过程中不起作用。突变实验结果表明，RBD 结构域中含有的 L7Ae RNA 绑定区域对于 SBP2 与 SECIS 的绑定活性至关重要，但仅有 RBD 结构域还不足以介导 SBP2 与 SECIS 的结合，可能还需要 SID 结构域的参与。通过在体外分别表达单一的 SID 或 RBD，发现均能检测到 SECIS 依赖的复合体的形成，且对 Sec 的掺入具有促进作用，但鉴于 SID 并不能直接与 SECIS 结合，说明 SID 可能主要是通过与 RBD 形成复合物的方式来促进 RBD 结构域与 SECIS 元件的结合。

2. EFSec 在 SECIS 介导的硒蛋白翻译中的作用

在真核生物蛋白质翻译过程启动之后，需依据 mRNA 所携带的遗传信息依次招募对应的氨基酸到核糖体上并逐步合成为完整的多链，这个过程称为肽链延伸。肽链延伸过程受真核延伸因子 EEF 1（Eukaryotic elongation factor 1）和 EEF2 的调控，其中 EEF1 负责将氨酰基‑tRNA 招募到核糖体‑mRNA 处，其中与氨酰基‑tRNA 直接结合的为 EEF1A 亚基；而 EEF2 则负责将核糖体移位至 mRNA 上的下一个密码子，以开始新一轮的氨酰基‑tRNA 招募。

在常规的蛋白质翻译过程中，几乎所有的 tRNA 均是与 EEF1A 结合，并被招募至核糖体‑mRNA 复合体处。然而，对于 Sec‑tRNA$^{[Ser]Sec}$ 而言，它无法与 EEF1A 结合从而被招募，而是经由一种特殊的硒代半胱氨酸延伸因子（Selenocysteine‑specific eukaryotic elongation factor，EFSec）招募至 UGA 密码子处。区别在于，EFSec 在于其 C‑端存在一个附加的独特结构域，该结构域赋予了 EFSec 两个特殊功能：①与 SBP2‑SECIS 复合物结合；②与 Sec‑tRNA$^{[Ser]Sec}$ 结合。

在 C‑端存在的特殊结构域作用下，EFSec 充当了 SBP2‑SECIS 复合物与 Sec‑tRNA$^{[Ser]Sec}$ 之间的纽带，从而参与了 SECIS 介导的 Sec 掺入过程。但值得注意的是，EFSec 并不能直接与 SECIS 结合，而是通过与 SBP2 结合形成 EFSec - SBP2 - SECIS 复合体的方式来参与对 Sec - tRNA$^{[Ser]Sec}$招募及 UGA 解码。

3. 参与 SECIS 介导的硒蛋白翻译的其他调控因子

虽然 SBP2 和 EFSec 两个核心因子已被证实足以支持 SECIS 介导的 Sec 掺入过程，但一些研究表明真核生物中还存在一些其他因子也参与了这一翻译过程。

（1）核糖体蛋白 L30。核糖体蛋白 L30 是利用紫外交联实验鉴定到的可在细胞内与 SECIS 元件进行绑定的一种蛋白质，它的大小约为 14.5 kDa，是大核糖体亚基（60S）的一部分。核糖体蛋白 L30 在哺乳动物的许多不同组织中大量表达，并且大多数细胞核糖体蛋白 L30 与核糖体相关。然而，也有一小部分核糖体蛋白 L30 游离于核糖体而存在。正如 SBP2 一样，核糖体蛋白 L30 含有 L7Ae RNA 结合基序，并可在体外同 SBP2 竞争性地与 SECIS 元件结合，表明其具备与 SECIS 元件结合从而调控硒蛋白翻译的潜力，但其中的确切机制仍有待进一步研究。

（2）真核翻译起始因子 4a3。真核翻译起始因子 4a3（Eukaryotic initiation factor，eIF4a3）是一种可连接硒营养状态与硒蛋白表达的蛋白，尽管目前对其调控硒蛋白表达的功能不甚明了，但它已被确定可与 SECIS 元件结合，从而调控 Sec 的掺入。据报道，eIF4a3 与 *GPX1* 的 SECIS 元件具有特别的亲和力，它可与 *GPX1* 的 SECIS 元件的内部茎环和顶环结合，从而阻止其与 SBP2 的结合，限制 Sec 掺入 *GPX1* 的过程。鉴于 *GPX1* 是一个具备硒储存功能且对缺硒营养状态极其敏感的硒蛋白，eIF4a3 对 *GPX1* 翻译的调控作用从一定程度上体现了机体对于缺硒营养状态下硒蛋白层级表达的精密调节机制。

（3）核仁素。核仁素（Nucleolin）是另一个被证实可通过绑定到 SECIS 元件上从而影响 Sec 掺入效率的蛋白质。Nucleolin 是一种定位于细胞核仁的高丰度磷蛋白，主要参与 rRNA 和核糖体的生物合成，并在调控基因转录及染色质重塑中起重要作用。Nucleolin 上具备 RNA 识别基序，在一项早期的研究中，研究人员通过以放射性标记的 *GPX1* SECIS 为探针从 cDNA 文库中筛选 SECIS 结合蛋白的过程中发现，Nucleolin 是一种潜在的 SECIS 结合蛋白。随后的研究表明，核仁素可以选择性地结合在硒蛋白表达层级中处于高层级的硒蛋白（功能较为重要）mRNA 中的 SECIS 元件上，但它与低层级硒蛋白 mRNA 的 SECIS 元件的亲和力较低。并且，一项利用 siRNA 敲除核仁素的研究也表明，Nucleolin 是编码必需硒蛋白 mRNA 翻译的正调节因子，但对非必需硒蛋白没有影响。由于 Nucleolin 的活性不受硒水平影响，有人认为这种蛋白质可能通过优先募集 SBP2 或调节 Sec 解码机制的其他因子来选择性地调节各种不同硒蛋白的表达。然而，也有研究结果表明，Nucleolin 可与来自多种硒蛋白基因的 SECIS 元件结合，但其中差异极小，表明对硒蛋白表达层级并没有贡献。综合来看，虽然 Nucleolin 被证实可通过绑定到 SECIS 元件上来影响硒蛋白的翻译，但其具体功能及作用机制仍有待进一步深入探究。

4. 硒蛋白的层级表达及调控

在动物机体或细胞内，影响硒蛋白表达的最直接因素为机体硒水平或对于硒的利用度，当硒缺乏时，诸如 GPX1、GPX4、硒蛋白 W（SELENOW）及 SELENOP 等硒蛋白的表达量会迅速降低，但也有诸如硫氧还蛋白还原酶（Thioredoxin reductase，TXNRD）1 和 TXNRD3 等硒蛋白的表达并不随机体或细胞硒水平和利用度的变化而变化。这种现象体现了硒蛋白的表达层级，一般处于高层级的硒蛋白在机体或细胞中发挥着相对重要的作用，一旦它们的表达量降低，极有可能直接影响到细胞及机体的生存；而那些处于低层级的硒蛋白对于细胞及机体的重要性相对较低，当机体缺硒时，这部分硒蛋白会迅速降低其表达，从而把硒贡献给更加重要的高层级硒蛋白，以维持细胞及机体的存活。

硒蛋白的表达层级现象出现在转录水平、mRNA 丰度及蛋白水平等多层面。对于低层级硒蛋白而言，缺硒引起的 mRNA 丰度的降低主要由无义介导的 mRNA 衰变（NMD）所致。在真核生物中，NMD 途径主要用于消除具有过早中止密码子的 mRNA 转录物。由于所有的硒蛋白都含有一个框内 UGA 密码子，因此一些硒蛋白基因的 mRNA 比其他基因的 mRNA 更容易受到 NMD 的影响从而被降解，而这些硒蛋白 mRNA 丰度的降低也终将导致它们在蛋白水平上的丰度的下降，但不同硒蛋白之间出现差异的原因尚不清楚。

除 NMD 的影响外，Sec 的掺入效率是影响硒蛋白表达的另一个重要因素。在各种不同硒蛋白的 mRNA 中，UGA 密码子相对于 SECIS 元件的位置、局部 UGA 环境以及 SECIS 元件对 SBP2 的不同亲和力都可能介导了特定硒蛋白对 NMD 的敏感性。除此之外，真核细胞中含有的核糖体蛋白 L30、eIF4a3 及 Nucleolin 等诸多因子都参与了硒蛋白翻译过程中 Sec 掺入的调节，而这些因子的作用靶标（不同硒蛋白 mRNA 及其翻译相关因子）、作用效果（促进或抑制）及调节强度各不相同，且是经过精密设计的，机体或细胞可充分利用这些相关因子的综合作用将各种硒蛋白的表达维持在特定生理条件下的最优状态，以满足机体或细胞在特定生理环境下的利益最大化。

三、硒蛋白的鉴定、分类及命名

（一）硒蛋白的鉴定

在硒蛋白研究的早期阶段，对于硒蛋白的发现与鉴定主要依赖于各种传统实验技术手段，比如利用质谱技术或同位素（^{75}Se）示踪技术检测硒经历代谢并掺入到蛋白质中的具体形式与路径等。通过这些传统实验技术手段鉴定到一系列硒蛋白，其中鉴定到的第一个哺乳动物硒蛋白是 GPX1。然而，仅依赖于传统的实验手段进行硒蛋白的鉴定不仅费时费力，而且难以从基因组层面对特定物种的硒蛋白组成进行全面的鉴定与分析。得益于基因组测序技术及大数据技术的快速发展，使得利用生物信息学技术从基因组层面进行硒蛋白的全面鉴定与分析成为可能。

基于生物信息学的硒蛋白鉴定主要围绕硒蛋白基因 mRNA 中（1）ORF 区域的 UGA 密码子和（2）3′UTR 区域的 SECIS 元件两个特殊且相对保守的结构开展。在以上两个结构中，仅仅依靠 UGA 密码子还不能完全定位 Sec 在基因组中的位置，但 SECIS 元件的结构对于硒蛋白基因具有高度特异性，包括保守的一级序列和较为复杂的二级序列，从而有助于识别硒蛋白基因在基因组中的具体位置。因此早期对于生物体基因组中硒蛋白基因的生物信息学分析主要是以 SECIS 元件识别为主导，此方法的一般策略是：①发现候选 SECIS 元件；②分析 SECIS 元件的上游序列，从而识别硒蛋白基因编码区；③通过 ^{75}Se 代谢标记细胞法检测并验证所预测的硒蛋白。最初利用这种方法鉴定到的硒蛋白是哺乳动物中的硒蛋白 R（或称蛋氨酸亚砜还原酶 B1）、硒蛋白 N 和硒蛋白 T 等。这个方法初期只限于进行很小的核酸序列库中硒蛋白的预测，但经过不断发展后逐渐适用于进行全基因组中硒蛋白的扫描与识别。为了进一步改善这类方法，科学家们选择将多个近缘物种的基因组同时进行分析，以便于更为精准地确定这些物种中属于直系同源硒蛋白的保守 SECIS 元件，增加了预测的准确性。多年来，随着该技术的不断完善，目前已涌现出一批可用于识别 SECIS 元件和硒蛋白基因的相关计算机工具，其中知名度较高的是由美国哈佛大学医学院的 Gladyshev 教授和西班牙庞培法布拉大学的 Guigo 教授联合开发的 Seblastian（https：//seblastian. crg. es/），该工具整合了一个叫作 SECISearch 3 的 SECIS 预测工具和一个 Sec/Cys 同源性比对工具，利用 Seblastian 可实现对基因组数据库及大型序列数据库中的绝大多数硒蛋白基因的扫描、鉴定与分析。

除了通过识别 SECIS 元件的方法来鉴定硒蛋白基因外，硒生物学领域科学家还曾开发出一种通过识别 UGA 密码子及其两侧保守序列的硒蛋白识别方法。该方法的基本原理源于绝大多数硒蛋白氨基酸序列中都含有 Cys 的同源蛋白（硒蛋白中 Sec 被 Cys 取代）。该方法主要通过从蛋白质数据库（如 NCBI）以 TBLASTN 工具搜索 NCBI 核酸序列来鉴定某核酸序列。若发现该核酸序列存在与蛋白质数据库中含 Cys 的蛋白质序列相匹配的 UGA 密码子，且所对应的 Cys 周围序列较为保守，则可确定该核酸序列具备编码 Sec 的潜力。由此可见，这种利用 Sec/Cys 同源配对的方法并不依赖于 SECIS 元件，并且，使用基于 Sec/Cys 同源配对的方法和基于 SECIS 元件预测的方法在同一物种基因组中得到的硒蛋白基因几乎完全一样，说明这两种方法都具有优异的硒蛋白基因预测性能，可用于识别已测序基因组中大多数乃至全部的硒蛋白基因。

当然，在进行硒蛋白基因鉴定的具体实施过程中，对于以上两种方法的选择与使用并非完全割裂的，很多情况下可充分结合这两种方法的特点，从而增加硒蛋白预测的准确性。但具体如何进行组合？应以哪种方法为主？完全取决于使用者的目的。基于最终目的的不同，硒蛋白的鉴定策略大致可分为 2 类：①已有硒蛋白的鉴定：在其他物种中已被鉴定，但在特定物种中尚无相关信息；②新硒蛋白的鉴定。此处，对基于这两种不同目的硒蛋白鉴定策略的实施过程进行简要描述。

1. 已有硒蛋白的鉴定

硒蛋白基因在进化上相对保守，若某硒蛋白（假定为硒蛋白 X）基因已在其他物种中被鉴定，而在目标物种中还未被鉴定，则可依据同源性原则，以近缘物种中硒蛋白 X 的相关信息为参照，通过相似性比对方式从目标物种中进行相应硒蛋白基因的鉴定。具体实施方式为：找到与目标物种亲缘关系最近的且已有硒蛋白 X 基因信息的物种，以该物种硒蛋白 X 中包含 SeCys 的核心氨基酸区域或相应的核酸序列作为索引，通过 Tblastn 或 Nucleotide Blast 方式从目标物种的 DNA 或 RNA 数据库（基因组、转录组等数据库）中寻找潜在的硒蛋白 X 核酸序列。在确定了潜在硒蛋白 X 核酸序列中的起始密码子、UGA 密码子及终止密码子的对应位点之后，进一步利用相关 SECIS 元件分析工具对其 3′UTR 区域的 SECIS 元件进行预测与分析。

2. 新硒蛋白的鉴定

若要进行新硒蛋白（在所有物种中尚未被发现）的鉴定，一般选择优先使用 SECIS 元件分析工具在目标物种的 DNA 或 RNA 数据库（基因组、转录组等数据库）中扫描存在 SECIS 元件的潜在硒蛋白序列，在此基础之上进一步分析其上游序列对应的 mRNA 序列中是否存在包含一个 UGA 密码子的 ORF 区。最后根据所鉴定到的存在 UGA 的 ORF、SECIS 以及它们的相对位置来综合判断其作为硒蛋白基因的可能性。

（二）硒蛋白的分类及命名

包括 Seblastian 在内的各种计算机辅助工具的相继问世，为实现多物种硒蛋白基因的鉴定及其功能研究提供了非常便利的条件，在这些工具的加持下，目前已有大量物种的硒蛋白基因被充分鉴定。在所有哺乳动物中，人类的硒蛋白最先被鉴定清楚，含有 25 种。与人类相似，包括猪、马、牛、羊等在内的大多数哺乳动物同样也含有 25 种硒蛋白，禽类中也有 25 种。此外，鱼类中总共鉴定到 41 种硒蛋白（其中，模式动物斑马鱼中有 37 种硒蛋白）。

根据硒蛋白功能的差异，硒蛋白可被分为：谷胱甘肽过氧化物酶、硫氧还蛋白还原酶、甲状腺素脱碘酶、蛋氨酸亚砜还原酶 B1、硒磷酸合成酶 2 及其他未知功能的硒蛋白等 6 类，如表 3-1 所示。基于此，对于功能已知的硒蛋白往往依据其功能进行命名，对于功能未知的硒蛋白一般以"Selenoprotein＋字母"的方式进行命名。然而，以往报道对于硒蛋白的缩写非常混杂，如表 3-1 所示。

表 3-1　动物硒蛋白分类

硒蛋白分类	英文名称	常见缩写	建议缩写
谷胱甘肽过氧化物酶	Glutathione peroxidase	Gpx，GPx，GPX	GPX
甲状腺素脱碘酶	Iodothyronine deiodinase	D，DI，Dio	DIO
硫氧还蛋白还原酶	Thioredoxin reductase	TR，TrxR，Txnrd	TXNRD
蛋氨酸亚砜还原酶 B1	Methionine sulfoxide reductase B1	MsrB1，SelR，SepR，SelX，SepX1	MSRB1
硒磷酸合成酶 2	Selenophosphate synthetase 2	SPS2，SEPHS2	SEPHS2
其他未知功能的硒蛋白	Selenoprotein	Sel，Sep，Seleno	SELENO

为进一步规范硒蛋白的命名规则，来自全球硒生物学领域的 53 位顶尖科学家于 2016 年在国际著名生物化学领域期刊 *The Journal of Biological Chemistry* 上联合发表了一篇题为"Selenoprotein Gene Nomenclature"的文章，以此倡议全球硒生物领域科研工作者根据此文章的建议进行硒蛋白的命名及书写。按照此倡议，谷胱甘肽过氧化物酶、甲状腺素脱碘酶、硫氧还蛋白还原酶类硒蛋白应分别表示为 GPX、DIO 及 TXNRD（以人类及家养动物蛋白质书写规则为例），对于这些酶类家族中的成员分别以数字编号，譬如 GPX1、GPX2 及 GPX3 等，对于这些成员的不同拷贝通过添加小写字母的方式作进一步区分，譬如 GPX1a 和 GPX1b。

对于功能未知的硒蛋白（Selenoprotein＋字母），以往一般以"SEL＋字母"或"SEP＋字母"方式进行缩写，但这两种缩写方式并不适用于所有硒蛋白。譬如，对于硒蛋白 T 而言，若缩写为 SEPT 则会与隔膜蛋白（SEPTIN）的缩写重复；以"SEL＋字母"的方式则无法避免与选择素蛋白（SELECTIN）的缩写之间的重复。为了体现硒蛋白中"硒"的特性，并避免与已有蛋白及其基因缩写之间的重复，对于未知硒蛋白的缩写建议以"SELENO＋字母"的方式进行命名。同样，若某物种中某个未知硒蛋白基因存在多个同源硒蛋白基因的多个拷贝，可以进一步以"SELENO＋字母＋数字＋字母"的方式进行缩写。

此外，对于不同种类动物而言，其硒蛋白及其基因的缩写应符合蛋白质和基因书写的通用规则：①人类、非人类灵长类动物、其他家养物种：基因缩写所有字母大写斜体，蛋白质缩写所有字母大写正体；②啮齿类：基因缩写首字母大写斜体，蛋白质缩写所有字母大写正体；③蜥蜴等爬行动物：基因缩写所有字母小写斜体，蛋白质缩写所有字母大写正体；④鱼类：基因缩写所有字母小写斜体，蛋白质缩写首字母大写正体。对于其他物种基因及蛋白缩写规则可参考 Jacoby 等（2008）编著的"*Gene Nomenclature*"和维基百科"*Gene nomenclature*"（https：//en. wikipedia. org/wiki/Gene_nomenclature）。

（三）硒蛋白在动物物种间的分布

如上所述，不同物种动物中硒蛋白种类之间存在差别，表 3-2 列举了一些常见动物的硒蛋白种类，包括猪、马、牛、羊等常见家养哺乳动物，小鼠和大鼠等啮齿类动物，鸡和火鸡等禽类动物，鱼类（鱼类种类繁多，不同鱼类硒蛋白种类略有差别，此处以从鱼类中鉴定到的所有硒蛋白进行展示）及果蝇、蜜蜂、按蚊等昆虫。

表 3-2　常见动物硒蛋白种类

硒蛋白	哺乳动物	啮齿类	禽类	鱼类	昆虫类
GPX1	＋＋＋	＋＋＋	＋＋＋	Gpx1a、Gpx1b	－－－
GPX2	＋＋＋	＋＋＋	＋＋＋	＋＋＋	－－－
GPX3	＋＋＋	＋＋＋	＋＋＋	Gpx3a、Gpx3b	－－－
GPX4	＋＋＋	＋＋＋	＋＋＋	Gpx4a、Gpx4b	－－－
GPX6	＋＋＋	－－－	－－－	－－－	－

（续）

硒蛋白	哺乳动物	啮齿类	禽类	鱼类	昆虫类
TXNRD1	＋＋＋	＋＋＋	＋＋＋	＋＋＋	－－－
TXNRD2	＋＋＋	＋＋＋	＋＋＋	－－－	－－－
TXNRD3	＋＋＋	＋＋＋	＋＋＋	＋＋＋	－－－
DIO1	＋＋＋	＋＋＋	＋＋＋	＋＋＋	－－－
DIO2	＋＋＋	＋＋＋	＋＋＋	＋＋＋	－－－
DIO3	＋＋＋	＋＋＋	＋＋＋	Dio3a、Dio3b	－－－
MSRB1	＋＋＋	＋＋＋	＋＋＋	Msrb1a、Msrb1b	－－－
SEPHS2	＋＋＋	＋＋＋	＋＋＋	＋＋＋	＋＋＋
SELENOE	－－－	－－－	－－－	＋＋＋	
SELENOF	＋＋＋	＋＋＋	＋＋＋	＋＋＋	－－－
SELENOH	＋＋＋	＋＋＋	＋＋＋	＋＋＋	＋＋＋
SELENOI	＋＋＋	＋＋＋	＋＋＋	＋＋＋	－－－
SELENOJ	－－－	－－－	－－－	Selenoj1、Selenoj2	
SELENOK	＋＋＋	＋＋＋	＋＋＋	＋＋＋	＋＋＋
SELENOL	－－－	－－－	－－－	＋＋＋	
SELENOM	＋＋＋	＋＋＋	＋＋＋	＋＋＋	－－－
SELENON	＋＋＋	＋＋＋	＋＋＋	＋＋＋	－－－
SELENOO	＋＋＋	＋＋＋	＋＋＋	Selenoo1、Selenoo2	－－－
SELENOP	＋＋＋	＋＋＋	SELENOP1、SELENOP2	Selenop1a、Selenop1b	
SELENOS	＋＋＋	＋＋＋	＋＋＋	＋＋＋	
SELENOT	＋＋＋	＋＋＋	＋＋＋	Selenot1a、Selenot1b、Selenot2	－－－
SELENOU	－－－	－－－	＋＋＋	Selenou1a、Selenou1b、Selenou1c	－－－
SELENOV	＋＋＋	＋＋＋	－－－	－－－	－－－
SELENOW	＋＋＋	＋＋＋	＋＋＋	Selenow1、Selenow2a Selenow2b、Selenow2c	－－－

注：＋＋＋代表存在此硒蛋白，－－－代表不存在此硒蛋白。

如表 3-2 所示，硒蛋白基因进化上相对保守，大多数哺乳动物几乎拥有相同的 25 个硒蛋白，但啮齿类的小鼠和大鼠较为例外，它们的 GPX6 中 Sec 被 Cys 所取代，因此不再是硒蛋白。家鸡和火鸡等禽类所拥有的硒蛋白种类与哺乳动物较为接近，但它们所拥有的 GPX6 同啮齿类动物一样，其中的 Sec 均被 Cys 所取代，此外禽类也缺少了 SELENOV，但它们比大多数哺乳动物多了 SELENOU 和 SELENOP2 两个硒蛋白，因此禽类仍然拥有 25 个硒蛋白。在鱼类中，除了 GPX6、TXNRD2 及 SELENOV 三个硒蛋白之外，哺乳类和禽类动物拥有的其他硒蛋白以及禽类所拥有的 SELENOU 在鱼类中都曾被鉴定到，并且，很多硒蛋白在鱼类中都存在两个或多个亚型，以至于鱼类中的硒蛋白总数比哺乳类和禽类多出近 50%，这主要是由于大多数鱼类在进化过程中经历了 3~4 次基因组倍增，导致这些硒蛋白所对应的硒蛋白基因存在多个拷贝。此外，鱼类还存在 SELENOE、SELENOJ 和 SELENOL 三个独有硒蛋白。相比于哺乳动物、禽类及鱼类等脊椎动物，昆虫类动物所含有的硒蛋白种类很少或没有，昆虫类的典型代表果蝇中只存在 SEPHS2、SELENOH 和 SELENOK 三个硒蛋白。处于不同进化水平的动物所拥有的硒蛋白种类及数量上的差异，从本质上反映的是不同的生活环境及生理特性决定的不同物种对于硒的需求及利用的差异。

四、硒蛋白在动物机体中的分布及其生理功能

硒蛋白所共同拥有的一个关键特征在于其氨基酸序列中存在 Sec 残基。已知，大部分硒蛋白在动物机体内均以酶的形式存在，在这些硒蛋白中，Sec 残基均位于酶活性位点，可被用来催化氧化还原反应。因此，大多数硒蛋白均具备抗氧化的生理功能。但随着硒生物学领域对各种硒蛋白功能的不断解析，不同硒蛋白的其他生理功能也逐渐被发现。目前，生理功能较为清楚的硒蛋白主要集中在哺乳动物中，而哺乳动物中的 25 种硒蛋白大多也在禽类、鱼类等多物种中存在同源蛋白，因此，本书重点针对这些硒蛋白的生理功能进行介绍。

（一）谷胱甘肽过氧化物酶（GPX）家族

1. GPX 家族成员种类

谷胱甘肽过氧化物酶（GPX）系统广泛存在于古菌、细菌、原生动物

及真核生物中。在哺乳动物中，GPX 家族有 8 个成员，其中 5 个成员（GPX1、GPX2、GPX3、GPX4 和 GPX6）在其活性位点含有 Sec 残基。在其他三个 GPX 同源物（GPX5、GPX7 和 GPX8）中，活性位点 Sec 被 Cys 取代。此外，GPX6 在一些哺乳动物（如啮齿类）和禽类（如家鸡）中的同源蛋白不是硒蛋白，其活性位点中的 Sec 同样被 Cys 所取代。

2. GPX 家族成员在动物组织、器官及细胞中的分布

GPX 家族各成员在动物机体组织器官的分布及亚细胞定位各不相同。GPX1 是一种定位于细胞质和线粒体中的同四聚体硒蛋白，广泛表达于各种组织器官，但在肝脏及肾脏中表达水平最高；GPX2 是一种分泌型同四聚体酶，主要表达于胃肠道黏膜，包括食管鳞状上皮，并且在肝脏中也可以检测到；GPX3 主要由肾脏合成并分泌至血液，成熟的 GPX3 主要分布于血浆；GPX4 是一种磷脂氢过氧化物谷胱甘肽过氧化物酶，在多种类型组织及细胞中均有表达；GPX6 主要表达于嗅觉上皮细胞。

3. GPX 家族成员在动物机体中的生理功能

GPX 家族成员在生物体中发挥广泛的生理功能，其中，拥有 Sec 残基的 5 个成员（GPX1、GPX2、GPX3、GPX4 和 GPX6）可以使用还原型谷胱甘肽（GSH）作为还原辅助因子催化过氧化氢（H_2O_2）和脂质氢过氧化物的还原，从而调控细胞中过氧化氢（H_2O_2）信号传导、氢过氧化物解毒和维持细胞氧化还原稳态等。

GPX 发挥其抗氧化作用的过程如图 3-7 所示，整个过程大致可分为 5 个环节：①GPX 在其 Sec 残基上的硒醇基团（$-Se^-$）被过氧化物（$-ROOH$）氧化为硒酸基团（$-SeOH$）；②第一个 GSH 分子将 GPX 中的硒酸基团（$-SeOH$）还原为谷胱甘肽硒醇中间体（GPX$-Se-SG$）并释放 1 分子 H_2O；③第二个 GSH 分子进一步将 GPX$-Se-SG$ 还原为完整状态的 GPX，此时 GSH 被转变为氧化型谷胱甘肽（GSSG）；④GSSG 在谷胱甘肽还原酶（Glutathione reductase，GR）的催化作用下被还原型辅酶Ⅱ（NADPH）还原为 GSH，而 NADPH 失去 1 个电子后转变为氧化型辅酶Ⅱ（$NADP^+$）；⑤在葡萄糖 6 磷酸脱氢酶（Glucose 6 phosphate dehydrogenase，G6PD）的催化作用下，葡萄糖 6 磷酸（Glucose 6 phosphate，G6P）可将 $NAPD^+$ 再次还原为 NADPH。

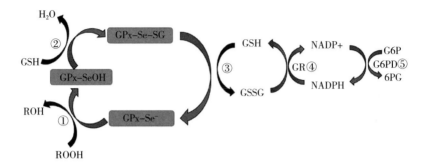

图 3-7　GPXs 参与抗氧化的作用机制示意图

(引自 Pei 等，2023)

通过上述步骤①和②，GPX 完成了对 H_2O_2 和磷脂氢过氧化物等氢过氧化物（－ROOH）的还原，从而发挥抗氧化作用；而被氧化的 GPX 则可通过③、④、⑤过程重新回到完整状态，并进入下一个抗氧化循环。这是一个 GPX 发挥抗氧化作用的普遍机制，但 GPX 种类多样，在动物机体中的分布不一，对于氢过氧化物的种类也存在一定选择性，因此各种不同 GPX 成员在参与机体抗氧化中的具体形式仍有区别。

（1）GPX1。GPX1 是哺乳动物中含量最多的硒蛋白，也是第一个被鉴定到的哺乳动物硒蛋白。它完全利用 GSH 作为底物，主要参与还原 H_2O_2 和有限数量的有机氢过氧化物（包括异丙苯氢过氧化物和叔丁基氢过氧化物），GPX1 介导的这种抗氧化反应意味着该酶与氢过氧化物调节的细胞过程密切相关，包括细胞因子信号传导和细胞凋亡。近年来，H_2O_2 也被认为是一种重要的信号分子，可以调节多种生物过程和途径，包括细胞增殖、细胞凋亡、应激反应和线粒体相关功能。由于 GPX1 参与了细胞内 H_2O_2 浓度的调节，GPX1 活性降低或缺乏会导致细胞内 H_2O_2 水平升高，而 GPX1 过表达则可能导致还原性应激，并可能破坏 H_2O_2 信号传导。因此，整个细胞内由 H_2O_2 介导的许多生理作用是由该 GPX1 所调节的，由于 GPX1 广泛分布于各种不同类型组织、器官及细胞，可知 GPX1 的生理调控作用应该是全身性的。

（2）GPX2。GPX2 是一种分泌型同四聚体酶，主要表达于胃肠道黏膜，但它在肠道中的表达并不均匀，在隐窝底部表达较高，并向管腔表面逐渐降低，这种分布模式提示其在肠道细胞的增殖中起重要作用。GPX2的功能主要是保护肠上皮免受氧化应激，保证黏膜稳态，它对于过氧化产物底物的选择性与GPX1较为相似，主要负责还原H_2O_2、过氧化叔丁基、过氧化异丙烯和过氧化亚油酸，但不包括过氧化磷脂酰胆碱。此外，当膳食硒摄入不足时，GPX2的表达量下降比GPX1和GPX3出现得更晚，表明GPX2相比GPX1和GPX3对于机体的重要性更强，考虑到其主要分布于胃肠道，因此推测这种硒蛋白可能是作为机体抵抗膳食来源的促氧化剂或肠道微生物群诱导的氧化应激的第一道防线。

（3）GPX3。GPX3是GPX家族中唯一的胞外酶，它是一种糖基化的同四聚体蛋白，产生于肾近端小管上皮细胞和鲍氏囊的壁细胞中。肾脏表达的部分GPX3被分泌到血浆中，但大部分仍附着在肾脏的基底膜上。GPX3的这种膜结合能力在胃肠道、肺和男性生殖系统中也有体现。GPX3除了主要表达于肾脏外，其蛋白及mRNA在心脏和甲状腺等组织中也可被检测到。作为一种胞外酶，GPX3可能主要在这些组织器官中起到胞外的局部抗氧化作用。与GPX1不同，GPX3与氢过氧化物底物的特异性结合能力较弱，虽然它也可以还原H_2O_2以及与GPX1相同的有机氢过氧化物底物，但其活性比GPX1低10倍。鉴于血浆中蛋白质巯基浓度本身较低，而GSH对于GPX3来说又是一个较差的还原底物，因此，有人认为GPX3与基底膜结合可以使其暴露于更高浓度的分泌型GSH中，从而保证其在上皮细胞基底膜外侧的抗氧化活性。

（4）GPX4。GPX4以单体形式存在，是一种膜相关的磷脂氢过氧化物酶，也是GPX家族中唯一直接还原和破坏脂质过氧化物的酶。除了具备还原H_2O_2和小分子氢过氧化物的能力外，GPX4还能还原磷脂、胆固醇和胆固醇脂类氢过氧化物等复杂的脂类化合物，并且它被认为是动物细胞中用于破坏脂肪酸氢过氧化物的一种关键蛋白。由于这一独特的能力，GPX4最早被定性为脂质过氧化抑制蛋白PIP。

GPX4具有三种不同的亚型，即细胞质型GPX4、线粒体型GPX4和细胞核型GPX4。细胞质型GPX4在各种类型细胞中普遍存在，但线粒体型GPX4和细胞核型GPX4主要在雄性动物的睾丸中表达，而在其他类型组织或细胞中仅有少量表达。值得注意的是，GPX4在组织中的表达水平并不能直接决定其活性水平。研究结果显示，在内分泌器官和精子的线粒体中，GPX4 的活性通常还受到激素的调节。

与其他 GPX 不同的是，GPX4 可以直接利用磷脂氢过氧化物作为底物，利用蛋白质巯基（—SH）和 GSH 的电子来还原 H_2O_2、胆固醇、胆固醇酯和胸腺嘧啶氢过氧化物。GPX4 在胚胎发育和精子发生的细胞分化过程中起着重要的抗氧化作用，并参与精子发生过程中染色质的凝聚过程。其次，GPX4 还是精子的一种结构蛋白：细胞核 GPX4 通过含巯基蛋白中的二硫桥接参与睾丸后染色质凝聚，线粒体 GPX4 参与精子中部线粒体的结构形成。除了在男性生殖中的作用外，GPX4 还被证实在胚胎发育、细胞生存、炎症反应控制、抵抗病毒感染及代谢性疾病中有重要地位。

近年来，细胞铁死亡途径在非转化细胞核组织中的病理生理意义得到了极大关注，通过对细胞铁死亡的调控机制的不断解析发现，GPX4 通过还原磷脂氢过氧化物的调控作用在抑制细胞铁死亡过程中占据重要地位。正常生理状态下，铁是生物体生存所必需的，是维持许多生物学过程正常进行的基本元素。血液循环系统中的 Fe^{3+} 可在转铁蛋白的帮助下进入细胞，随后转化为 Fe^{2+}，当细胞内铁离子过载时，Fe^{2+} 可通过芬顿（Fenton）反应催化代谢毒性活性氧和磷脂氢过氧化物的产生，引起细胞内膜类结构的损伤，一旦损伤累积到细胞无法自行修复的地步则将引起细胞死亡。而作为可还原磷脂氢过氧化物的 GPX4，在参与细胞对 Fe^{2+} 介导的损伤的预防与修复过程中发挥了重要作用。

（5）GPX6。GPX6 又称嗅觉器官谷胱甘肽过氧化物酶，是一种与GPX3 高度同源的蛋白，它从表达形式上也与 GPX3 较为类似，主要以四聚体形式存在。与其他 GPX 相比，GPX6 被发现较晚，主要是因为它在小鼠和大鼠等典型哺乳动物模型中的同源蛋白中含有 Cys 而不是 Sec。目前，GPX6 已被证实是一种在胚胎和嗅觉上皮细胞中高表达的硒蛋白，可能参与了气味相关信号的传递和降解。然而，目前并没有相关的研究来证实这一点。迄今为止，关于 GPX6 的纯化及动力学分析实验尚未见报道，因此我们对于其功能及作用机制的了解仍然很少。但在一些氧化应激细胞模型中的研究结果显示，GPX6 的表达量通常会显著上调，提示其具备一定的抗氧化能力，但其利用 GSH 行使抗氧化功能的作用机制仍不清楚。

（二）硫氧还蛋白还原酶（TXNRD）家族

1. TXNRD 家族成员种类及分布

TXNRD 是二聚体黄素蛋白（Flavoprotein），属于吡啶核苷酸二硫化物还原酶家族的一员，广泛表达于从原核生物到人类的各种有机体细胞中，包括脂酰胺氢化酶、谷胱甘肽还原酶和汞离子还原酶。在哺乳动物中，TXNRD 存在 3 种亚型，因分布区域不同，三种同工酶分别命名为 TXNRD1（细胞质型）、TXNRD2（线粒体型）和 TXNRD3（主要在睾丸中表达）。胞质型 TXNRD1 发现最早，分布也较广泛，是目前研究得最多的一种同工酶。

2. TXNRD 家族成员在动物机体中的生理功能

在大多数真核生物中，主要有两套独立的抗氧化系统：一套是硫氧还蛋白（Thioredoxin，Trx）系统，一套是 GSH 酶系统。两个系统协同作用，共同参与细胞内氧化还原平衡调节。Trx 系统涉及 NADPH、Trx 和 TXNRD，TXNRD 利用 NADPH 来源的电子还原 Trx 的二硫键活性位点，随后，Trx 可作用于其下游需要被还原的各种靶标并调节细胞功能。在哺乳动物中的研究结果表明，Trx 系统是硒依赖性的，因为哺乳动物中存在的 3 种 TXNRD 均隶属于硒蛋白。

与黄素蛋白家族中的其他酶一样，TXNRD 的每个单体包括一个黄素腺嘌呤二核苷酸（Flavin adenine dinucleotide，FAD）假基、一个 NADPH 结合位点和一个含有氧化还原活性二硫化物的活性位点。这两个亚基以协调的方式参与酶的活性调控，如图 3 - 8 所示，来自 NADPH 的电子经由 FAD 转移到 TXNRD 活性位点的二硫化物基团，将 TXNRD 活化。活化的 TXNRD 可特异性地还原氧化型硫氧还蛋白（Trx - S_2）。Trx - S_2 是一种氧化肽（10～12 kDa），它可作为催化核糖核苷酸还原酶、硫氧还蛋白过氧化物酶和一些转录因子中的二硫键还原酶的等效物，促进这些底物与 DNA 的结合，并改变相关基因转录。目前，哺乳动物 Trx 酶类被证明可以参与细胞生长、细胞凋亡等多种细胞事件，在维持机体健康中扮演重要角色，而作为目前已知唯一能还原氧化型 Trx 的酶类，TXNRD 经由 Trx 系统在机体生理稳态维持中的重要性及其调控作用也一直备受关注。

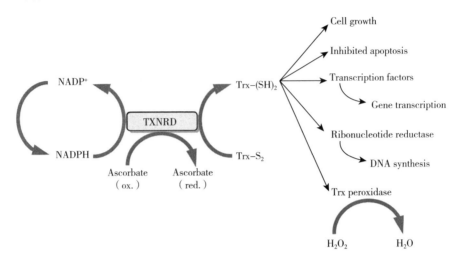

图 3-8　TXNRD 行使生理功能的作用机制图

（修改自 Roman 等，2014）

除 Trx 外，TXNRD 还有许多其他内源性底物也陆续被鉴定到，包括硫辛酸、脂质氢过氧化物、细胞毒性肽 NK -溶血素、脱氢抗坏血酸、抗坏血酸自由基、Ca^{2+} 结合蛋白、谷氧还蛋白 2 和肿瘤抑制蛋白 p53 等，但 TXNRD 在参与大多数这些底物的还原过程中所起的生理作用尚不清楚。

（三）甲状腺素脱碘酶（DIO）家族

1. DIO 家族成员种类及分布

DIO 家族包含三种完整的定位于膜结构的同源硒蛋白（DIO1、DIO2 及 DIO3）。三种 DIO 具有不同的亚细胞定位和组织表达，在组织分布方面，DIO1 主要表达于肝脏、肾脏、甲状腺及垂体，DIO2 主要表达于甲状腺、中枢神经系统、垂体及骨骼肌，而 DIO3 特异性地表达于胚胎及新生儿组织中；在亚细胞定位方面，DIO1 和 DIO3 位于质膜上，但 DIO2 定位于内质网膜。

尽管三种 DIO 之间的序列同一性较低（50%），但它们具有相似的总体拓扑结构。作为完整的膜蛋白，所有三种 DIO 在其 N-末端都包含一个跨膜结构域，并形成同源二聚体结构，每个 DIO 在都包含一个单一的跨膜结构域，在其后连接有两个普遍存在于硫氧还蛋白中的 βαβ 和 αββ 折叠基序。这两个折叠基序被一个与 L-依杜糖醛酸酶（Iduronidase，IDUA）活性位点具有序列同源性的大片段分隔开。所有 DIO 在其 N-末端均含有 1 个 Sec 残基，然而，在 DIO2 中，在靠近蛋白质 C-末端区域中还存在一个额外的 Sec，其功能目前未知，但现有研究结果表明，该 Sec 残基不参与催化机制，但对于 DIO2 的功能活性是不可缺少的。

2. DIO 家族成员在动物机体中的生理功能

在动物机体中，DIO 主要依赖于其含有 Sec 的酶活性位点来催化四碘甲状腺素（Tetraiodothyronine，T4）、三碘甲状腺原氨酸（Triiodothyronine，T3）和反三碘甲状腺原氨酸（Reverse triiodothyronine，rT3）的相互转化，从而参与甲状腺激素的代谢调控，但不同 DIO 在其中的具体作用各不相同（如图 3-9 所示）。

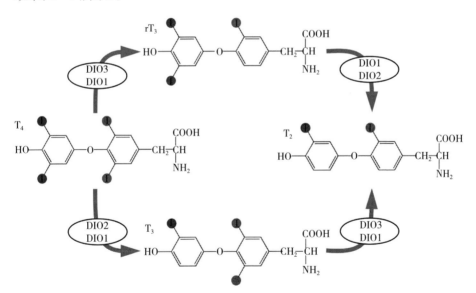

图 3-9　不同 DIO 在甲状腺激素代谢中的作用机制示意图

甲状腺产生的大部分甲状腺激素以低活性形式的 T4 进行分泌。在 DIO1 和 DIO2 催化的反应中，通过外环脱碘，该激素可以被转化为高活性形式的 T3。反过来，T3 和 T4 可以被 DIO3 灭活，在特定条件下，

DIO1 可以催化去除内环碘，分别形成无活性的 T2 和 rT3。因此，脱碘酶在维持甲状腺激素水平及其活性方面发挥着重要作用，它可以激活甲状腺激素原并降解具有生物活性的 T3。甲状腺激素在血液循环系统中的水平主要受 DIO1 活性的调节。然而，DIO2 和 DIO3 以组织特异性的方式参与局部细胞内 T3 浓度的微调，而不改变整体血清 T3 水平。

甲状腺激素活性的局部调节对许多生理过程都很重要，例如，损伤后的组织再生和发育过程中特定组织的再生。DIO2 缺乏的主要影响见于骨骼肌组织。在正常发育过程中，DIO2 在骨骼肌中的表达在刚出生时达到最高水平，然后下降。此外，损伤后肌肉中 DIO2 的活性增加，并与肌肉分化和再生所需的 T3 依赖性基因的转录增强有关，这暗示了 DIO2 在肌肉再生过程中的作用。DIO2 的敲除实验进一步证实了 DIO2 介导的 T3 增加在肌肉分化和再生中的作用。首先，通过 RNAi 敲低 DIO2 可以阻断成肌细胞分化，而这种抑制作用可以被外源补充高浓度 T3 部分逆转。此外，DIO2 敲除小鼠的特点是损伤后肌肉修复延迟，许多 T3 依赖性肌肉分化基因的表达均被抑制。

DIO2 发挥甲状腺激素的组织特异性调节的另一个典型例子在于其对棕色脂肪组织（Brown adipose tissue，BAT）在适应性产热过程中的影响。当大鼠处于低温环境时，其 BAT 通过将 DIO2 表达上调 50 倍以激活其中的甲状腺激素系统，增加 BAT 组织中的 T3 水平，但此时血浆中的 T3 水平并未发生显著变化。通过 DIO2 介导的这种局部 T3 的增加，可通过激活甲状腺激素受体介导的基因表达程序来刺激 BAT 产热，从而使动物适应寒冷。

DIO3 与 DIO2 作用相反，主要通过使 T4 和 T3 失活从而对组织特异性甲状腺激素介导的代谢过程产生抑制作用。例如，在基底细胞癌（Basal cell carcinomas，BCCs）中，音猬因子（Sonic hedgehog，SHH）信号通路增强，可引起 SHH 依赖性 DIO3 过表达，从而导致 T3 失活。由于甲状腺激素信号通路影响增殖与分化之间的平衡，似乎 DIO3 表达增强所导致的 T3 水平降低有助于促进 BCC 的增殖。事实上，在 BCC 中敲低 DIO3 可显著降低 BCC 的生长。重要的是，SHH 依赖性 BCC 中活性 T3 的减少与血清甲状腺激素水平并无关系。

综上所述，DIOs 可以通过精确的时空调控来协调机体各部位的甲状腺激素浓度，从而发挥相关生理功能。

（四）硒蛋白 Rdx 家族

哺乳动物硒蛋白中存在一组具有相似结构的蛋白：SELENOF、SELENOM、SELENOH、SELENOT、SELENOV 和 SELENOW。这些硒蛋白具有 2 个与硫氧还蛋白相似的特征：1 个 Thioredoxin 样折叠；1 个保守的与硫氧还蛋白氧化还原位点相似的 Cys - X - X - Sec 基序，因此依据硫氧还蛋白的名称（Thioredoxin）命名为 Rdx 家族。基于硫氧还蛋白样折叠和 Cys - X - X - Sec 基序的存在，有人认为 Rdx 家族蛋白是基于硫基（- SH）的氧化还原酶，但这些蛋白的确切功能尚不清楚。

1. 硒蛋白 F 和 M（SELENOF 和 SELENOM）

SELENOF 又称 15 kDa 硒蛋白，是在 1998 年鉴定到的一个分子量大小为 15 kDa 的硒蛋白，但在当时其功能未知。后来的研究表明该蛋白介导了膳食硒的癌症预防作用及对内质网氧化还原稳态的调节。SELENOM 是通过生物信息学方法鉴定到的 SELENOF 远源同源蛋白，它们的序列相似性为 31%，并且在某种程度上表现出相似的生物物种分布，从绿藻到人类都有同源蛋白。

SELENOF 和 SELENOM 在动物组织中的分布情况大部分相同，尽管它们均广泛表达于哺乳动物的各种不同类型组织、器官，但 SELENOF 在前列腺、肝脏、肾脏及睾丸中表达量最高，而 SELENOM 在大脑中表达量最高。除了 SELENOF 和 SELENOM，15 kDa 硒蛋白家族还存在另一个成员，这个硒蛋白主要存在于鱼类中，被称为鱼类 15 kDa 硒蛋白样蛋白（Fish 15 kDa selenoprotein - like protein，以往简称 Fep15，目前建议缩写为硒蛋白 E，即 Selenoe）。Selenoe 是一种功能未知的内质网硒蛋白，它在不同物种间的分布十分狭窄，仅存在于鱼类中，表明该硒蛋白具有不同于 SELENOF 和 SELENOM 的特殊功能。

对于 SELENOF 和 SELENOM 的序列比对分析结果显示，这两个蛋白具有一个共同的硫氧还蛋白样结构域，并含有一个 N - 末端信号肽，这一结构决定了它们的内质网定位。此外，SELENOM 具有 C - 末端延伸结构和内质网驻留信号，但 SELENOF 并不具备这两个结构。相比之下，SELENOF 具有一个富含 Cys 的 N－末端结构域，该结构域被证实是 SELENOF 与 UDP 葡萄糖（UDP－glucose：glycoprotein glucosyl transferase，UGGT）能够正常结合的关键所在。由于缺乏内质网滞留信号，SELENOF 可能主要是通过与 UGGT 结合的方式来调控其内质网定位的。

与其他含有硫氧还蛋白样结构域的氧化还原酶类似，SELENOF 和 SELENOM 具有的硫氧还蛋白折叠结构域和氧化还原活性基序表明它们具有氧化还原酶的功能。但值得注意的是，SELENOF 和 SELENOM 中氧化还原基序（分别为 Cys－X－Sec 和 Cys－X－X－Sec）与硫氧还蛋白和蛋白二硫异构酶等氧化还原酶类的氧化还原基序并不相同。这些氧化还原基序中氨基酸残基的差异决定了它们氧化还原电位的差异，从而影响了它们的功能特异性。在果蝇中，SELENOF 的氧化还原电位为 225mV，提示其可能参与蛋白质中二硫键的还原或异构化。此外，相较于 SELENOF，SELENOM 在 C－末端的延伸结构具有高度的灵活性，这个灵活的区域可能参与底物结合或与其他蛋白质因子的相互作用。总的来说，氧化还原活性基序的存在以及与其他硫氧还蛋白折叠氧化还原酶的结构相似性表明，SELENOF 和 SELENOM 均具抗氧化功能，但它们所存在的一些特殊结构又决定了它们可能主要通过定位于内质网，参与蛋白质或分泌蛋白中二硫键的还原或重排的调节。

SELENOF 属于应激相关硒蛋白，其表达易受日粮硒水平影响，但在脑和睾丸等器官中，缺硒引起的 SELENOF 表达下调现象并不明显。有趣的是，人类 SELENOF 的编码基因在核苷酸位置 811（C/T）和 1125（A/G）有两个多态性位点，后一种多态性位点位于 SECIS 元件，并以硒依赖的方式影响 Sec 掺入 SELENOF 的效率。研究表明，1125 位点的 A 变异在非裔美国人中普遍存在，与乳房、头部和颈部肿瘤发生显著相关。此外，SELENOF 在预防肝癌、前列腺癌、乳腺癌和肺癌的发生发展中也具有潜在作用。但也有研究表明，SELENOF 也可促进结肠癌的发生发展。以上这些现象表明，SELENOF 在参与日粮硒对肿瘤/癌症预防中的作用具有复杂性。

SELENOM 在大脑中高表达，因此被认为可能具有神经保护作用。使用 shRNA 敲低神经细胞中 SELENOM 会导致细胞活力下降和细胞凋亡，进一步证实其可防止 H_2O_2 引起的氧化损伤。此外，当在 HEK293T 细胞中进行 SELENOM 和 β-淀粉样肽（β-amyloid peptide，$A\beta_{42}$）共转染时，SELENOM 过表达可显著抑制 $A\beta_{42}$ 的聚集，表明 SELENOM 可能在预防阿尔茨海默病中发挥重要作用。除了具备单纯的抗氧化作用外，SELENOM 还参与调节神经元细胞在 H_2O_2 胁迫下的内质网 Ca^{2-} 释放。然而，尽管众多数据都表明 SELENOM 对于维持神经元细胞的正常生理功能至关重要，但它在大脑中的确切功能及其生理效应仍不清楚。

2. 硒蛋白 H（SELENOH）

SELENOH 是一种分子量大小约为 23 kDa，具有 DNA 结合特性的核仁硫氧还蛋白样蛋白。SELENOH 是唯一一种完全定位于细胞核的硒蛋白，它在小鼠各种组织中均有适度表达，但在发育早期的大脑中高表达。此外，SELENOH 也被发现在人的甲状腺、肺、胃和肝脏肿瘤中高表达。这些数据表明，SELENOH 在细胞发育或癌症生长过程中可能发挥作用。此外，在氧化状态下，SELENOH 参与上调 GSH 水平、GPX 活性和总抗氧化能力，可保护细胞免受紫外线 B（UVB）照射条件下超氧化物引起的细胞损伤。还有研究表明，SELENOH 可能通过增加过氧化物酶体增殖物激活受体 γ 辅激活子 1α（peroxisome proliferator-activated receptor γ coactivator 1-alpha，PGC-1α）、核呼吸因子 1（Nuclear respiratory factor 1，NRF-1）和线粒体转录因子 A（mitochondrial transcription factor A，TFAM）等核编码调控因子水平，从而激活线粒体生物合成信号通路来发挥保护作用。

3. 硒蛋白 T（SELENOT）

SELENOT 是硫氧还蛋白样家族成员之一，蛋白质结构预测分析结果显示，其以糖基化的跨膜蛋白形式存在于小鼠和大鼠细胞中，主要定位于高尔基体和内质网，也可能定位于质膜。SELENOT 的表达受垂体腺苷酸环化酶激活多肽（Pituitary adenylate cyclase activating polypeptide，PACAP）的调控，在胚胎组织中发现表达升高，但在除垂体、甲状腺和睾丸外的大多数成人组织中表达降低。在缺氧诱导小鼠的大脑中和部分肝切除后的再生肝细胞中也发现了 SELENOT 的高表达。以上结果表明，SELENOT 在个体发生、组织成熟/再生、神经和内分泌组织的细胞代谢中发挥重要作用。SELENOT 和 SELENOW 在结构上具有相似性，此外，在小鼠成纤维细胞中 SELENOT 的表达下调可能通过 SELENOW 的表达增加得到补偿，表明两者之间的生理功能可能存在相似性。SELENOT 可能类似于 SELEOW 通过调节氧化还原平衡来维持细胞 Ca^{2+} 稳态从而发挥其生理功能。

4. 硒蛋白 V（SELENOV）

SELENOV 是目前功能被解析得最少的硒蛋白之一。它主要存在于胎生哺乳动物中，很可能是由 SELENOW 复制而来，但在包括大猩猩在内的一些生物中，这种基因同样缺失。SELENOV 与 SELENOW 关系非常密切，但 SELENOV 相比于 SELENOW 在结构上存在额外的 N-末端结构域，因此分子量更大，但这个 N-末端序列的功能尚不清楚。SELENOV 仅在睾丸中表达，因此可能与男性生殖有关，但其具体功能尚不清楚。

5. 硒蛋白 W（SELENOW）

SELENOW 最早是通过多步纯化过程从山羊组织中鉴定出的一种分子量为 10 kDa 的硒蛋白，因为其与动物白肌病的密切关系被命名为硒蛋白 W。SELENOW 在哺乳动物中高度保守，其 Sec 残基作为 Cys-X-X-Sec 氧化还原基序的一部分存在于 N-末端区域。SELENOW 广泛表达于各种类型组织与细胞，但在脑和肌肉中高表达。SELENOW 的表达对硒水平极为敏感。硒缺乏时，SELENOW 在骨骼肌、心脏、肠道、前列腺和皮肤中的表达量急剧降低，但在大脑中的表达量仍然保持不变。在胚胎发育过程中，SELENOW 在受精卵着床及原肠胚时期便已开始表达，随着发育的进行，逐渐表达于神经系统、四肢及心脏。

在细胞内，SELENOW 主要定位在细胞质中，一小部分结合在细胞膜上。基于 Cys-X-X-Sec 基序及硫氧还蛋白样折叠结构，SELENOW 早期被推测具有氧化还原酶活性，而后来的大量研究报道也证实了其抗氧化活性。在人神经元细胞中，SELENOW 可通过调节 GSH 水平而作为甲基 Hg 靶分子，揭示了 SELENOW 与抗氧化分子 GSH 的关系。在出生后

8d 和 20d 大鼠大脑中，SELENOW 蛋白表达显著升高并伴随超氧化物歧化酶（Superoxide dismutase，SOD）1 和 SOD2 的升高，而通过 siRNA 敲低大鼠原代培养大脑皮层细胞中 SELENOW，细胞 TUNEL 凋亡染色升高，并对 H_2O_2 诱导的氧化应激更加敏感，表明 SELENOW 在大鼠神经发育及抵抗氧化应激过程中具有重要作用。在 CHO 细胞及人肺癌细胞中过表达 SELENOW 显著降低细胞对 H_2O_2 的敏感性，同时通过点突变氨基酸 Sec-13 或 Cys-37，证实这两个氨基酸在 SELENOW 抗氧化活性调节中的重要作用，结果表明 SELENOW 的抗氧化活性是 GSH、Sec-13 和 Cys-37 依赖性的，但其中的作用机制尚未研究清楚。

SELENOW 是被发现的第一个与肌肉功能紊乱相关的硒蛋白。在羊白肌病发病过程中，肌肉中 SELENOW 表达非常微弱，补硒后，肌肉损伤得到缓解，同时观察到 SELENOW 表达明显增高，表明 SELENOW 在肌肉功能维持中的重要作用。SELENOW 在多种动物骨骼肌中均呈现出高表达的趋势，如人、猴、羊、牛和鸡等，且对硒水平改变表现出高敏感性，是骨骼肌中高效表达的硒蛋白之一，被认为可作为研究缺硒性骨骼肌损伤的候选硒蛋白。基于 SELENOW 在骨骼肌中的特殊角色，其吸引了大量学者利用不同手段研究 SELENOW 在骨骼肌中的生物学功能，并通过一系列研究证实 SELENOW 的表达异常可导致成肌细胞出现细胞凋亡、内质网应激、氧化应激和细胞周期停滞等。因此，SELENOW 在维持骨骼肌功能完整性中具有重要作用。

SELENOW 在肌肉生长发育过程中同样具有重要作用。有研究指出 SELENOW 在 C2C12 成肌细胞增殖及分化过程中都有表达，但在分化的细胞中显著升高，表明 SELENOW 可能通过调节成肌细胞分化过程来影响骨骼肌的正常生长发育。SELENOW 的启动子序列中含有四个 E-box 结构：E1、E2、E3 和 E4。其中，E1 和 E4 是成肌决定因子（Myogenic determination factor 1，MyoD）的结合位点，且对 MyoD 活性具有重要调节作用。MyoD 属于生肌调节因子家族（Myogenic regulatory factors，MRFs）成员，在肌肉增殖及发育过程中具有不可替代的作用，有研究表明，SELENOW 可通过抑制 TAZ 蛋白与 14-3-3 蛋白结合，并增加 TAZ 与 MyoD 相互作用而增加骨骼肌分化过程。

（五）其他硒蛋白

1. 蛋氨酸亚砜还原酶 B1（MSRB1）

在脊椎动物中，蛋氨酸-R-亚砜还原酶 B1（Methionine-R-Sulfoxide Reductase B1，MSRB1）是一种具备特殊功能的含锌硒蛋白，是最初通过使用生物信息学工具在 EST 数据库中扫描到的具有 SECIS 元件结构的基因产物，起初被命名为硒蛋白 R（SELENOR）和硒蛋白 X（SELENOX）。后来，该蛋白被发现具有立体特异性蛋氨酸-R-亚砜还原酶的功能，可催化蛋白质中氧化蛋氨酸残基 R 对映体的修复。基于其功能与催化其他异构体还原的蛋氨酸-S-亚砜还原酶 A（MSRA）的相似性，该硒蛋白被重新命名为 MSRB1。虽然 MSRB1 和 MSRA 在结构上各不相同，也没有序列相似性，但它们相互之间可实现功能上的互补。在哺乳动物中，MSRB 蛋白含有 3 个同源蛋白：MSRB1、MSRB2 和 MSRB3。其中，只有 MSRB1 氨基酸序列中含有 Sec，而 MSRB2 和 MSRB3 中同源 Sec 氨基酸残基被 Cys 替换。因此，在 3 个 MSRB 蛋白中，只有 MSRB1 是硒蛋白。

MSRB1 主要定位于细胞质和细胞核，它在哺乳动物肝脏和肾脏中具有最高的活性，主要负责将蛋白质中蛋氨酸残基的氧化形式（蛋氨酸亚砜）进行还原与再转化。蛋白质蛋氨酸残基在活性氧自由基（ROS）的作用下，一般可被氧化成 2 种不同形式的蛋氨酸亚砜：Met-S-SO 和 Met-R-SO，造成蛋白质的氧化损伤，若不能进行还原，则会导致蛋白质的功能丧失。在真核细胞内，两种不同形式的蛋氨酸亚砜的还原过程是由不同的酶家族特异性介导的，其中，Met-S-SO 的还原是由 MSRA 介导，而 Met-R-SO 的还原是由 MSRB1 介导。

MSRB1 的催化 Met-R-SO 还原的过程如图 3-10 所示，首先，MSRB1 中的 Sec 残基上的硒醇基团（-Se⁻）攻击 Met-R-SO 使其还原为 Met，而自己则被氧化为硒酸基团（-SeOH）。在接下来的步骤中，循环的 Cys 攻击-SeOH 形成 Se-S 键，Se-S 键可在 Trx 系统作用下被还原，使得 MSRB1 恢复到完整状态，并进入下一个还原 Met-R-SO 的循环中。

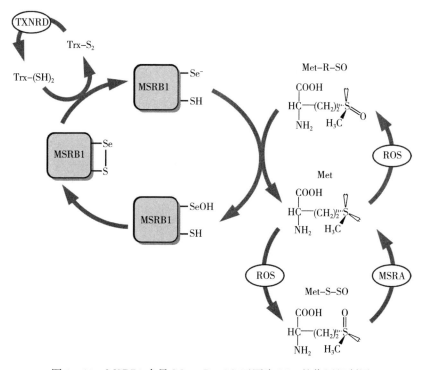

图 3 - 10　MSRB1 介导 Met - R - SO 还原为 Met 的作用机制图

2. 硒磷酸合成酶 2（SEPHS2）

正如前文所述，SEPHS2 的主要作用在于将 ATP 上的 γ - 磷酸基团转移至硒化物（Se^{2-}），从而合成硒磷酸，为硒蛋白合成过程中 Sec - tRNA$^{[Ser]Sec}$ 二聚体的装配提供活性硒供体。在高等真核生物中，硒磷酸合成酶（SEPHS）存 SEPHS1 和 SEPHS2 两个亚型，但只有 SEPHS2 氨基酸序列中含有 Sec 残基，属于硒蛋白，而 SEPHS1 中的 Sec 残基被精氨酸（Arg）所取代，并非硒蛋白。尽管有研究表明，SEPHS1 存在非常微弱的硒磷酸生物合成的催化作用，并且仅使用 SeCys 作为底物，表明 SEPHS1 可能在 SeCys 的循环过程中起作用，但目前并没有进一步的证据证实 SEPHS1 在硒蛋白合成中的必要性，因此，SEPHS2 仍然是驱动 Se^{2-} 转化为硒磷酸的唯一原因，但驱动该反应的确切机制尚未研究透彻。

3. 硒蛋白 I（SELENOI）

SELENOI 又称乙醇胺磷酸转移酶 1（Ethanolamine phosphotransferase1，EPT1），是一种参与磷脂酰乙醇胺（Ethanolamine phosphotransferase，PE）生物合成的蛋白，以跨膜形式分布于细胞质膜内叶，仅在脊椎动物中有表达，在哺乳动物细胞中，其含量约占细胞磷脂总量的 25%。

SELENOI 含有高度保守的三磷酸腺苷（Cytidine triphosphate，CDP）-醇磷脂酰基转移酶结构域，这种结构域同样存在于胆碱磷酸转移酶 1（Choline phosphotransferase 1，CHPT1）和胆碱/乙醇胺磷酸转移酶（Choline/ethanolamine phosphotransferase，CEPT1）中。CHPT1 和 CEPT1 分别参与了将磷酸胆碱和磷酸乙醇胺基团从 CDP-胆碱和 CDP-乙醇胺转移到二酰基甘油的过程，在催化两种主要磷脂合成的最后一步反应中起重要作用。其中，CHTP1 主要参与 CDP-胆碱合成磷脂酰胆碱，而 CEPT1 对 CDP-胆碱和 CDP-乙醇胺具有双重特异性，可以同时合成磷脂酰胆碱和磷脂酰乙醇胺。SELENOI 拥有与 CHTP1 和 CEPT1 相同的 7 个跨膜结构域及 3 个催化结构域，因此同样可参与调控 CDP-胆碱和 CDP-乙醇胺的生物合成，这对于膜融合和蛋白质折叠等细胞生物学事件的顺利进行具有重要意义。除了具备 CHTP1 和 CEPT1 的典型结构域外，SELENOI 还比它们多出一个从 C-末端延伸出的含 Sec 残基的结构域，但该结构与功能目前尚不清楚。

4. 硒蛋白 K 和 S（SELENOK 和 SELENOS）

SELENOK 和 SELENOS 是在所有生物中分布最广泛的硒蛋白，从单核到人类大多数可主动利用硒的生物中均存在这两种硒蛋白。虽然 SELENOK 和 SELENOS 没有明显的序列相似性，但它们均包含一个相似的 N-末端跨膜结构域，此外，均存在一个富含甘氨酸并含 Sec 残基的特征 C-末端基序，因此被分配到一个 SELENOK/SELENOS 相关硒蛋白家族。该硒蛋白家族包括 SELENOK 和 SELENOS 同源蛋白，以及远缘的含 Cys 的 SELENOK/SELENOS 样蛋白，比如活性氧调节因子 1（Reactive oxygen species modulator 1，Romo1）。SELENOK 和 SELENOS 都定位于内质网膜，属于Ⅲ型跨膜蛋白，主要参与对内质网应激反应的调控过程。

SELENOK 在各种不同类型组织中广泛表达，但在脾脏、免疫细胞、大脑和心脏中高表达。与其他硒蛋白不同，SELENOK 活性位点基序中与 Sec 相邻的氨基酸残基中不含 Cys、Ser 及 Thr，意味着用于保护 Sec 残基的氢键可能来源于其蛋白质三维结构或者某种未知的 SELENOK 互作蛋白。SELENOK 和 SELENOS 具有相同的基序，它们氨基酸序列中的 Sec 残基可与附近的 Cys 残基形成 Se－S 键，这种结构使得它们具备与很多种类的氧化型底物结合的能力，因此具有广泛的抗氧化活性。

作为内质网驻留蛋白，SELENOK 和 SELENOS 参与了未折叠和错误折叠蛋白质的降解，此过程是一个涉及许多蛋白质的多步骤过程，其中，菱形假蛋白酶（Derlin）1 和 2 作为通道蛋白负责将未折叠蛋白从内质网逆向转运至细胞质。有研究表明，SELENOK 和 SELENOS 可通过相互协调从而与 Derlin 蛋白、p97 ATP 酶形成一个内质网膜相关复合体，从而参与未折叠和错误折叠蛋白质降解的早期过程，在预防 2 型糖尿病、炎症反应等众多疾病的发生、发展过程中均起着重要作用。

5. 硒蛋白 N（SELENON）

SELENON 是最早通过生物信息学方法鉴定的硒蛋白之一，是一种内质网驻留的跨膜糖蛋白。SELENON 在组织中的分布具有时空特异性，从空间上看，在骨骼肌、大脑和肺中高表达；从时间上看，在发育期间高度表达，在成体组织（包括骨骼肌）中表达程度较低。

在人体中，SELENON 基因突变会引起一系列的早发性肌肉紊乱，被称为 SELENON 相关肌病。在斑马鱼动物模型中的研究表明，SELENON 是早期骨骼肌发育和分化所必需的。但是，在啮齿类动物小鼠中，当敲除 SELENON 基因后，骨骼肌纤维的结构和大小没有发现异常，这一结果与在斑马鱼中观察到的情况相反。此外，在功能运动试验和原位骨骼肌收缩力分析中，均未观察到 SELENON 缺失小鼠骨骼肌功能和骨骼肌收缩力的缺陷，这些现象似乎表明 SELENON 缺失小鼠是健康的，且在其他方面与野生型对照小鼠没有区别。然而，SELENON 缺失小鼠在重复强迫游泳测试中表现出全身僵硬，并且在这些测试后活动能力降低。值得注意的是，在长时间重复强迫游泳测试后，SELENON 缺失小鼠出现了严重的驼背及营养不良表型，与人体 SELENON 相关肌病患者的临床症状极为相似。此外，由于参与肌肉修复的肌卫星细胞数量减少，SELENON 缺失小鼠的骨骼肌在暴露于心脏毒素引起的反复损伤后无法再生。总的来说，这些观察结果表明 SELENON 在肌卫星细胞的维持中起着重要作用，并且是骨骼肌组织在受到压力或损伤之后进行修复和再生所必需的。

SELENON 的活性位点由 Ser-Cys-Sec-Gly 基序组成，类似于 TXNRD 的 Gly-Cys-Sec-Gly 基序，因此被认为具有还原酶功能，并且已在骨骼肌组织中得以证实。值得注意的是，SELENON 的活性位点位于该蛋白的中心位置，导致可以与该位点结合的底物十分有限，并且它缺乏典型的 FAD 和 NADPH 结合结构域，因此，SELENON 可能具有非常特殊的底物特异性。兰尼碱受体（Ryanodine receptor，RyR）已被确认是 SELENON 的特异性底物之一，是一个 Ca^{2+} 通道蛋白，介导了肌肉收缩过程中 Ca^{2+} 从肌浆网释放的过程。SELENON 与 RyR 的结合提高了 RyR 对兰尼碱的亲和力，因此，SELENON 可作为 RyR 的辅因子参与骨骼肌细胞钙离子稳态的调节，从而影响骨骼肌组织的相关生理过程。

6. 硒蛋白 O（SELENOO）

SELENOO 在三十多年前就已被发现，人类 SELENOO 的同源蛋白已经在包括细菌、酵母、动物和植物在内的多种物种中被检测到，SELENOO 含有一个位于 C-末端倒数第 2 位的 Sec 残基，但这种情况仅存在于脊椎动物中，其他大多数物种中 SELENOO 同源蛋白的 Sec 残基均被 Cys 所取代。对脊椎动物 SELENOO 蛋白序列的分析显示，其存在一个线粒体靶向肽结构域和一个假定的蛋白激酶结构域，但关于其具体结构及生化特性的报道仍然较少，其功能尚不清楚。迄今为止，SELENOO 也是功能被解析得最少的硒蛋白之一。

7. 硒蛋白 P（SELENOP）

SELENOP 是一种高表达的分泌型硒蛋白，约占血浆中硒总含量的 50%。SELENOP 相比于其他硒蛋白的独特特征在于其氨基酸序列中存在多个 Sec 残基。例如，人类 SELENOP 基因 mRNA 在其 ORF 区内含有 10 个编码 Sec 的 UGA 密码子，在其 3′UTR 内含有 2 个 SECIS 元件。然而，脊椎动物 SELENOP 氨基酸序列中 Sec 残基数量差异很大，从裸鼹鼠的 7 个到斑马鱼的 17 个。此外，斑马鱼还含有第二个编码 Selenop 的基因（*Selenopb*），该基因缺乏一个富含 Sec 的 C-末端结构域。在啮齿动物中，*SELENOP* 也同样存在几种同分异构体，除了含有 10 个 Sec 残基的全长 *SELENOP* 外，还存在了 3 个较短的同分异构体，它们似乎是由 *SELENOP* mRNA 中第 2、3 和 7 个 UGA 密码子的过早中止所产生的。啮齿类动物中所有四种同源异构体在其 N-末端具有相同的序列，并且起源于相同的 *SELENOP* mRNA 转录物。

SELENOP 主要在肝脏中合成，尽管 *SELENOP* mRNA 在几乎所有组织中都有表达，但肝脏是血浆 SELENOP 的主要来源。事实上，由肝脏分泌到血浆中的 SELENOP 氨基酸序列中存在多个 Sec 残基，这一事实表明，这种硒蛋白可能作为肝脏向外周组织、器官供应硒的主要载体。对于 SELENOP 如何实现硒从肝脏向外周组织、器官的转运可详见第二章第四节（肝脏对硒的代谢、分配与外排）和第五节（肝外组织器官对于硒的摄取与保留）。

第二节　硒对动物生理机能的影响

一、缺硒和高硒营养状态生物标志物

硒是动物的必需微量营养素，在动物体内通过合成硒蛋白发挥其广泛的生物学功能，同其他必需营养素一样，适宜的硒营养状况是维持动物健康和安全生产的重要保证。缺硒引起的疾病通常在长时间硒缺乏时才会表现出来。因此，寻找一种能够准确反映机体硒营养状况的生物学标志物作为指示物，这对于保证动物健康以及提高或达到预期的生产性能具有重要的意义。

目前，缺硒和高硒营养状态的生物标志物分为两类。一类是血液和组织中的硒含量，血硒包括全血或红细胞硒以及血清或血浆硒；组织硒主要包括肝脏、肾脏和骨骼肌硒。母畜乳中的硒含量也可以评价硒营养状况。另一类是体液或组织中能够准确反映硒营养状况的功能性生物学指标，如硒蛋白。

（一）血液和组织硒含量

1. 血浆或血清硒

在动物的血清或血浆中，硒的含量与其日粮中的硒摄入量以及肌肉注射的硒剂量存在高度的正相关，对当前的硒摄入水平反应迅速且准确，通常反映的是动物的短期硒营养状况。血清或血浆硒含量是评价动物硒营养状况的金标准。研究指出，成年牛的血清或血浆中正常的硒含量范围应为 $70 \sim 100\mu g/L$（de Toledo 等，1985；Stoweet 等，1992）。Scholz 和 Fleischer（1979）将奶牛的血清硒含量划分为 6 级评价标准：极度硒缺乏：小于 $10\mu g/L$；重度硒缺乏 $10 \sim 30\mu g/L$；轻度硒缺乏：$30 \sim 50\mu g/L$；临界硒缺乏：$50 \sim 70\mu g/L$；硒适宜：$70 \sim 90\mu g/L$；硒充足：$100\mu g/L$ 及以上。Gerloff 等（1992）对 1 365 头成年荷斯坦奶牛进行为期一年的硒营养状况评价发现，血清硒含量低于 $70\mu g/L$ 的奶牛占 33.7%，其日粮硒摄入水平低于0.3mg/kg干物质（DM），其临床表现为免疫功能降低，易患乳腺炎，而其余奶牛的血清硒含量均在 $70\mu g/L$ 以上，平均为 $75\mu g/L$，处于硒适宜水平范围内。

血清硒水平在不同种类和年龄的动物中存在较大的差异，其中成年后这种差异表现最为明显。例如，成年绵羊和山羊的血清硒水平通常在 $120 \sim 160\mu g/L$，而成年马的血清硒水平为 $130 \sim 160\mu g/L$，成年猪的血清硒水平为 $180 \sim 220\mu g/L$（表 3-3）。因此，在使用血清或血浆硒作为评价指标时，必须考虑到动物种类及其年龄。另外，当用血清硒或血浆硒评价动物的硒营养状况时，还需要考虑日粮硒的存在形式。当硒摄入为无机硒时，血浆或血清中的硒主要以 SELENOP 和血浆 GPX3 形式存在，随着硒摄入量的提高，血清或血浆 SELENOP 和 GPX3 水平逐渐提高，但当硒摄入过量时，由于受到稳态调节作用的影响，血清或血浆 SELENOP 和 GPX3 水平达到稳定，过量摄入的硒主要通过增加硒的排泄而排出体外。当硒摄入形式为酵母硒或硒代蛋氨酸时，血浆或血清中的硒除了以 SELENOP 和 GPX3 形式存在外，还存在血浆蛋白硒，因为硒代蛋氨酸可以非特定方式随机取代蛋氨酸合成到蛋白质中。因此，当硒代蛋氨酸形式的硒摄入超过正常水平时，血浆或血清硒含量仍可提高，与摄入超营养的无机硒相比，受稳态调节作用的影响较小，在一定程度上对机体硒的存留、胎儿对硒的利用以及牛奶中硒含量的提高有积极作用。

表 3-3　动物血清硒水平参考值（Scholz 和 Fleischer，1979）

年龄（d）	动物血清硒含量参考范围（μg/L）				
	牛	绵羊	山羊	猪	马
<1	50～70	50～80	50～80	70～90	70～90
1～9	50～70	60～90	60～90	70～120	70～90
10～29	55～75	70～100	70～100	70～120	80～100
30～70	60～80	80～110	80～110	100～160	90～110
70～180	60～80	80～110	80～110	140～190	90～110
181～300	60～80	80～110	80～110	180～220	90～110
301～700	65～90	90～120	90～120	180～220	100～130
>700	70～100	120～160	120～160	180～220	130～160

2. 全血硒

全血硒包括血清和红细胞中的硒，其含量与日粮硒摄入量呈正相关性。但是，全血硒对于日粮硒摄入水平的变化反应比血清或血浆硒要缓慢，这主要是因为红细胞中的硒大多以 GPX1 形式存在，其合成发生在红细胞生成期间。红细胞硒对日粮硒摄入的完全反应需要一定的时间，这个时间等同于红细胞的平均寿命。例如，牛的红细胞平均寿命约为 90～120d，因此全血硒更多地反映早期的硒摄入状况，可以作为长期硒营养状况的指标。

在临床上，全血硒含量要优于血清或血浆硒，原因在于全血样本在处理和储存过程中部分红细胞的溶解可能造成血清或血浆硒含量的虚高。然而，由于全血硒对硒摄入量变化的反应较慢，要获得准确的临床数据需耗费较长时间。在生产实践中，人们更趋向于用血浆或血清硒来评价动物的硒营养状况。尽管没有用全血硒评价动物硒营养状况的直接数据，但在许多研究中测定了全血硒，在利用这些数据进行动物硒营养状况评价时，可在已知血清或血浆硒水平正常范围的基础上，通过二者的比值估计全血硒含量的正常范围，以此作为评价动物硒营养状况的参考标准。猪、马、奶牛以及羊全血硒和血清硒的比值分别大约为 1、1.4～1.5、2.5 和 4。以此计算，上述动物全血硒的参考范围分别为 $180～220\mu g/L$（猪）、$195～240\mu g/L$（马）、$175～250\mu g/L$（牛）、$480～640\mu g/L$（羊）。对奶牛的研究表明，当全血硒水平低于 $60\mu g/L$ 时表现为重度硒缺乏状态，$60～200\mu g/L$ 时处于临界硒缺乏状态。需要注意的是，全血硒与血清硒的比值受到多种因素的影响，包括动物的年龄、硒摄入量以及硒的形式。当硒摄入水平较低时，比值会变大，而当硒摄入水平过高时，比值会减小。例如，美洲驼在日粮硒缓慢提升到 $20mg/kg$ 时，其全血硒与血清硒的比值由通常的 1.4～1.5 降至 0.81。当用全血硒评价动物的硒营养状况时，同样需要考虑硒的摄入形式。与无机硒相比，硒代蛋氨酸形式的硒可以非特异性方式随机替代蛋氨酸进入红细胞中的血红蛋白中。大量研究表明，与亚硒酸钠相比，相同摄入水平的硒酵母可显著提高奶牛全血的硒含量（提高 20％左右）。

3. 组织硒

在动物体内，组织中硒的含量由高到低依次为肝脏、肾脏、心脏、骨骼肌和脂肪组织。研究表明，猪的组织中硒含量与血浆硒水平存在显著相关性，其中骨骼肌的相关系数为 0.81，肝脏为 0.91，肾脏为 0.71（Mahan，1985）。牛的肝脏和骨骼肌的硒含量也与全血硒水平呈现显著正相关，相关系数分别为 0.78 和 0.83。肝脏作为动物体内硒代谢的中心，常用其硒水平来评估动物的硒营养状况。根据 Kincaid 的研究，动物肝脏中硒的正常含量（以干重计）应在 $1.2～2.0\mu g/g$，这一范围适用于不同种类和年龄的动物。肝脏硒含量超过 $2.5\mu g/g$ 干重通常表明动物可能处于硒中毒状态，并可能伴有临床症状。若肝脏硒含量在 $0.6～1.2\mu g/g$ 之间时，可能表明动物处于轻度硒缺乏状态；而低于 $0.6\mu g/g$ 则表明重度硒缺乏，常伴有显著的临床症状。

4. 乳硒

乳硒含量是评估产奶母畜硒营养状况的一个潜在标记物。与血液和组织硒相比，乳硒评价具有取样简单、对动物伤害小、评价范围广等优点。研究显示，奶牛乳硒含量与血清硒、全血硒含量以及全血 GPX 活性之间存在显著的相关性，其相关系数分别为 0.92、0.57 和 0.82（Wichtel 等，

2004；Lean 等，1990）。乳硒与血清硒水平的相关性尤为密切，呈 S 形曲线相关。当乳硒含量达到 $20\mu g/L$ 时，此时的血清硒含量达到 $70\mu g/L$，提示动物处于硒适宜状态，而当乳硒含量低于 $10\mu g/L$ 时，此时血清硒含量低于 $30\mu g/L$，提示动物处于重度硒缺乏状态。与血清硒和血浆硒一样，乳硒会随着日粮硒摄入变化而作出快速反应，表明乳硒是反映短期硒摄入的敏感指标。

在使用乳硒作为评价指标时，母畜的胎次、泌乳阶段、乳产量以及乳蛋白和乳脂水平需要考虑。乳硒水平在泌乳早期通常高于泌乳后期，这可能与乳的稀释程度有关，而泌乳阶段本身对血清硒含量影响不大。此外，乳脂和乳蛋白水平较高的情况下，乳硒含量也通常较高。此外，硒的摄入形式对乳硒含量有显著影响，因为硒代蛋氨酸形式的硒可以非特定方式随机替代蛋氨酸进入乳蛋白中。与亚硒酸钠相比，硒酵母的摄入可以显著提高牛奶中的硒含量，乳硒含量平均可以提高约 90%（Phipps 等，2008；Muñiz - Naveiro 等，2005）。因此，当评估动物的硒营养状况时，选择适当的硒补充形式至关重要。

5. 毛发硒

毛发中硒含量通常能反映体内长期硒营养的状况。用毛发硒含量评价硒营养状况具有样本易于获得、保存简单，采样技术要求不高，对动物无危害等优点，适合于偏远地区和某一地区畜禽硒营养状况的整体评价。研究表明，当奶牛毛发硒含量在 $0.06\sim0.23mg/kg$ 干物质时，犊牛出生的死亡率较高，患肌肉营养不良的几率增加，而当毛发硒含量高于 $0.25mg/kg$ 干物质时，犊牛出生后健康状况良好。Chrstodoulopoulos 等（2003）对希腊 40 个牧场 400 头奶牛的全血和毛发硒含量的分析结果表明，在饲喂制度和日粮硒含量相同的条件下，毛发硒含量和全血硒含量存在显著的正相关，其中黑色毛发的相关系数为 0.61，白色毛发的相关系数为 0.77，暗示毛发硒可作为评价奶牛硒营养状况的指标。当日粮硒摄入量超过 $0.3mg/kg$ 干物质时，即使全血硒含量达到饱和状态（约 300 pg/L），但毛发硒含量仍可提高，暗示毛发硒含量不仅可以指示硒营养状况，还可以指示硒中毒状况。当毛发硒含量超过 5mg/kg 干物质时，往往指示动物处于硒中毒状态。

（二）硒蛋白含量

1. 血液 GPX

血液 GPX 活性是一种比血液硒含量更能准确反映动物硒营养状况的重要指标。大量研究表明，硒的添加水平与血液中 GPX 活性存在明显的正相关（Juniper 等，2008）。机体内，总硒的大约 12％存在于 GPX 中（Awadeh 等，1998），血液中的 GPX 主要存在于红细胞中，占到全血 GPX 的 98％。由于红细胞具有较长的生命周期（90～120d），全血或红细胞 GPX 活性通常被用来反映动物的长期硒营养状况。相比之下，血浆和血小板中的 GPX 活性则更能反映短期状况。例如，血小板的 GPX 活性可以在 2 周内随硒摄入量的增加而显著提升，这是因为血小板的生命周期较短（平均 8～14d）。目前，全血 GPX 活性是评价动物的主要方法。研究表明，牛、羊、猪、马以及人的全血 GPX 活性与血硒含量呈显著的正相关，相关系数最高接近 1.0，最低也达到 0.81。根据血硒的参考范围，一些研究给出了部分动物全血适宜 GPX 活性的下限：绵羊为 $600\mu kat/L$，牛为 $600\sim700\mu kat/L$，马为 $200\sim300\mu kat/L$，山羊为 $700\mu kat/L$。也有一些研究给出了正常参考范围：猪为 $100\sim200\mu mol/g$ 血红蛋白（红细胞），牛为 $19\sim36\mu mol/g$ 血红蛋白（红细胞）、$472.2\sim665.4\mu kat/L$（全血），绵羊为 $60\sim180\mu mol/g$ 血红蛋白（红细胞），马为 $30\sim150\mu mol/g$ 血红蛋白（红细胞）（Constable 等，2017）。

GPX 活性在体内硒含量达到一定水平后会达到饱和状态，此时进一步增加硒的摄入并不会导致 GPX 活性的增加。因此，在硒摄入水平过高或全血硒含量超标时，不推荐使用全血 GPX 活性作为评价的指标。用全血 GPX 活性评价动物的硒营养状况时，也同时要考虑日粮硒的摄入形式。尽管相同水平的无机硒和有机硒对 GPX 的合成量无明显影响，但会影响其合成速度。对山羊的研究发现，亚硒酸钠与乳蛋白硒对机体的供硒能力无明显区别，但亚硒酸钠可明显增加 GPX 活性的升高速度。

2. 血浆 SELENOP

SELENOP 是一种分泌型硒蛋白，主要在肝脏生成并释放到血浆中，负责将硒通过血液循环输送到机体的其他组织以供组织利用。血浆中的

SELENOP 水平通常被用来评估人体的硒状态。研究表明，人的血浆中 60%～80% 的硒存在于 SELENOP 中，并且血浆中的 SELENOP 水平与血清硒水平、血浆和红细胞中的 GPX 活性之间存在显著的正相关关系（Demircan 等，2023；Persson - Moschos 等，1995）。对肝硬化严重程度与血浆 SELENOP 水平关系的研究发现，肝硬化疾病越严重，血浆 SELENOP 水平越低，严重肝硬化病人血浆 SELENOP 水平只有健康人的 50%，而血浆 GPX 活性不降反升，血浆 SELENOP 水平的降低可能主要与肝损伤有关，而血浆 GPX 活性的升高可能是一种补偿性反应（Xia 等，1989）。克山病患者中血浆 SELENOP 水平显著低于正常人。补充硒后，虽然血浆 GPX 活性回归正常，但血浆 SELENOP 的水平仍只有正常水平的 75%，这表明恢复正常的 SELENOP 水平需要的硒量超过 GPX 所需，从而暗示 SELENOP 可能是一个更为敏感的指标（Xia 等，2005）。然而，其他研究表明在硒摄入量下降 50% 时，尽管血清硒和红细胞 GPX 活性降低，血浆 SELENOP 水平并未显著变化。而硒摄入量恢复正常后，尽管血清硒和红细胞 GPX 活性显著提高，血浆 SELENOP 水平却未见明显变化（Nève，2000）。这些矛盾的研究结果表明，将血浆 SELENOP 作为硒量水平的指标还需进一步的研究验证。然而，另一些研究发现，当硒摄入较正常水平降低 50% 时，血清硒含量降低 11%，红细胞 GPX 活性也显著降低，但血浆 SELENOP 水平无明显改变，而当硒摄入正常后，血清硒含量和红细胞 GPX 活性显著提高，但血浆 SELENOP 水平无明显改变。还有一些研究发现，达到最大血浆 SELENOP 水平所需的硒摄入量要比达到最大 GPX 活性所需的硒摄入量低（Thomson，2004）。上述研究结果存在明显的不一致甚至是相反的，因此，血浆 SELENOP 能否作为评价硒营养状况的指标还有待进一步研究。

二、缺硒相关动物疾病

20 世纪 40 年代，由于战争和食物缺乏，许多德国人患上了肝病，德国政府邀请一位叫 Schwarz 的科学家研究营养与肝病的关系。最初，Schwarz 发现蛋白质缺乏是导致肝坏死的主要原因，进一步研究发现蛋白质中的含硫氨基酸以及维生素 E 对肝脏有很好的保护作用。Schwarz 还发现，用酵母饲料饲喂大鼠一个月就能引起肝坏死，进一步发现用造纸厂生产出来的酵母饲喂的大鼠 4 周后都出现了肝坏死，而用啤酒厂生产出来的酵母饲喂的大鼠 4 周后都未出现肝坏死。这一结果说明在啤酒酵母中存在一种可以预防肝坏死的物质，这种物质的生物活性比含硫氨基酸和维生素 E 都强，他把这种未知物质称为"第三因子"。Schwarz 进一步从啤酒酵母的络氨蛋白乙醇萃取液中分离纯化了该种物质，当滴一滴碱时会发出很强的大蒜气味，很像是吃了高硒饲料的牛呼出的气味。经过多次检测和验证，1957 年 5 月 17 日，确定这种能强烈保护肝脏的物质是一种硒化合物。这是人类第一次发现硒是营养性肝坏死的重要保护因子，也是人类第一次证实硒具有营养作用，从此拉开了研究硒与健康的序幕。

早在 20 世纪 30 年代，中国黑龙江省克山县就曾发生过以多病灶的心肌坏死为主要症状的疾病，主要发生在农村地区，易感人群为育龄妇女和 2～6 岁儿童，死亡率较高，因在克山县发病率高且症状典型，故被命名为"克山病"。克山病是由于严重硒缺乏（摄入量低于 $12\mu g/d$）引起（Li 等，2013；Wang 等，2021）。给克山病病人口服亚硒酸钠可有效防止该病的进一步发生，这是人类第一次证实硒的营养重要性。新西兰和芬兰的土壤低硒地区也曾报道过有该病的发生（von Stockhausen，1988）。研究发现，硒缺乏还可导致人类患大骨节病，一种类似于类风湿性关节炎但比类风湿性关节炎更严重的疾病，又叫矮人病。该病还与碘缺乏有关，中国西藏和从东北到西南的缺硒地区、西伯利亚以及朝鲜均有该病的报道。之后对动物的研究还发现，缺硒可导致猪患营养性肝坏死病，犊牛和羔羊患白肌病，家禽患渗出性素质病等（Foster 和 Sumar，1997）（表 3-4）。动物缺硒还可导致黄疸、水肿、小动脉管壁透明样变化以及精子形态异常。

表 3-4　不同动物硒缺乏的临床症状

动物	临床症状
犊牛和羔羊	白肌病、羔羊僵硬病
成年反刍动物	生长发育不良、生殖功能障碍、免疫力低下、胎衣不下
马	白肌病
猪	营养性肝坏死、白肌病、桑葚心病
家禽	渗出性素质病、胰腺萎缩、营养性脑软化病

（一）家畜

当饲料硒含量低于 0.05mg/kg 时，家畜就会出现硒缺乏症。临床缺硒在商品猪生产中很少见，但亚临床缺硒可能是导致猪生产性能和繁殖性能下降的原因。事实上，新生、出生后和断奶仔猪均可发生缺硒。缺硒对猪的生产和繁殖具有诸多不利影响，与维生素 E 缺乏相似。硒缺乏或不足首先会影响到猪的生产性能，饲料摄入量、饲料利用率、养分消化利用率和生长速度降低。其次，硒缺乏可导致母猪产后疾病（乳腺炎、子宫炎、母乳障碍）的发生。目前，与缺硒直接相关的疾病主要包括猪的白肌病、仔猪营养性肝病和仔猪桑葚心等。

1. 白肌病

白肌病，又称营养性肌肉萎缩症，是一种急性、退行性的心肌和骨骼肌疾病。病变部位肌肉色淡、苍白，导致运动障碍和循环衰弱，有时成年家畜也患病，且多发生于冬春气候骤变、青绿饲料缺乏时，其发病率和死亡率较高。急性病例突然呼吸困难、心脏衰竭而死亡。病程稍长者，精神不佳，食欲减退，心跳加快，心律不齐，运动无力。严重时，起立困难，前肢跪下，或腰背拱起，或四肢叉开，肢体弯曲，肌肉震颤。肩部、背腰部肌肉肿胀，偶见采食、咀嚼障碍和呼吸障碍。病变多局限于心肌和骨骼肌。常受损害的骨骼肌为腰、背及股部肌肉群。病变肌肉变性、色淡，似用开水煮过一样，并可出现灰黄色、黄白色的点状、条状、片状的病灶，断面有灰白色斑纹，质地变脆。心肌扩张变弱，心内外膜下有与肌纤维一致的灰白色条纹，心径扩大，外观呈球形。肝脏肿大，有大理石样花纹，色由淡红转为灰黄或土黄色。心包积水，有纤维素沉着。显微镜下，肌纤维有明显的透明变性、凝固性坏死和再生现象。这种疾病主要由膳食中硒或维生素 E 的缺乏引起，是家畜硒缺乏的早期症状之一。白肌病中硒被认为是效应营养因子，日粮中补硒比补充维生素 E 在防治猪白肌病更有效。

日粮中硒含量低于 0.1mg/kg 时就会诱发家畜产生白肌病。缺硒导致骨骼肌钙离子渗漏和硒蛋白表达降低可能是诱导白肌病的主要原因。研究发现，硒缺乏导致典型的肌肉损伤并伴有钙离子渗漏，硒缺乏导致的氧化应激引起肌浆网和线粒体超微结构损伤，降低了钙离子通道关键蛋白的水平，提高了钙离子通道 PMCA 的水平。Huang 等（2011）发现硒缺乏日粮能显著下调肌肉中 7 种硒蛋白基因（*GPX1*、*SELENOP*、*SELENOO*、*SELENOK*、*SELENOW* 和 *SELENON*）的表达水平。其中，*SELENOW* 是首个被报道的与白肌病有关的硒蛋白，在白肌病动物肌肉组织中含量极低。*SELENOW* 基因敲除也会导致肌肉中钙离子渗漏，表明 *SELENOW* 的氧化还原调节作用在硒缺乏诱导的肌肉钙离子渗漏中至关重要。事实上，硒缺乏可导致肌肉中 19 种硒蛋白的表达降低，其中 11 种为抗氧化硒蛋白，这些抗氧化硒蛋白中 GPX3、GPX4 和 SELENOW 的表达降低较为显著。日粮缺硒导致 3 日龄雏鸡胸肌纤维断裂和凝固性坏死，并伴有组织中 MDA 升高、总抗氧化能力降低、硒蛋白 GPX1、GPX3、GPX4、SELENOP1、SELENOO、SELENOK、SELENOU、SELENOH、SELENOM 和 SELENOW1 的 mRNA 水平降低以及 JNK、p‐ERK 的升高。这些研究提示，硒蛋白参与的氧化还原调节以及对过氧化物的高效分解与白肌病的发生关系密切。

2. 营养性肝坏死

肝脏是动物体内最大的代谢器官，体内的物质合成、分解、代谢、解毒等大多是由肝脏来完成。许多生物化学过程和药物代谢活动也都在肝脏中完成，肝脏中的谷胱甘肽过氧化物酶参与该过程，而它的活性主要由硒来决定的。动物内肝脏中的硒浓度显著高于其他组织器官，当体内的硒摄入量入不敷出时，首先动用的就是肝脏的硒，表现为肝脏的硒含量最先迅速降低。研究表明，用缺硒的饲料喂养大鼠 4 周后，其肝脏的硒水平从 0.7mg/g 降到 0.1mg/g。营养性肝坏死是猪的硒和维生素 E 缺乏症最为常见的病型之一。据报道，在喂饲高能量日粮（玉米、黄豆、大麦等）的条件下，由于维生素 E 和硒含量较低，致使生长迅速和发育良好的肥育猪最易发生本病，且多与白肌病相伴发生。本病也称仔猪肝营养不良，主要发生于 3 月龄以下的小猪身上，尤其是断奶前后的仔猪，大多于断奶后死亡。急性病例多为体况良好、生长迅速的仔猪，预先没有任何症状，突然发病死亡。存活仔猪常伴有严重呼吸困难、黏膜发绀、躺卧不起等症状，强迫走动可能引起死亡。约 25% 的猪有消化道症状，如食欲不振、呕吐、腹泻、粪便带血等。病猪可视黏膜发绀，后肢衰弱，臀及腹部皮下水肿，病程长者可出现黄疸、发育不良等症状。同窝仔猪于几周内死亡数头，猪群死亡率在 10% 以上，冬末春初发病率高。剖检变化主要有以下两个方面：花肝，即正常肝组织与红色出血性坏死的肝小叶及白色或淡黄色缺血性凝固性坏死的小叶混杂在一起，形成彩色多斑的嵌花式外观；肝表面凹凸不平，肝组织中硒浓度显著降低，可与营养性肌肉营养不良和桑椹心病合并发生。

3. 桑葚心病

桑葚心病是一种营养性微血管病变，主要表现为血管和肌细胞病变，心肌内毛细血管以及毛细血管前小动脉纤维素样坏死，可与亚急性肝坏死同时发生。猪桑葚心病多发于仔猪和快速生长的猪（体重 60～90kg）。病猪常在没有任何先兆下死于急性心力衰竭。这种疾病的临床症状包括呼吸困难和严重的肌肉无力，肝脏和心脏中的硒浓度显著降低。幸存猪出现严重的呼吸困难、发绀、躺卧，强迫行走时可突然死亡。亚临诊型常有消化紊乱，在气候骤变、长途运输等应激下可转为急性，几分钟内突然抽搐，大声嚎叫而死亡。皮肤有不规则的紫红斑点，多在两腿内侧，甚至遍及全身。剖检变化主要表现为心脏扩大，横径变宽呈圆球状，沿心肌纤维走向发生多发性出血而呈红紫色（营养性毛细血管病），外观颇似桑葚样，故称桑葚心。心内、外膜有大量出血点或弥漫性出血，心肌间有灰白或黄白色条纹状变性和斑块状坏死区。肝脏呈斑块状坏死，心包、胸腔、腹腔积液，色深透明呈橙黄色，肺水肿，胃黏膜潮红。

（二）家禽

1. 营养性肌肉营养不良

营养性肌肉营养不良是维生素 E 和硒同时缺乏的结果，表现为肌肉纤维退化。组织学检查显示 Zenker 变性，伴血管周浸润，有明显的浸润嗜酸性粒细胞、淋巴细胞和祖细胞的积聚。光镜和电镜观察表明，纤维具有透明性和颗粒性变性。在透明质纤维中，最初的超微结构改变包括肌浆和肌原纤维密度增加，肌浆网扩张，肌膜下液泡形成以及线粒体膜破坏。在以后的阶段中，这些纤维的改变包括肌原纤维的破坏和溶解，核固缩和溶解，质膜的破坏，基底层的持续存在和分散的黏附卫星细胞，以及最终被巨噬细胞侵袭。在具有颗粒变性的纤维中，超微结构观察包括肌浆密度降低，线粒体肿胀变形以及肌原纤维溶解的多个病灶，最终合并产生广泛的溶解。

1～4周龄患有遗传性肌营养不良的鸡肌肉和其他组织中 α 生育酚与 γ 生育酚的比值降低，生育酚氧化产物生育酚醌的含量提高，提示了肌膜的氧化应激。一些研究还发现营养不良肌肉肌浆网膜上钙离子的主动转运障碍和膜对钙离子的通透性增加。营养性肌肉营养不良的发生还与肌肉中蛋白质的氧化有关。在营养性肌肉营养不良中，蛋白质中二硫化物/巯基提高，低分子量蛋白质增多，说明蛋白质发生了氧化而降解。硒和维生素 E 缺乏导致肌肉 GSH 水平明显降低，而线粒体以及胞质中谷胱甘肽还原酶活性不降反增，说明 GSH 水平的降低并不是因为谷胱甘肽还原酶活性降低所致。因此，维生素 E 缺乏应该与 GSH 的降低有关。在营养性肌肉营养不良中，肌肉蛋白对半胱氨酸的特殊需求可以解释为维生素 E 缺乏导致蛋氨酸向半胱氨酸的转化降低。

2. 渗出性素质病

渗出性素质病是所有与硒缺乏相关的疾病中研究最多的一种，维生素 E 和硒的缺乏均会导致该病发生。硒缺乏导致毛细血管通透性增加，使血浆成分外泄增多，引起胸腹部、腿部、颈部皮下发生浆液性渗出，剖开皮肤可见皮下有蓝绿色水肿液，蓝绿色的呈现主要是由于血红蛋白降解所致。腿部皮下组织更容易受到硒缺乏病变的伤害，并且在急性阶段还会表现出肌纤维退化，包括钙沉积、血管病变和出血等。渗出性素质病可在任何年龄段发生，甚至在胚胎期就可能出现，但通常在成年鸡和火鸡中最为常见。渗出性素质病的发生与肌肉中硒含量的降低以及肝脏中 GPX 和维生素 E 水平的降低有关，而硒在预防此病发生中的功效远高于维生素 E（高出 200 倍）。

硒和维生素 E 的缺乏可破坏抗氧化系统，打破肌肉的氧化还原平衡，表现为 GSH 水平降低、GPX 活性减弱、过氧化氢（H_2O_2）水平提高。早期研究发现，与 ED 相关的硒缺乏会导致肌肉和肝脏中 7 种硒蛋白（包括 GPX1、GPX4、SELENOW1、SELENON1、SELENOP1、SELENOO

和 SELENOK）mRNA 水平降低。最近的研究进一步表明，硒缺乏引起的 ED 导致免疫器官（胸腺、脾脏和法氏囊）中 23 种硒蛋白 mRNA 水平的降低，尤其是胸腺中的 DIO1、脾脏中的 TXNRD 以及法氏囊中的 TXNRD3 的 mRNA 水平显著下降。此外，另一项研究发现，与 ED（渗出性素质病）相关的硒缺乏还导致免疫器官中 SELENOT 的基因表达降低，过氧化氢酶（Catalase，CAT）活性降低，H_2O_2 和羟基自由基（OH）水平增加，以及白细胞介素 1 受体（IL-1R）和白细胞介素 1β（IL-1β）的基因表达提高。因此，ED 的病理原因可能与硒和维生素 E 缺乏引发的炎症有关。此外，硒缺乏症可降低细胞活力，增加细胞内 ROS 水平并刺激血管平滑肌细胞凋亡。

3. 营养性胰腺萎缩

营养性胰腺萎缩是一种明确与硒缺乏相关的疾病，并且其发生不伴随其他抗氧化剂的缺乏。在硒缺乏的雏鸡中，主要的超微结构病变表现为内质网的破坏。这种病变是因为硒缺乏会影响胰腺中一氧化氮（NO）和硒蛋白的生成，从而导致胰腺损伤。研究显示，当日粮中硒的含量降至 0.033mg/kg 时，胰腺中多达 25 种硒蛋白的基因表达显著降低，尤其是 *TXNRD2*、*GPX1*、*GPX3*、*SELENOL*、*DIO1*、*SELENOP*、*SELENOW1*、*SELENOO*、*SELENOT*、*SELENOM*、*SELENOX1* 和 *SEPHS2* 等基因的表达受到了显著影响。同时，硒缺乏还显著提高了胰腺中的 NO 水平及诱导型一氧化氮合酶（*iNOS*）的基因表达和活性。硒缺乏导致的胰腺萎缩与胰腺、肌肉和肝脏中硒蛋白编码基因总体表达的下调密切相关。具体来说，胰腺中 18 个基因、肌肉中 14 个基因和肝脏中 9 个基因表达下调。此外，与胰岛素信号相关的基因在胰腺、肝脏和肌肉中也被下调，这导致了鸡血脂异常、低胰岛素血症和高血糖的发生。也有一些研究发现，硒缺乏时鸡肝脏 *TXNRD1* 和 *SELENOS* 基因表达反而被上调，胰腺中的 *SELENOP1*、*GPX3* 和 *SELENOK* 基因表达保持不变，肝脏、砂囊和胰腺中分别有 33%、25% 和 50% 的硒蛋白的基因表达下调。出现这些现象的原因尚不十分清楚，但可能与硒缺乏的程度及不同组织中硒蛋白表达的差异性有关。硒蛋白的表达具有明显的等级层次性，表现为在硒缺乏时，某些硒蛋白会被优先合成，这种优先性还表现在不同组织间的差异。这种调节机制可能是生物体在面临营养压力时的一种适应性反应，以尽可能保持关键生理过程的正常运行。

4. 营养性脑软化病

营养性脑软化病是一种常见的禽类疾病，其发生与维生素 E 缺乏以及日粮中高亚油酸或花生四烯酸含量有关。营养性脑软化病多发生于孵化后 2～3 周，主要症状包括共济失调、虚脱、双腿伸直、脚趾弯曲以及头部缩回并横向扭转。组织学损害主要发生在小脑，表现为小脑肿胀，可见红色或褐色坏死区域、皮质和白质缺血性坏死、毛细血管血栓、出血以及软化，这些损害也可以发生于大脑。脑软化病虽然多见于鸡，但火鸡和鹌鹑以及动物园内的一些鸟类也可发生。最近的研究表明，硒也在营养性脑软化病的发病机制中发挥着重要作用。在硒缺乏的环境下，鸡的脑组织中的氧化损伤和钙稳态失衡会显著增加。研究表明，硒缺乏会导致鸡脑组织中硒含量的显著下降，同时降低了 GSH 和 GPX 的活性，这两者都是细胞内重要的抗氧化剂。除了影响抗氧化系统外，硒缺乏还会对炎症反应产生影响。硒是许多硒蛋白的组成部分，其中一些与炎症调节相关。研究发现，硒缺乏会激活核因子 κB（Nuclear factor kappa - B，NF - κB）信号通路，导致鸡脑组织中炎症相关基因的过度表达，如肿瘤坏死因子 - α（Tumor necrosis factor - α，TNF - α）、环氧合酶 - 2（Cyclooxygenase - 2，COX - 2）、诱导型一氧化氮合酶（Inducible nitric oxide synthase，iNOS）等。这些基因的上调表明了炎症反应在 NE（营养性脑软化病）发生中的重要性。此外，研究还发现，硒缺乏会引起鸡脑细胞线粒体结构的损伤，核膜融合和核收缩的变化，这可能进一步加剧了脑组织的损伤和炎症反应。总的来说，硒在营养性脑软化病的发病机制中扮演着重要角色，其缺乏导致的氧化损伤、炎症反应以及细胞结构的损伤都可能与营养性脑软化病的发生和发展密切相关。因此，对于预防和治疗营养性脑软化病，除了增加维生素 E 的供给外，适当补充硒可能也是一种有效的策略。

（三）水产动物

硒也是水产动物的必需微量元素，如果不能合理补硒，无论是硒缺乏还是硒过量都会对水产动物的生长和健康造成影响。大量的研究发现，缺硒会导致水产动物生长速度的下降、谷胱甘肽过氧化物酶的活性降低、免疫功能的下降和成活率的降低等，还会使机体发生免疫抑制反应。Poston等（1976）报道当饲喂大西洋鲑鱼缺乏硒的日粮26周的时候，鲑鱼出现了懒惰、食欲缺乏、肌肉质量下降和死亡率增高等现象，并且可以通过在饲料中补充0.1mg/kg的硒来缓解死亡率增高的现象。Zheng等（2018）的研究表明，在硒缺乏的草鱼幼鱼中，GPX、SOD和CAT等抗氧化酶活性显著低于正常投喂组，肾、脾等免疫器官均受到不同程度的损伤，在日粮中添加适量膳食硒后，各项指标均可恢复至正常水平。硒和维生素E具有协同作用，当硒和维生素E同时不足时，还会造成鱼类肌肉萎缩。此外，研究也发现硒缺乏会导致肌纤维变性和坏死，以及肌纤维细胞的溶解和消失，而肝细胞也出现了坏死和崩解等不良现象。当饲料中缺乏硒时，会抑制斑点叉尾鮰的生长，并造成肝脏和血浆谷胱甘肽过氧化物酶的活性降低。缺硒会改变鱼类的血细胞积压，导致鲑鱼游动失调，通过病理方法能观察到其神经轴突鞘受损，肝细胞的线粒体和内质网不完整，空泡变性，还会导致鱼类肌肉发育代谢异常，存活率降低。

（四）反刍动物

世界上许多国家，特别是在拥有成熟的集约化农业系统的国家，由于酸性条件或随着时间的推移不断耗竭而导致土壤缺硒，因而也导致在这些国家土壤中生长的农作物和牧草的硒水平较低，间接导致放牧或饲料喂养的牛硒摄入不足。研究显示，成年荷斯坦奶牛群硒缺乏的阈值被认为是0.068mg/kg。当奶牛硒摄入量低于这一数值时处于硒缺乏状态，尽管这一水平的硒摄入没有影响奶牛的繁殖性能，但奶牛的免疫状态明显受到抑制。根据奶牛免疫和生殖参数，以血液硒含量作为硒状况的评价指标时，血浆硒水平低于0.04mg/L为缺乏，0.04～0.07mg/L为边缘水平，超过0.07mg/L为充足水平。在欧盟，缺硒是一个严重的问题。对捷克共和国奶牛的血液分析显示，大约50%的抽样动物处于边缘或缺硒营养状态，而且在青年动物、肉牛和繁殖公牛中表现更为明显。在波兰、爱沙尼亚、斯洛文尼亚、德国、爱尔兰、希腊和土耳其进行的研究也报告了类似的发现，大多数奶牛处于边缘或缺硒营养状态。即使生产需求下降、不再泌乳的干奶期奶牛似乎也表现出边缘或缺硒营养状态。在南美的研究揭示了奶牛硒缺乏随季节和地区的变化而变化，奶牛群硒缺乏状况最低时所占比例为13％，而最高时可达93％。在亚洲的一些国家，如印度、泰国和新西兰，也特别容易受到低硒的影响。对于优质高产奶牛而言，硒摄入量不足会导致多种健康问题，而且多数表现为难以诊断的亚临床症状，包括繁殖问题、免疫状况差、乳腺炎发病率增加、胎衣不下以及生育能力降低。在生产实践中，这些问题中的任何一个都可能导致奶牛被淘汰，因而对奶牛养殖业造成巨大的经济损失。

1. 受孕和妊娠障碍

硒对奶牛的生殖健康具有重要的调控作用。一方面，硒通过合成抗氧化硒蛋白保护卵子膜免受自由基的攻击；另一方面，硒通过合成抗氧化硒蛋白降低了阻止受精卵着床的子宫感染的机会。自由基可能对奶牛卵泡孕酮的合成产生不利影响，导致孕酮的合成减少。研究表明，补充硒后可显著提高硒缺乏奶牛血液循环中孕酮的水平。硒摄入量不足可导致受孕失败率提高，产犊间隔增大。研究表明，与日粮添加0.11mg/kg硒（产后血清硒水平为0.08mg/L）相比，硒缺乏（产后血清硒水平为0.03mg/L）奶牛群明显增加了每次怀孕的人工授精次数（2.58：1.96）、空怀天数（152：107）和产犊间隔天数（437：392），提高了患卵巢障碍、流产或死胎的几率。另一项研究表明，硒充足奶牛更有可能在整个季节保持良好的身体状况和受孕率。对于奶牛养殖业而言，临近分娩时犊牛死亡是一个重要的经济损失因素，特别是当死亡的小牛是母牛时损失更大，因为这影响到了牛群的更替。对美国一些规模化奶牛养殖场的调查发现，平均大约有7％的牛在出生前48h内死亡。对中国7个规模化奶牛场的调查表明，犊牛死胎率平均大约为6.4％。尤其是头胎牛，分娩死胎率可以超过10％。为数不多的研究发现，肠外补硒或维生素E可显著降低奶牛分娩时的犊牛死亡率，一般在预产期前21d和第5d进行补硒比较理想，这种方法同时也可以提高初乳中的硒水平，补充形式为有机硒时效果更好。

2. 胎盘滞留

胎盘滞留是奶牛繁殖过程中的常见问题，一个相对较大的奶牛场一般会有9％的奶牛在分娩后出现胎盘滞留，管理不善时可以高达39％。胎盘滞留可导致产奶量降低、生育能力差、难产和死产率显著提高，而且与子宫炎的发病率提高有关。患有胎盘滞留的奶牛受孕率大大降低。早在1969年，人们就发现胎盘滞留的发生与奶牛的抗氧化状态有关，当硒和维生素E摄入水平不足时，奶牛的抗氧化能力降低，胎盘滞留的发病风险提高。患有胎盘滞留的奶牛以及死产和生育能力差的奶牛，通常血清硒水平较低，受影响的牛群比例有时可高达40％。无论是通过日粮补硒还是肠外补硒，都能有效降低胎盘滞留的发病率。虽然目前奶牛在产犊后并不总是能够完全排出胎盘的原因还不清楚，但人们认为这可能与免疫抑制有关。当胎儿分娩后，胎盘会被机体免疫细胞识别为"异物"，激活的免疫细胞迁移到子宫组织，通过破坏子宫和胎盘之间的联系，从而使胎盘脱落而排出。然而，围产期奶牛，尤其是在分娩前后，奶牛的免疫系统通常处于抑制状态，如果前期奶牛硒摄入不足或缺乏时，免疫抑制作用则更强，导致免疫细胞不能迁移到子宫组织而使胎盘排出。

3. 乳腺炎

乳腺炎被认为是影响奶牛场经济效益、牛奶品质、产奶量及奶牛健康和生殖的最重要的因素。牛奶中体细胞计数（Somatic cell count，SCC）是评价是否发生乳房感染的最常用的简单方法。牛奶中的体细胞主要由免疫细胞和死亡脱落的乳腺上皮细胞组成。正常情况下，乳房未感染奶牛乳中的SCC低于10万/mL，大多数是中性粒细胞。

乳腺炎通常是由通过乳头进入乳腺的细菌引起的。亚临床或隐性乳腺炎是一种低程度细菌感染，当牛奶中SCC高于25万/mL时，即可确定为乳房内亚临床感染。由于细菌的存在，亚临床或隐性乳腺炎有可能发展成亚急性或急性乳腺炎。需要注意的是，对乳房的粗暴处理或长时间挤奶有可能引起无菌性乳腺炎，无菌性乳腺炎奶牛SCC也较高。根据严重程度可将乳腺炎分为4级：亚急性乳腺炎（1级：奶牛看起来正常，但挤出的牛奶不正常，SCC明显增加）；急性乳腺炎（2级：有发烧症状，乳房变化明显且对刺激非常敏感，牛奶中有肿块甚至血迹）；严重急性乳腺炎（3级：除有急性乳腺炎的症状外，乳房呈紫蓝色，可危及生命，通常由革兰氏阴性细菌如大肠杆菌、假单胞菌和克雷伯氏菌引起）；慢性乳腺炎（4级：反复发作的急性或亚急性乳腺炎，通常是由金黄色葡萄球菌深度感染引起）。充足和均衡的营养，特别是硒，可显著降低奶牛乳中的 SCC，是从营养角度预防奶牛乳腺炎发病风险的重要措施。在牧场监测的牛奶中 SCC 随着血液中硒浓度的增加而降低，血浆 GPX 水平与牛奶中的 SCC 呈显著的负相关关系。硒缺乏的奶牛可通过正确的补硒显著降低临床乳腺炎以及有临床诊断价值个体的发病率。早期泌乳的阶段是奶牛乳腺炎的高发期，一项研究表明，通过肠外补硒（0.35mg）可以使乳腺炎的发病率从 70% 降低到 20%。对已发表的 13 篇有关硒与奶牛乳腺炎的文章的整理发现，硒添加可以使乳腺炎发病率从 32% 降低到 10%。目前认为，硒可以通过抑制牛奶液体成分中病原菌的增殖以及提高 GPX 的活性或其他硒蛋白的合成来抑制或减缓乳腺炎奶牛的炎症反应。

第三节　高硒对动物生理机能的影响

硒是人和动物体的必需微量元素，但过量时会产生毒性作用。当家畜日粮中硒含量超过 5mg/kg 干物质时，表现为硒中毒效应。对于人体而言，当硒摄入量大于 $400\mu g$/天时表现为硒中毒效应。关于硒对动物的毒性作用，最早可追溯到发现硒元素之前 500 年。大约在 1295 年，马可波罗在中国西北地区记录到马采食某种植物后出现蹄子脱落的现象。1560 年，传教士 Pedro Simon 在哥伦比亚也记录到类似的人的中毒现象。1860 年，美国军医 Madison 在南达科他州和内布拉斯加州附近的密苏里河河畔的兰德尔堡记录到军马毛发和蹄子脱落的现象，在这些地区及邻近的北部平原的居民也经常观察到家畜出现类似的症状。由于当地居民认为这种病与家畜饮用当地的一种盐碱水有关，因此形象地称之为"碱毒病"，但"碱毒病"的发病原因一直以来是一个谜。在之后的 75 年里，美国农业部组织专家致力于寻找该病的发病原因，直到 1937 年，Moxon 首次证实了"碱毒病"的发生是由于家畜采食大量含硒量高的植物（紫云英属的野豌豆）引起的。在接下来的 15 年里，美国农业部和地质勘查局集中调研了土壤中硒的含量和分布情况、植物对硒的吸收和富集过程以及硒对动物的毒性作用，积累了大量的事实证据。

现已明白，硒中毒包括急性硒中毒和慢性硒中毒两类。历史上，在爱尔兰、以色列、澳大利亚、俄罗斯、委内瑞拉、美国、印度和南非等国家的高土壤硒含量地区均发生过人的硒中毒事件。我国湖北恩施和陕西紫阳两大富硒区，因不当利用高硒石煤和食用高硒作物，也曾暴发过人的硒中毒事件。硒中毒事件发生地区土壤中硒的含量往往超过 5mg/kg，一些植物中硒的含量往往超过 3mg/kg 干物质。

一、急性硒中毒

自由放牧条件下引起的家畜急性硒中毒常发生于短时间内采食大量富硒植物，但发生几率一般较小，原因在于这些植物通常适口性很差，家畜通常会有意识地避开它们。只有在气候恶劣、过度放牧或牧草匮乏的情况下，家畜才有可能被迫采食这些植物而导致中毒。事实上，急性硒中毒常因日粮中过量添加硒、注射过量硒制剂或日粮配制不当或计算错误引起。

家畜急性硒中毒的症状包括厌食、腹泻、腹痛、虚脱、呼吸困难，体温升高、心率加快、瞳孔散大、鼻孔有泡沫、黏膜发绀、呼出气体有明显的大蒜气味，常见于反刍动物和马。血液学改变包括纤维蛋白原水平和凝血酶原活性降低，还原型谷胱甘肽水平降低，碱性磷酸酶、转氨酶和琥珀酸脱氢酶活性提高，血硒水平提高（高于 $100\mu g/dL$）。病理变化表现为肝坏死、肝细胞水肿变性、肾组织充血、肾小管上皮细胞变性或坏死、肺充血水肿及渗液、肺泡内出血、多病灶心肌纤维变性和坏死并伴有弥散性心肌炎，有时还会出现中枢神经系统病变。急性硒中毒动物常因肺部水肿和充血导致呼吸衰竭而死亡，从出现明显症状到死亡的时间间隔是几小时，或者是几天，主要与硒摄入量有关，摄入量越高，死亡速度越快。当给牛按每千克体重饲喂 10～20mg 硒或注射超过 0.5mg 的硒时会导致急性硒中毒。给猪按每千克体重饲喂超过 20mg 硒或注射超过 1.65mg 硒会引起急性硒中毒。与饲喂硒适宜日粮的猪相比，饲喂硒缺乏日粮的猪在高硒日粮环境中更易发生硒中毒。给实验动物（兔、小鼠、猫）按每千克体重注射超过 3mg 硒会引起急性硒中毒，呼出的气体有强烈的大蒜气味。以每千克活体重计，亚硒酸钠对动物的最小致死剂量分别为：马：1.5mg/kg，牛：4.5～5.0mg/kg，猪：6～8mg/kg，大鼠：3.0～5.7mg/kg，兔：0.9～1.5mg/kg，狗：2mg/kg。

二、慢性硒中毒

尽管在放牧条件下家畜急性硒中毒的发生并不多见，但慢性硒中毒却屡有发生。慢性硒中毒主要影响动物的脾脏、肝脏、心脏、肾脏和胰腺。依据所采食植物的含硒量不同，家畜慢性硒中毒可包括碱毒病和晕倒病两种。

碱毒病主要发生在马、牛和猪身上，放牧条件下常因持续数周甚至数月采食含硒量高于5mg/kg但低于40mg/kg的植物引起，这些植物的硒常以非水溶性的蛋白形式存在，实验条件下饲喂硒酸钠或亚硒酸钠等水溶性无机硒盐也可诱导碱毒病发生。碱毒病的症状包括反应迟钝、精神萎靡、食欲减退、消瘦、被毛粗糙、脱毛（尤其是鬃毛和尾毛）、蹄和关节损伤、跛行及蹄裂。与牛和猪不同，碱毒病在羊身上并不表现明显症状，既没有羊毛的脱落，也没有蹄的损伤。碱毒病的病理表现为心脏和肝脏损害。碱毒病对家畜最显著的影响是导致生殖功能降低，在碱毒病典型症状出现之前即表现为明显的生殖功能降低。血液和毛发中硒水平可作为碱毒病的临床诊断指标，当血硒水平超过2mg/L或毛发硒水平超过2mg/kg时，表现为明显的碱毒病临床症状。

晕倒病常由少量但长时间食用含硒量超过100mg/kg的硒指示植物引起，这些植物中的硒常以水溶性的非蛋白形式存在。晕倒病主要发生在牛和羊身上，在猪、马和家禽身上通常不发生。对于牛而言，晕倒病的发生通常经历三个阶段：在第一阶段，家畜的体温和呼吸正常，但视力会减退，表现为转圈行走、无视前方障碍物，还表现出明显的厌食症状；在第二阶段，除第一阶段的症状更加明显外，前肢越来越无力，无法支撑整个身体；在第三阶段，舌肌部分或全部麻痹，吞咽功能丧失，动物几乎完全失明，呼吸加快和呼吸困难，腹痛明显，体温降低，磨牙，流涎，消瘦，多因呼吸衰竭而死亡。对于羊而言，晕倒病的发生并无明显的阶段区分，通常在无明显症状的情况下几小时内突然死亡。晕倒病的病理变化表现为肝坏死、肝硬化、肾炎、肾充血和胃肠道积食。家禽慢性硒中毒常表现为产蛋率下降、孵化率降低及胚胎畸形。

三、硒化合物的毒性

硒化合物的形态不同，其毒性也不同。元素硒和金属硒化物因几乎不能被动物利用而基本上是无毒的，硒酸盐和亚硒酸盐的毒性相对较大，而硒化氢是已知毒性最强的硒化合物，经生物代谢产生的有机硒化合物如硒代半胱氨酸、硒代蛋氨酸和甲基硒化合物的毒性相对较低，但剂量过高也会引起中毒。在已知的硒化合物中，二甲基硒的毒性最低，亚硒酸盐的毒性略大于硒酸盐，大约是硒代蛋氨酸的 4 倍，二甲基硒的 $500\sim700$ 倍。

预防硒中毒最直接有效的途径是避免过量硒的摄入。放牧条件下，应避免家畜采食大量高硒植物，也可考虑通过治理土壤，降低植物对硒的吸收，使土壤和植物中的硒含量维持在适当水平。集约化饲养条件下，应特别注意避免日粮配制不当或计算错误，也可考虑将高硒植物和其他低硒饲料原料按一定比例搭配使用，也可考虑在动物日粮中使用低毒的硒添加剂，如纳米硒、酵母硒、富硒植物等。当动物发生硒中毒时，一般没有特效的解毒药物。高蛋白日粮能减轻动物的硒中毒症状，其中的蛋氨酸起主要作用，可能与蛋氨酸和硒在动物肠道的吸收存在竞争抑制作用有关。日粮中添加亚麻籽粉可有效缓解晒对动物的毒性，可能与亚麻籽中含有生氰糖苷、龙胆二糖丙酮氰醇、龙胆二糖甲乙酮氰醇等物质有关。有机砷化合物如对氨基苯胂酸、洛克沙胂也可降低硒对动物的毒性，而且效果显著，其原理是有机砷制剂可与吸收的硒整合并将其转移到肠道系统，但有机砷本身也是一种有毒物质，应在专业指导下使用。此外，口服维生素 C 和维生素 E 可加速硒的排泄，进而降低硒的毒性。

◇ 主要参考文献

[1] 程天德，吴永尧. 硒蛋白的生物合成与调控 [J]. 生命的化学，2004，24 (5)：394-396.

[2] 侯勤堂. 硒代半胱氨酸参与合成硒蛋白的翻译机制概述 [J]. 生物学教学，2020，45

(3)：75 - 76.

[3] 蒋志华，牟颖，李维佳，等. 生物合成硒蛋白机制的研究进展 [J]. 生物化学与生物物理学报，2002，34 (4)：395 - 399.

[4] 徐娜. Secis 结构及相关因子控制硒蛋白合成的综述 [J]. 硅谷，2012 (6)：13 - 13.

[5] Awadeh F T，Kincaid R L，Johnson K A. Effect of level and source of dietary selenium on concentrations of thyroid hormones and immunoglobulins in beef cows and calves [J]. Journal of Animal Science，1998，76 (4)：1204 - 1215.

[6] Bulteau A L，Chavatte L. Update on selenoprotein biosynthesis [J]. Antioxidants & Redox Signaling，2015，23 (10)：775 - 794.

[7] Burk R F，Hill K E. Regulation of selenium metabolism and transport [J]. Annual Review of Nutrition，2015 (35)：109 - 134.

[8] Cardoso B R，Roberts B R，Bush A I，Hare D J. Selenium，selenoproteins and neurodegenerative diseases [J]. Metallomics，2015，7 (8)：1213 - 1228.

[9] Castellano S，Gladyshev V N，Guigó R，Berry M J. SelenoDB 1.0：A database of selenoprotein genes，proteins and SECIS elements [J]. Nucleic Acids Research，2008，36 (Database issue)：D332 - D338.

[10] Christodoulopoulos G，Roubies N，Karatzias H，et al. Selenium concentrationin blood and hair of holstein dairy cows [J]. Biological Trace Element Research，2003，91 (2)：145 - 150.

[11] de Toledo L R，Perry T W. Distribution of supplemental selenium in the serum，hair，colostrum，and fetus of parturient dairy cows [J]. Journal of Dairy Science，1985，68 (12)：3249 - 3254.

[12] Demircan K，Jensen R C，Chillon T S，et al. Serum selenium，selenoprotein P，and glutathione peroxidase 3during early and late pregnancy in association with gestational diabetes mellitus：Prospective odense child cohort [J]. The American Journal of Clinical Nutrition，2023，118 (6)：1224 - 1234.

[13] Foster L H，Sumar S. Selenium in health and disease：A review [J]. Critical Reviews in Food Science and Nutrition，1997，37 (3)：211 - 228.

[14] Gerloff B J. Effect of selenium supplementation on dairy cattle [J]. Journal of Animal Science，1992，70 (12)：3934 - 3940.

[15] Gladyshev V N，Arnér E S，Berry M J，et al. Selenoprotein gene nomenclature [J]. Journal of Biological Chemistry，2016，291 (46)：24036 - 24040.

[16] Juniper D T，Phipps R H，Givens D I，et al. Tolerance of ruminant animals to high dose in—feed administration of a selenium—enriched yeast [J]. Journal of Animal

Science，2008，86（1）：197－204.

［17］Kryukov G V，Castellano S，Novoselov S V，Lobanov A V，Zehtab O，Guigó R，Gladyshev V N. Characterization of mammalian selenoproteomes［J］. Science，2003，300（5624）：1439－1443.

［18］Labunskyy V M，Hatfield D L，Gladyshev V N. Selenoproteins：molecular pathways and physiological roles［J］. Physiological Reviews，2024，94（3）：739－777.

［19］Lean I J，Troutt H F，Boermans H，et al. An investigation of bulk tank milk selenium levels in the San Joaquin Valley of California［J］. The Cornell Veterinarian，1990，80（1）：41－51.

［20］Li Q，Liu M，Hou J，et al. The prevalence of Keshan disease in China［J］. International Journal of Cardiology，2013，168（2）：1121－1126.

［21］Mahan D C. Effect of inorganic selenium supplementation on selenium retention in postweaning swine［J］. Journal of Animal Science，1985，61（1）：173－178.

［22］Mangiapane E，Pessione A，Pessione E. Selenium and selenoproteins：An overview on different biological systems［J］. Current Protein and Peptide Science，2014，15（6）：598－607.

［23］Mariotti M，Guigó R. Selenoprofiles：Profile－based scanning of eukaryotic genome sequences for selenoprotein genes［J］. Bioinformatics，2010，26（21）：2656－2663.

［24］Mariotti M，Lobanov A V，Guigo R，Gladyshev V N. SECISearch3 and Seblastian：New tools for prediction of SECIS elements and selenoproteins［J］. Nucleic Acids Research，2013，41（15）：e149.

［25］Mariotti M，Ridge P G，Zhang Y，Lobanov A V，Pringle T H，Guigo R，Hatfield D L，Gladyshev V N. Composition and evolution of the vertebrate and mammalian selenoproteomes［J］. PLoS One，2012，7（3）：e33066.

［26］Muñiz－Naveiro O，Domínguez－González R，Bermejo－Barrera A，et al. Selenium content and distribution in cow's milk supplemented with two dietary selenium sources［J］. Journal of Agricultural and Food Chemistry，2025，53（25）：9817－9822.

［27］Nève J. New approaches toassess selenium status and requirement［J］. Nutrition Reviews，2000，58（12）：363－369.

［28］Pei J，Pan X，Wei G，Hua Y. Research progress of glutathione peroxidase family（GPX）in redoxidation［J］. Frontiers in Pharmacology，2023（14）：1147414.

［29］Perry T W，Caldwell D M，Peterson R C. Selenium content of feeds and effect of dietary selenium on hair and blood serum［J］. Journal of Dairy Science，1976，59（4）：760－763.

[30] Persson‑Moschos M，Huang W，Srikumar T S，et al. Selenoprotein P in serum as a biochemical marker of selenium status [J]. Analyst，1995，120 (3)：833 – 836.

[31] Phipps R H，Grandison A S，Jones A K，et al. Selenium supplementation of lactating dairy cows：Effects on milk production and total selenium content and speciation in blood，milk and cheese [J]. Animal，2008，2 (11)：1610 – 1618.

[32] Radostits O M. Veterinary medicine：a textbook of the diseases of cattle，horses，sheep，pigs，and goats [M]. New York：Elsevier Saunders，2007.

[33] Romagné F，Santesmasses D，White L，Sarangi G K，Mariotti M，Hübler R，Weihmann A，Parra G，Gladyshev V N，Guigó R，Castellano S. SelenoDB 2.0：Annotation of selenoprotein genes in animals and their genetic diversity in humans [J]. Nucleic Acids Research，2014 (42)：D437 – D443.

[34] Santesmasses D，Mariotti M，Gladyshev V N. Bioinformatics of selenoproteins [J]. Antioxidants & Redox Signaling，2020，33 (7)：525 – 536.

[35] Schmidt R L，Simonović M. Synthesis and decoding of selenocysteine and human health [J]. Croatian Medical Journal，2012，53 (6)：535 – 550.

[36] Scholz R W，Hutchinson L J. Distribution of glutathione peroxidase activity and selenium in the blood of dairy cows [J]. American Journal of Veterinary Research，1979，40 (2)：245 – 249.

[37] Seeher S，Mahdi Y，Schweizer U. Post‑transcriptional control of selenoprotein biosynthesis [J]. Current Protein & Peptide Science，2012，13 (4)：337 – 346.

[38] Stowe H D，Herdt T H. Clinical assessment of selenium status of livestock [J]. Journal of Animal Science，1992，70 (12)：3928 – 3933.

[39] Sunde R A，Sunde G R，Sunde C M，Sunde M L，Evenson J K. Cloning，sequencing，and expression of selenoprotein transcripts in the turkey (*Meleagris gallopavo*) [J]. PLoS One，2015，10 (6)：e0129801.

[40] Thomson C D. Assessment of requirements for selenium and adequacy of selenium status：A review [J]. European Journal of Clinical Nutrition，2004，58 (3)：391 – 402.

[41] von Stockhausen H B. Selenium in total parenteral nutrition [J]. Biological Trace Element Research，1988 (15)：147 – 155.

[42] Wang Y，Zhang X，Wang T，et al. A spatial study on Keshan disease prevalence and selenoprotein P in the Heilongjiang Province，China [J]. International Journal of Occupational Medicine and Environmental Health，2021，34 (5)：659 – 666.

[43] Wichtel J J，Keefe G P，Van Leeuwen J A，et al. The selenium status of dairy herds

in Prince Edward Island [J]. The Canadian Veterinary Journal, 2004, 45 (2): 124 - 132.

[44] Xia Y, Hill K E, Byrne D W, et al. Effectiveness of selenium supplements in a low - selenium area of China [J]. The American Journal of Clinical Nutrition, 2005, 81 (4): 829 - 834.

[45] Xia Y M, Hill K E, Burk R F. Biochemical studies of a selenium - deficient population in China: Measurement of selenium, glutathione peroxidase and other oxidant defense indices in blood [J]. The Journal of Nutrition, 1989, 119 (9): 1318 - 1326.

[46] Zupanic A, Meplan C, Huguenin G V, Hesketh J E, Shanley D P. Modeling and gene knockdown to assess the contribution of nonsense - mediated decay, premature termination, and selenocysteine insertion to the selenoprotein hierarchy [J]. RNA, 2016, 22 (7): 1076 - 1084.

第四章　硒在农业动物养殖
生产中的应用

随着现代社会经济发展，大多数养殖场为了追求更高的经济效益，过度重视畜禽生长速度，而忽略了畜禽的健康状况，导致畜禽长期处于亚健康状态。硒是动物生理必需的微量元素之一，也是畜禽生长不可缺少的营养元素。硒具有抗氧化、提高免疫力、促进生长等功能，在动物体的生长、发育、免疫机能及抗氧化功能等方面发挥着十分重要的作用。当畜禽体内缺硒时会产生各种疾病，如白肌病、生殖障碍和发育不良。在饲料中补充硒，可以显著提高畜禽的生长性能和饲料转化率，实现饲料和饲料添加剂的优质化，进而生产优质富硒畜禽产品。因此，饲料中补硒已成为必要的措施。本章将重点介绍硒在主要农业动物（猪、鸡、牛和水产动物）养殖生产中的应用和作用。

第一节　硒在生猪养殖中的应用

一、生猪日粮对硒的需求

自然条件下，配合日粮中的硒无法满足动物对硒的需要，必须在日粮中额外添加。早在 1974 年，美国食品药品管理局（Food and Drug Administration，FDA）批准在所有猪日粮中添加硒，添加水平为 0.1mg/kg 日粮干物质。由于该添加水平并不能防止断奶仔猪出现缺乏症，1982 年，FDA 批准将硒添加水平提高到了 0.3mg/kg（20kg 以上的断奶仔猪），此后这一标准一直应用到现在，允许在所有猪的日粮中添加最多 0.3mg/kg 的硒，这一添加水平基于组织硒浓度、硒平衡以及批准时间因地区不同而有所不同。例如，1975 年，丹麦规定的猪日粮中的硒添加量是根据猪和细胞谷胱甘肽过氧化物酶（Glutathione peroxidase，GPX）活性而确定的。其他国家也相继批准在猪日粮中添加硒（水平为 0.1mg/kg），并于 1991 年作了上调，开始日粮上调到 0.4mg/kg，生长和肥育猪日粮以及繁殖母猪和公猪日粮上调为 0.22mg/kg。目前，多数国家允许在猪日粮中添加最高 0.5mg/kg 的硒。除了日粮中直接添加硒之外，一些国家，如芬兰和新西兰，也通过在土壤中施用硒肥的方法提高饲料作物中的硒含量，进而使动物从这些饲料作物中摄取更多的硒。

尽管目前普遍推荐的在猪日粮中的硒添加水平为 0.3mg/kg，但这是不是最佳硒摄入量还有待进一步确定。在生产实践中确定猪的最佳硒需要量存在一些困难：①应激条件下获得的结果不一定适用于商业高应激条件。②由于硒是抗氧化防御的重要组成部分，其需要量可能会因日粮类型以及日粮中其他抗氧化剂水平的不同而不同。③猪的品种和基因型不同，其生理状态和生产力不同，对应激的敏感性也不同，因而从生产力中等的动物身上获得的数据并不适用于生产力高、对应激敏感的动物。④评估标准不统一导致获得的结果差异很大，硒需要量多数是基于血浆、全血、组织中的硒水平和 GPX 活性确定的。但是，GPX 只是在动物和人体中发现的 25 种硒蛋白中的一种，很可能并不是评估硒需要量的最佳指标，因此，有必要进一步寻找更为灵敏地确定硒需要量的生理指标。⑤在大多数研究中，硒需要量是基于日粮中添加亚硒酸钠形式的硒确定的，但现在人们知道，有机硒具有更高的生物利用效率，而且可以在组织中形成硒储备，在这种情况下，基于动物硒需要量而确定的日粮硒添加量应该与无机硒不同。⑥动物在特定生理阶段（围产期）以及处于应激状态时，对硒的需要量提高。低硒日粮补硒对猪生长发育的各个方面都有影响，且可能受多种因素影响。例如，在缺硒和维生素 E 含量低的母猪日粮中添加不同水平的硒（0～0.1mg/kg），发现在 4 周后，补硒对仔猪的平均日增重、采食量和饲料转化率没有显著影响，而血清 GPX 活性随补硒水平的增加呈线性上升，血清硒浓度与 GPX 呈显著的正相关。根据肝脏 GPX1 和血浆 GPX3 活性的断点回归分析表明，断奶仔猪的硒需要量为 0.3mg/kg 日粮。在猪的不同部位，GPX1 和 GPX4 之间的相对活性分布不同，而且随年龄发生变化。对 1、28 和 180 日龄硒充足公猪 8 种不同组织的 GPX1 和

GPX4 的分析表明，大多数组织中 GPX4 的 mRNA 表达和活性随年龄增加而增加，1 日龄至 28 日龄公猪 GPX1 活性的提高幅度高于 GPX4，在 0.2mg/kg 基础上逐渐提高硒添加量到 0.5mg/kg 并没有显著影响 GPX 的活性，因此，断奶仔猪饲粮中 GPX1 和 GPX4 在不同组织中的全活性表达对硒的需要量为 0.2mg/kg（Lei 等，1998）。目前，猪的硒需要量的推荐范围是 0.15～0.3mg/kg，但在商品猪生产系统中应根据应激水平的提高而增加。事实上，仅从生理指标来看，生长猪的硒需要量是相当低的，以血清 GPX 活性作为标准，生长阶段猪日粮中的硒添加水平为 0.1mg/kg 时即可满足，育肥阶段猪日粮中的硒添加水平为 0.05mg/kg 时即可满足；当饲喂亚硒酸钠时，生长猪血清 GPX 活性在日粮硒水平为 0.1mg/kg 时达到平台期，而饲喂富硒酵母时，则需要日粮硒水平为 0.3mg/kg 时达到平台期，但在育肥期两种硒源使血清 GPX 活性达到平台期所需的硒水平均为 0.1mg/kg。在长白母猪的大麦—燕麦型基础日粮中设置 0.1mg/kg、0.5mg/kg 和 0.9mg/kg 三个补硒水平，以血浆 GPX 活性作为评价指标，结果表明，妊娠和非妊娠母猪的硒需要量为 0.5mg/kg，而且妊娠母猪的死胎率在该水平时最低。

二、硒在母猪和新生仔猪上的应用

母猪受到生产上的应激之后，机体氧化应激系统受到影响，导致母猪体内脂质过氧化反应增强，细胞膜、DNA、蛋白质结构发生改变，最终影响细胞的结构和功能的完整性。硒作为体内抗氧化酶谷胱甘肽过氧化物酶的组成成分，可通过清除体内的自由基而发挥抗氧化损伤作用，防御生物大分子的氧化应激反应。硒对母畜繁殖性能的影响包括母畜的发情规律、受胎率、产仔数、泌乳能力和仔畜成活率等。缺硒导致母猪发情无规律或不发情，受胎率降低，易产生死胎或弱胎，泌乳减少，严重时出现蹄甲脱落等缺硒症状。有研究表明，母猪血清中抗坏血酸的水平在妊娠的最初 60～80d 相对稳定，随后其浓度开始下降，并在临近分娩时下降得更快，与此同时 GPX 活性也在下降。日粮补硒是维持母猪抗氧化防御以及预防母猪妊娠后期氧化应激对胎儿的生长和健康以及仔猪的产后生长产生负面影响的重要手段（Zhao 等，2013）。当饲喂基础日粮时，母猪血清 GPX 活性从产前 6d 开始下降，并在整个哺乳期保持在较低水平，母猪日粮中添加硒可使产后 7d 和 14d 母猪血清硒浓度和血液 GPX 活性升高（Mahan，2000）。与饲喂补硒日粮的母猪相比，饲喂低硒日粮的母猪在妊娠期间全血和肝脏中的硒浓度降低，随着妊娠过程的发展，尽管两个处理的胎儿肝脏硒含量都降低，但低硒日粮饲喂的母猪胎儿肝脏硒含量的下降幅度更大（Hostetler 等，2004）。此外，饲喂低硒日粮的母猪胎儿尽管 GPX 活性没有降低，但肝脏中脂质过氧化水平升高，这可能说明除 GPX 以外的硒蛋白受到了影响，从而降低了胎儿对氧化应激的抵抗力。

母猪日粮硒缺乏时产仔数降低，仔猪死亡率增加。硒和维生素同时缺乏时，母猪生产的后代出生时生活力弱，母猪自身哺乳能力低。低硒母猪日粮中添加 0.1mg/kg 的硒能提高产仔数、产活仔数和断奶仔猪数，仔猪新生和断奶时的平均窝重也较高。Pehrson 等（2001）报道，即使母猪饲料中添加无机硒 0.35mg/kg，新生仔猪血清中 GPX 的活性在出生后第一周也升高，提示新生仔猪的硒状况对它们的健康十分重要。

在胎儿—新生儿过渡期间和出生时，与组织中 O_2 分压升高相关的循环和呼吸变化，加上刚出生时幼稚的抗氧化系统，会导致新生仔猪极易遭受严重的氧化应激。当新生仔猪暴露在高氧环境时，抗氧化防御能力降低游离铁的水平提高，因而产生剧毒的羟基自由基。由于胎盘转移有限，仔猪刚出生时组织维生素 E 水平较低。随妊娠的发展，胎猪逐渐失去了合成维生素 C 的能力，仔猪在出生后第 1 周内几乎不合成维生素 C，完全依赖于胎盘转移的维生素 C 和初乳中提供的维生素 C。因此，氧化应激是妊娠母猪和新生仔猪的主要关注点，提高母仔猪在这些关键期的抗氧化防御能力，对它们的健康、生产性能和繁殖性能具有重要意义。仔猪出生后第 1 周是抗氧化系统发育最重要的时期，仔猪血浆中维生素 E 水平和 GPX 活性在出生时很低，但到 3 日龄时可显著上升（Loudenslager 等，1986）。仔猪血浆中 SOD 活性在出生后第一周显著升高，血浆脂质蛋白质的氧化显著降低，从猪乳中获得重要的抗氧化剂硒是提高新生仔猪抗氧化防御能力的重要途径。初乳中硒含量在母猪间差异较大，但与常乳相比水平较高，产后 1 周，母猪乳中硒的浓度下降 68%。猪乳中硒的含量随着胎次的增加而下降，这表明年龄较大的母猪所生的小猪在出生时和出生后早期发育过程中可能面临更大的氧化应激风险，随着产次的增加，母猪可能需要更多的硒来维持它们的体况，以保证这些重要的抗氧化剂能够有效地转移给后代。

新生仔猪的消化系统还不成熟，但在出生的头几周内快速地发育。因此，初乳和常乳是促进这一发育过程必需的营养素来源。现实生产中，一般采用母猪临产前免疫接种使乳汁中的抗体水平发生改变，所以生产中采用怀孕后期的经产母猪接种疫苗来提高抗体水平。另外，可通过提高营养水平来提高哺乳母猪乳汁的营养成分，促进仔猪生长发育。如前所述，抗氧化剂硒可通过初乳从母猪传给子代来支持仔猪的抗氧化防御。此外，新生仔猪的免疫系统不成熟，自身主动免疫的发展可能需要几周的时间，因此对各种病原体极为敏感。在这一敏感时期，初乳和常乳中的抗氧化剂发挥着重要的免疫调节作用。环境温度是影响仔猪生长发育的重要因子。由于仔猪出生时体内脂肪储备仅占体重的 1%，体温调节反应是维持仔猪体温的关键。仔猪的体温调节依赖于甲状腺激素功能，硒作为碘甲腺原氨酸脱碘酶的一部分，参与了仔猪甲状腺激素的激活和体温调节。

三、硒在断奶仔猪上的应用

断奶对仔猪来说会面临一系列应激，包括离开母猪和原有仔猪产生的应激；饲料从液态奶转变为固态日粮引起的消化生理和免疫状态的变化；转移到新的环境（猪舍温度的改变、不熟悉的仔猪、可能过度拥挤）引起的应激。因此，顺利断奶是仔猪从断奶后到屠宰的整个生长过程能够高效利用饲料以及高效生长的关键。仔猪开始断奶后，机体的硒储备会发生变化，血清和组织中的硒浓度下降。这些储备取决于猪乳的摄入量和乳中硒的浓度以及提供的代乳料中的硒状况。断奶后仔猪的食欲一般都很低，伴随着其他应激，这些储备也会下降。研究表明，在这一关键时期，硒缺乏在许多养殖场普遍存在，可能导致断奶后死亡率的增加。缺硒会影响断奶仔猪的生长发育，断奶仔猪体型越大、生长速度越快，越容易发生猝死。如果体内硒储备不足，断奶应激会加剧缺硒。因此，一些研究建议 21 日龄断奶仔猪在断奶后 2 周左右需要补充 0.5mg/kg 的硒，此后硒添加量降低到 0.35mg/kg。

补硒对断奶仔猪的生产性能具有明显的促进作用，且有机硒效果显著优于无机硒。研究报道，在日粮中添加浓度在 0～1mg/kg 的亚硒酸钠，仔猪生长性能随着添加浓度先增加后降低，浓度在 0.2～0.5mg/kg 时生产性能最高。蔡世林等（2020）研究发现断奶仔猪饲粮中添加 0.3～0.6mg/kg 硒酵母能提高断奶仔猪的养分消化率和血清抗氧化力，降低了料重比。罗霄等（2015）研究发现三元杂交仔猪硒酵母的最适添加量为 0.30mg/kg。此外，王丹等（2022）研究发现，相比于相同浓度的亚硒酸钠，添加 0.3mg/kg 的硒酵母和富硒植物碎米荠能显著提高 28 日龄断奶仔猪的平均日增重，降低料重比，不影响采食量。有机硒优于无机硒的作用可能与改善了仔猪的免疫能力有关。研究表明，日粮中添加适量的微量元素硒制剂，能够增强血液中淋巴细胞的转化率及其免疫功能。硒存在的不同化学形式在动物体内的消化、吸收、转化、代谢等方面存在差异，有机硒能更好地发挥影响免疫的作用。有研究发现在体液免疫上，有机硒和无机硒相比，有机硒更有利于提高仔猪血清中的 3 种免疫球蛋白 IgG、IgA、IgM 的浓度，尤其以 IgA 极显著增加。在细胞免疫功能上，有机硒极显著增强了 T 淋巴细胞的转化率。

四、硒在生长育肥猪上的应用

随着生活质量的提高，人们对猪肉品质有了更高的要求，有保健价值、具有更好嫩度、风味和多汁性的猪肉成为人们消费的新需求。评价猪肉品质的重要指标包括肉色、肌内脂肪、滴水损失和 pH，它们分别代表肌肉的色泽、口感、保水能力以及体内糖酵解的速度。硒元素是必需微量元素，不能在体内自行合成，只能从饮食中获取，在我国许多地区的土壤中存在严重缺硒的现象，且长期缺硒会引发人类的一些疾病，因此，在人们健康意识不断提高的大环境下，富硒产品越来越受到关注，比如富硒茶、富硒大米、富硒鸡蛋、富硒肉制品等。猪肉是我国居民最大的肉类消费品种，通过提高猪肉的硒含量来满足人们对硒的摄入需求具有重要意义，因此，富硒猪肉也成为当今的研究热点。

早在 20 世纪 90 年代，人们已经发现硒能够促进肥育猪的生长并改善猪肉品质。研究发现，有机硒可以显著提高生长育肥猪的瘦肉率，并且能显著降低背膘厚度，增加眼肌面积（Calvo 等，2017）。后续更加深入的试验证明，硒对各个生长阶段猪的生长发育都有促进作用，最终得到更高的屠宰率和更好的肉质。刘孟洲等（2016）对 40 头体重在 95～100kg 的育肥后期的长大二元猪进行富硒饲料饲喂发现，富硒饲料喂猪可使猪日增重比低硒饲料多 111g，23 天多增重 2.56kg，且屠宰率显著提高。富硒饲料所饲喂的猪屠宰后肉色鲜红，亮度、黄度较强，24h pH 稳定，肌肉组织中硒含量为 0.214 8mg/kg，符合国家标准。在另一组试验中发现，硒酵母能显著提高猪肉的肉色评分和肌内脂肪含量，滴水损失显著降低，对肌肉 pH 没有显著影响。有研究表明，在育肥猪日粮中添加 0.1～0.3mg/kg 硒酵母可提高机体抗氧化力，显著减少育肥猪肌肉的滴水损失，提高猪肉 pH，改善肉色，从而改善肉质，有助于延长猪肉货架期（杨景森等，2020）。

五、硒在种公猪上的应用

种公猪的生产性能取决于其精子的质量。公猪精子的特征是对脂质过氧化高度敏感，其在结构和化学成分上比较独特，因为其膜的磷脂部分含有大量多不饱和脂肪酸，这些细胞特征反映了其细胞膜对高流动性和灵活性的特殊需求，这是精子与卵子融合所必需的。抗氧化系统是维持精子膜完整性、活力和受精能力的重要因素。天然抗氧化剂，如谷胱甘肽和抗氧化酶、超氧化物歧化酶和谷胱甘肽过氧化物酶在哺乳动物精液中建立了一个完整的抗氧化系统，它们共同保护精液不受自由基和有毒产物的伤害。

硒对精子质量的重要作用在 20 世纪 80 年代初就被证明。在轻度硒缺乏的情况下，硒会被优先保留在睾丸中，在哺乳动物的所有组织中，睾丸中的硒含量最高。静脉注射硒后，硒在肾脏中含量最高，其次是精囊和睾丸。机体硒缺乏与精子细胞和精子形态改变有关，随后成熟生精细胞完全消失。由缺硒而导致的精子发生破坏在包括猪在内的多种动物中均有报道。

GPX4 在精子中还起着特殊的结构蛋白的作用，硒缺乏导致的 GPX4 降低会影响精子尾部的完整性和形态，从而影响精子的活力、成熟精子细胞的数量和睾丸精子储备。维生素 E 可提高精子浓度，但对精子细胞结构异常没有影响。因此，硒与维生素 E 相比似乎发挥着更大作用，对于精子发育和成熟是必不可少的。公猪日粮中添加硒与添加维生素 E 相比，精子数量和浓度更高，异常精子数量减少，精子具有更高的活动能力，更高的受精能力，母猪的受精率也较高。日粮添加硒的公猪与添加维生素 E 的公猪相比有更多的精子储备，而且日粮加硒与不加硒相比精子质膜与尾部的连接更加紧密，精子中 ATP 浓度更高，而且高于添加维生素 E 时的水平。Jacyno 等（2010）研究发现，与无机硒相比，添加有机硒对猪的射精量和活动精子百分率没有影响，但提高了精子的数量和浓度，顶体正常的精子比例较高，有轻微或严重形态异常的精子比例较低。Martins 等（2015）研究表明，与添加亚硒酸钠相比，日粮添加硒酵母显著提高了冷冻精液的 GPX4 活性，不影响 72h 内冷冻精液的存活率，显著降低了精子头部畸形率。日粮添加 0.6mg/kg 的有机硒提高了猪精液的硒水平、GPX 活性、谷胱甘肽/氧化谷胱甘肽的比值以及总抗氧化能力。这些数据表明，有机硒提高精子质量的效果可能优于无机硒。需要注意的是，日粮硒添加对公猪繁殖是否有影响或影响程度与日粮中硒的基础水平直接相关。基础日粮硒水平相对较低（0.06～0.07mg/kg）时，睾丸结构出现了特征性的有害变化。

毋庸置疑，硒对精子的抗氧化保护是通过提高硒依赖抗氧化酶的活性来实现的，尤其是 GPX4，精子中 GPX4 受日粮硒状况的影响，日粮有机硒添加可提高精子中 GPX4 的 mRNA 水平。但也有研究表明，日粮缺硒时，附睾仍然可以有效地抵御不断增加的过氧化条件，缺硒动物的附睾头部显示了有限的脂质过氧化物的产生，总的 GPX 活性没有受到硒供应缺乏的显著影响，并且观察到非硒依赖性的 GPX5 的 mRNA 和蛋白水平的增加（Vernet 等，1999）。

六、有机硒和无机硒在生猪生产上的应用

目前，猪日粮中硒的添加主要以无机硒（亚硒酸钠）和有机硒（如硒

酵母、硒代蛋氨酸等）为主。然而，在猪的日粮中使用亚硒酸盐也有很多局限性，如毒性较高、具有促氧化作用、无法在体内建立和维持硒储备、向动物产品转移的效率低以及与其他矿物质的相互作用等。将母猪日粮中的亚硒酸钠的水平从 0.1mg/kg 提高到 0.9mg/kg 时，母猪临产时平均血硒浓度、初乳平均硒浓度以及新生仔猪平均血硒浓度只是适度增加。日粮中补充有机硒可很好地避免上述问题。动力学试验研究表明，硒代蛋氨酸的小肠吸收率高于亚硒酸钠（98％对 84％），肝脏对吸收后硒代蛋氨酸的摄取速度快于亚硒酸钠，粪便排泄量低于亚硒酸钠（4％对 18％），尿排泄量低于亚硒酸钠（11％对 17％），总排泄量低于亚硒酸钠（15％对 35％），硒代蛋氨酸在体内的存留时间高于亚硒酸钠（363 天对 147 天）（Duntas 等，2015），表明硒代蛋氨酸的生物利用效率及再利用效率要高于亚硒酸钠。因此，从营养学的角度讲，富含硒代蛋氨酸的有机硒更应该作为硒的一种营养形式，因为它可以更有效地维持机体最佳的硒营养状况，而亚硒酸钠更应该作为一种药物来治疗硒缺乏。与其他动物物种相似，有机硒在猪营养中的重要性，主要来自两个方面：首先，有机硒可以在组织中建立硒储备，这些硒储备在应激条件下可以用来维持和提高机体的抗氧化防御能力；其次，有机硒可以通过胎盘、初乳和常乳将硒有效地从母体转移到胎儿和新生仔猪。

母猪在分娩前 60d 开始饲喂 0.1mg/kg 和 0.3mg/kg 的亚硒酸钠或硒酵母直到 21 日龄断奶，结果表明，硒酵母中的硒可更有效地通过胎盘转运，使新生仔猪肾脏和肝脏中的硒含量更高；硒酵母中的硒可更有效地转移到初乳和常乳中，使仔猪断奶时肾脏硒浓度更高（Mahan 等，1996）。尽管将无机硒从 0.1mg/kg 提高到 0.3mg/kg 也提高了新生仔猪肾脏和断奶仔猪肾脏的硒含量以及乳硒含量，但有机来源的硒的提高效果更为显著。与无机硒添加相比，添加有机硒使泌乳第 7d 和第 14d 的乳硒含量提高了 2.5～3 倍（Mahan，2000）。Mahan 等（2004）对母猪日粮添加有机硒和无机硒的比较研究表明，硒酵母中的硒可更有效地转移到初乳、常乳和母猪毛中；与 0.3mg/kg 亚硒酸钠相比，相同硒水平的硒酵母添加显著提高了母猪肝脏、肾脏和胰腺中的硒水平，硒酵母添加的新生仔猪肝脏和肾脏的硒水平是亚硒酸钠添加的新生仔猪的 2 倍。进一步对新生仔猪全身硒含量的研究发现，母猪日粮未添加硒时新生仔猪全身硒含量为 0.075mg/头，添加 0.15mg/kg 亚硒酸钠后为 0.079mg/头，添加相同剂量的硒酵母后为 0.123mg/头，提高了 56%；当母猪日粮硒添加水平提高到 0.3mg/kg 时，硒酵母添加使新生仔猪全身硒含量增加近 1 倍，达到 0.2mg/头，而同剂量亚硒酸钠添加仅仅使新生仔猪全身硒含量提高到 0.1mg/头。这些研究数据表明，有机硒可以更有效地通过胎盘转移给胎儿，从而维持发育中胎儿以及刚出生仔猪的硒营养状况，同时有机硒可以更有效地通过乳腺组织转移到初乳和常乳中，较高的乳硒浓度可以改善仔猪从出生到断奶时的硒状况，有助于降低养殖中经常遇到的断奶后死亡的发生率。由于硒代蛋氨酸可以通过非特定的方式取代乳蛋白中的蛋氨酸，因而可以提高猪乳中的硒含量，这和有机硒提高鸡蛋以及牛奶中硒含量遵循相同的原理。对牛奶中硒存在形式的研究发现，硒含量的增加主要以硒代蛋氨酸的增加为主。奶牛日粮以 0.14mg/kg 的硒酵母取代亚硒酸钠，可将牛奶中硒代蛋氨酸形式的硒从 36ng/g 干样提高到 111ng/g 干样，随着硒酵母的取代率进一步提高到 0.29mg/kg，牛奶中硒代蛋氨酸形式的硒进一步增加到 157ng/g 干样（Phipps 等，2008）。日粮添加有机硒可显著提高猪乳中的硒含量，大约是添加无机硒的 2.5～3 倍，而且显著提高了 7 日龄和 14 日龄仔猪血清中的硒含量。

　　Fortier 等研究了日粮硒源对初产母猪胚胎发育的影响，试验从母猪发情开始到人工授精后 30d，结果表明，与亚硒酸钠相比，硒酵母添加提高了子宫向胚胎的硒转移，并促进了胚胎的发育，整窝和单个胚胎的含硒量分别提高了 63% 和 52%，硒酵母添加母猪胚胎的长度、重量和蛋白质含量均大于亚硒酸钠添加。这些研究结果表明，日粮有机硒能有效地将硒转移到胚胎以及促进随后胚胎在妊娠早期的发育。Dalto 等（2015）研究发现，饲喂 0.3mg/kg 硒酵母或亚硒酸钠的受孕母猪的扩张囊胚中有 96 个差异表达基因。Hu 等（2011）研究不同硒源对母猪血清和乳硒浓度以及抗氧化状态的影响，试验从妊娠的最后 32d 持续到哺乳期第 28d，在基础日粮（硒含量为 0.042mg/kg）上分别添加 0.3mg/kg 的亚硒酸钠和硒代蛋氨酸。结果表明，与亚硒酸钠相比，硒代蛋氨酸添加显著提高了母猪血清硒浓度以及初乳和常乳中的硒含量，而且母猪血清总抗氧化能力

（Total antioxidant capacity，T - AOC）显著升高，丙二醛（Malondialdehyde，MDA）水平显著降低，初乳和常乳中 T - AOC、GPX、超氧化物歧化酶（Superoxide dismutase，SOD）和谷胱甘肽（Glutathione，GSH）水平显著升高，MDA 水平显著降低，说明有机硒添加可更有效地提高母猪的抗氧化防御能力，而这对于在分娩和断奶这两个母猪生命中最敏感时期的健康至关重要。Zhan 等（2011）研究了母猪日粮硒代蛋氨酸添加对仔猪硒营养状况和抗氧化功能的影响，硒代蛋氨酸添加不仅显著提高了初乳和常乳中的硒含量以及 28 日龄断奶仔猪血清、肝、肾、胰腺、肌肉、胸腺和甲状腺中的硒含量，而且提高了仔猪肝脏、肾脏、胰腺、肌肉和血清中的 GPX 活性和 T - AOC，胰腺、肌肉和血清中的 SOD 活性以及肾脏、胰腺、肌肉和血清中的 GSH 水平，降低了仔猪肝脏、肾脏和胰腺中的 MDA 水平。Zhan 等（2011）还研究了母猪日粮硒代蛋氨酸添加对仔猪甲状腺代谢和消化酶活性的影响，硒代蛋氨酸添加提高了仔猪血清中的 T3 浓度，降低了 T4 浓度，提高了仔猪胰腺组织中蛋白酶、淀粉酶和脂肪酶的活性。血清 T3 水平的提高促进了蛋白质合成和能量产生，消化酶活性的提高改善了对营养物质的利用，这可能是仔猪从出生到断奶日增重显著增加的原因。

目前，母猪繁殖中硒的母体效应的研究都没有显示出用有机硒取代无机硒对母猪及其后代生产性能和繁殖性能的优势，但这不代表没有优势，原因可能有以下几个方面：①试验研究中通常使用的动物数量较少，因而无法显现母猪繁殖性能或子代生长发育可能存在的差异；②在动物数量较少的实验条件下，母猪或仔猪所受的应激会降低或消除，因而对抗氧化防御的需求不像实际生产过程中那么高；③母猪日粮添加硒源一般在妊娠80d 左右，短时间的处理可能无法显示出促进繁殖性能的效果。为数不多的研究探讨了无机硒和有机硒对断奶仔猪的影响。相比于无机硒，有机硒提高了平均日增重，降低了腹泻发生率，每千克体重增长的饲料成本降低了 11%。与亚硒酸钠相比，在生长猪日粮中添加硒酵母显著增加了硒在体组织内的存留量。研究发现，在屠宰前 60d，猪日粮中添加高水平的维生素 E 和有机硒改善了屠宰后第 7d 猪肉的颜色，维生素 E 和有机硒对肉色的积极影响与降低猪肉的脂质过氧化水平有关。事实上，生长猪饲喂亚硒酸钠会增加肉的滴水损失，但有机硒代替亚硒酸钠可有效避免这一问题。

第二节　硒在家禽养殖中的应用

硒是家禽营养中的一种必需微量元素。尽管现代家禽生产中严重硒缺乏导致的疾病已很少发生，但在应激期间，日粮硒供应不足和抗氧化防御能力下降可能会导致家禽的免疫功能、生产性能和繁殖性能下降。现代遗传学技术在家禽生产中的应用不断改善着蛋鸡的产蛋性能和肉鸡的生长性能，但高产蛋率和高生长率也给家禽带来了对各种应激的高度敏感性，因此对日粮营养和管理提出了更高的要求。美国国家研究委员会（National Research Council，NRC）推荐的家禽硒需要量主要是基于维持、生长和生产需求确定的，但如果考虑到动物的健康和动物产品中硒的含量，实际需要量可能更高。有证据表明，家禽发挥最优免疫功能所需的硒远高于生长发育所需的硒。因此，满足现代家禽生产对硒的需求是进一步优化家禽生产性能的重要措施之一。随着更多硒蛋白在家禽体内的发现和表征，将有助于更好地揭示硒在家禽营养中的作用。已知在家鸡中有 26 种基因编码不同的硒蛋白，其中一半以上的已知硒蛋白直接或间接参与机体的抗氧化防御和细胞的氧化还原平衡，对动物的肠道健康、生殖以及免疫功能具有重要的调节作用。饲料原料（如小麦、大麦、玉米和大豆）中均含有硒，且主要以有机形式存在。然而，由于大多数地区土壤中的硒浓度很低，饲料原料中的硒浓度也很低，不能满足动物对硒的需要，因此自 20 世纪 70 年代起在动物饲料中开始添加硒。饲料中添加的硒一般分为有机和无机两种形式，无机硒主要是硒酸盐和亚硒酸盐，价格较低，在家禽生产中广泛应用。有机硒主要是富硒酵母。无机硒在家禽营养中的应用存在一些问题，包括硒酸盐和亚硒酸盐在饲料中的相互作用可能导致亚硒酸盐被还原为不可吸收的元素硒；饲料中水分活度较高时，亚硒酸盐可能溶解为亚硒酸蒸发而损失；亚硒酸盐的促氧化效应可能对家禽肠道健康产生不利影响；亚硒酸钠形式的硒向鸡胚的转运能力较低，可能影响孵化率和新生雏鸡的存活率；亚硒酸钠在机体中主要以硒代半胱氨酸形式转移至硒蛋白中，几乎不能建立硒储备，因此不能满足应激条件下的硒需求增加；另外，亚硒酸钠可能导致动物中毒。相比之下，有机硒能更好地避免上述问题，并在提高家禽精子质量、受精卵孵化率、蛋品质以及肉品质等方面具有优势。

一、硒与种公鸡精子质量

硒对种公鸡的生殖功能至关重要，尤其是在确保精子质量和繁殖力方面。由于精液中含有大量多不饱和脂肪酸，容易发生脂质过氧化。研究发现，在体外储存过程中，种公鸡精液的总脂含量和磷脂比例会显著降低，同时正常精子数量减少。特别是花生四烯酸，在储存过程中容易发生氧化，导致精子质量下降。硒蛋白 GPX 在禽类的精液和精子中均有表达，对保护精子免受氧化损伤至关重要。硒不足时，补充硒可以提高精液和精子的 GPX 活性，从而减少精子氧化损伤。在热应激条件下，补充有机硒可以显著提高精液中的 GPX 活性，减少脂质过氧化，改善精子质量。此外，硒缺乏会影响公鸡生殖器官的结构和功能，导致精子颈部受损或断裂。日粮中添加有机硒可以提高精子质量和受精能力，尤其在应激条件下更为显著。因此，有机硒是保证种公鸡精子质量和繁殖力的关键营养素。

二、硒与种母鸡

确保蛋黄和鸡胚组织中足够的硒含量对于维持胚胎发育过程中的抗氧化能力，进而提升孵化率和雏鸡存活率具有重要意义。种蛋中的硒含量主要受母鸡日粮中硒的供应量和形态影响。硒在蛋黄和蛋清中的分布大致均衡，其中蛋黄中硒含量约占总硒的 58%，蛋清中约占 42%。硒代蛋氨酸是蛋清中硒的主要形式，占总硒的 53%～71%，而蛋黄中的硒代蛋氨酸含量较低，占 12%～19%。由于硒代蛋氨酸主要结合到蛋清中的蛋白质上，因此在蛋清中的含量较高。动物自身无法合成硒代蛋氨酸，需通过植物性饲料来获取，饲料中蛋氨酸含量增加可能会竞争性地减少蛋清中硒代蛋氨酸的沉积。硒在蛋黄中的沉积率为 13%～14%，在蛋清中的沉积率为 8%～9%。有机硒因其较高的吸收和转运效率，与无机硒相比，可以显著提高蛋黄和蛋清中的硒含量。在蛋鸡日粮中添加硒酵母可以显著提高蛋中的硒含量。研究发现，将 48 只蛋鸡随机分为三组，一组饲喂含 0.18mg/kg 硒的基础日粮，另外两组分别添加 0.3mg/kg 亚硒酸钠和硒酵母，结果显示硒酵母组蛋中的硒含量显著提高。此外，将施用硒肥生产的谷物作为蛋鸡日粮，也能显著增加蛋黄中硒和维生素 E 的含量。在不同硒添加水平（0.1mg/kg、0.3mg/kg 和 0.5mg/kg）的试验中，硒添加量与鸡蛋中硒含量呈剂量依赖关系，硒代蛋氨酸效果最显著，硒酵母效果次之，亚硒酸钠效果最不明显。在亚硒酸钠、硒酵母以及硒代蛋氨酸的不同添加效果比较中，硒添加可以提高蛋黄和蛋清中的硒含量，且有机硒（如硒酵母）在相同水平下比无机硒更有效。一些研究表明，硒代蛋氨酸向鸡蛋中转移硒的效率高于硒酵母，而羟基硒代蛋氨酸作为一种新型的有机硒源，其向鸡蛋中转运硒的效率比硒酵母高 28.8%。虽然有机硒的小肠吸收率较高，但化学结构的不同可能在转运效率差异中起主导作用。综上所述，有机硒尤其是硒代蛋氨酸和羟基硒代蛋氨酸等，在提高蛋黄和蛋清中的硒含量方面表现出较高的效率，特别是在背景硒浓度较低的情况下。

三、硒对种蛋孵化率以及新生仔雏的影响

胚胎死亡率是影响孵化率的重要因素，尤其是在孵化的第一周和第三周。在鱼油添加的同时添加硒酵母可以显著降低孵化第三周的胚胎死亡率，提高孵化率和 1 日龄雏鸡的体重。对俄罗斯白鹅的研究也显示，有机硒可以提高孵化率和新生雏鹅的体重。对珍珠鸡的研究中发现，添加适量的硒酵母（0.3mg/kg）可以使产蛋量提高 22.5%，受精蛋的孵化率相比于亚硒酸组提高了 10%。鸡胚组织中富含多不饱和脂肪酸，对脂质过氧化非常敏感。硒可通过母鸡日粮转移到蛋黄，进而转移到胚胎组织。硒依赖的 GPX 活性在胚胎发育的后半段持续增加，刚孵化出的雏鸡肝脏中的 GPX 活性是孵化前 10d 时的 3 倍。对肉用种鸡的研究发现，硒酵母或硒代蛋氨酸添加能显著提高肝脏和肾脏的硫氧还蛋白还原酶 1（Thioredoxin reductase 1，TXNRD1）活性以及肝脏 GPX1 和 TXNRD1 的 mRNA 水

平。因此，通过给母鸡补饲有机硒能增强种蛋以及胚胎组织的 GPX 活性，对于雏鸡孵化后最初几周的生存能力具有积极的影响。对野生鸟类蛋黄中硒含量的研究表明，测定结果变化范围为 394～2 238 ng/g（湿重），平均值为 1 040 ng/g（湿重），比家鸡蛋黄中的硒量高出近 10 倍。这些研究数据表明，提高家鸡鸡蛋以及蛋黄中硒含量的空间还很大，从而提高种蛋孵化率也存在一定的空间。

四、硒在商品蛋鸡生产中的应用

（一）硒对蛋鸡生产性能的影响

在蛋鸡生产中，有机硒的添加（0.3mg/kg）能有效提升产蛋量，并减少饲料消耗。在试验中，将 48 只商品蛋鸡随机分为三组，一组喂食基础日粮（含 0.18mg/kg 硒），另外两组分别添加 0.3mg/kg 的亚硒酸钠和硒酵母。结果显示，硒的添加不会影响饲料采食量、蛋重比和生产性能，但能显著提高蛋重、蛋壳重和蛋壳表面积，特别是硒酵母组的蛋壳破裂强度显著提高。通过施用硒肥生产的小麦和野生大麦杂交谷物日粮饲喂蛋鸡，虽然饲料消耗、蛋重和产蛋率与传统日粮无明显差异，但蛋黄中维生素 E 的含量以及肝脏和血浆的硒水平显著增加。在不同硒添加水平的饲养试验中，硒的添加提高了血清中的硒含量，但没有显著影响血清 GPX 活性。在比较不同硒源对蛋鸡的影响时，发现所有硒添加组均提高了蛋鸡的抗氧化防御能力以及肝脏、血浆、胸肌和腿肌中的硒含量，其中有机硒源在提高 GPX 活性和腿肌、胸肌中硒含量方面更为有效。另一项试验中，蛋鸡日粮中羟基硒代蛋氨酸的添加（0.2mg/kg）没有影响饲料采食量、蛋重和产蛋率，但改变了蛋黄中脂肪酸的组成，并提高了蛋黄中维生素 E 的含量。

（二）硒对蛋壳质量的影响

蛋壳主要由矿物质（约占 95%）和有机基质（约占 5%）构成，后者由蛋白纤维组成，并附着钙质和结晶物质。在蛋壳形成过程中，这些有机基质为盐类结晶提供框架，并促进钙质的栅栏状结构形成，增强了蛋壳的坚韧度，降低了破裂的风险。硒代蛋氨酸能与蛋白质结合，可能影响蛋壳的质量。实验表明，在蛋鸡日粮中添加有机硒能显著提高蛋壳的破裂强度，增加蛋壳的厚度，提高产蛋量和蛋黄重量。例如，当蛋鸡日粮中亚硒酸钠有一部分被有机硒替代时，蛋壳的重量和厚度有显著提升。研究还发现，相同水平的有机硒添加比亚硒酸钠添加能更显著提高鸡蛋的总重量、蛋壳厚度、哈氏单位和蛋黄及蛋清的重量。此外，鹌鹑日粮中添加高硒小麦能显著增加蛋壳的厚度。硒在蛋的不同部位都有分布，尤其在壳膜中的含量最高，几乎与蛋黄中的硒含量相当。在种蛋孵化过程中，蛋壳和壳膜中的硒浓度会有显著变化，但含有有机硒的蛋壳中硒浓度下降较少，这可能是因为蛋黄和蛋清中的硒含量足以支持胚胎发育。目前，硒对蛋壳和骨骼形成的影响的分子机制尚不完全清楚。但是，适宜的硒供应有助于保持骨骼的最大弹性模量，硒缺乏或过量则可能降低骨骼的生物力学强度。

（三）硒对鸡蛋新鲜度的影响

鸡蛋的新鲜度对于消费者的购买意愿至关重要，这一品质在储存过程中会逐渐下降。鸡蛋的新鲜度与蛋壳膜的组成和结构紧密相关，而哈氏单位则是评估鸡蛋新鲜度的常用指标。实验表明，为蛋鸡提供含有亚硒酸钠或硒酵母的日粮（0.3mg/kg）能够提高哈氏单位，这表明鸡蛋的新鲜度得到改善。然而，也存在一些研究未能观察到硒对哈氏单位的影响，这可能与母鸡的年龄、日粮成分和鸡蛋储存条件有关。在储存过程中，鸡蛋的脂质和蛋白质容易发生氧化，这通常会导致新鲜度下降。硒是许多硒蛋白，如 GPX、TXNRD 等的重要组成部分，这些蛋白具有抗脂质过氧化的作用。因此，在日粮中添加有机硒可提升鸡蛋中硒含量，从而保持硒蛋白酶的活性，有助于减缓储存期间脂质过氧化的进程。蛋白质的持水能力对于保持鸡蛋的新鲜度也至关重要。一旦蛋白质发生氧化，其持水能力就会降低。而甲硫氨酸亚砜还原酶能将氧化蛋氨酸转化为活性形式，这可能是对抗氧化应激对蛋白质结构和功能损害的关键。有机硒的添加有助于防止蛋白质在储存期间被氧化，从而保持其保水能力。综上所述，硒的添加对蛋鸡生产性能、蛋壳质量和鸡蛋新鲜度有积极影响，有助于提高鸡蛋的整体质量。

五、硒在肉鸡生产中的应用

硒是肉鸡生长不可或缺的微量元素，对动物机体的抗氧化系统有着重要作用。确保肉鸡获得适宜的硒营养有助于其合成足够的硒蛋白，从而有效抵御包括氧化应激在内的多种应激，保护肉鸡的健康。众多研究表明，硒的补充能增强肉鸡的抗氧化能力，尤其是有机硒的作用更为突出。硒对肉鸡的好处主要包括促进其生长、改善饲料转化效率、增强免疫功能、提升组织中硒的含量、增强肌肉的保水性、减少储存时的滴水损失，以及降低病毒感染率和死亡率。

（一）硒对肉鸡抗氧化防御功能的影响

肉鸡的快速生长使其对各种应激更敏感，因此，一个强大的抗氧化防御机制对于支持肉鸡生长和保持健康至关重要。研究显示，在 35 日龄的肉鸡日粮中添加 0.3mg/kg 面包硒酵母可以提升其红细胞、血浆和肝脏中的 GPX 活性。研究发现，与亚硒酸钠相比，硒酵母可以增强肉鸡的血清 GPX、T‐AOC 以及 SOD 活性，同时降低血清中的羟自由基生成和 MDA 含量。在 0.35mg/kg 的有机硒与无机硒的比较中，有机硒提高了全血和组织中的 GPX 活性。此外，添加硒代蛋氨酸可以提高血浆中的 SOD 和过氧化氢酶（Catalase，CAT）活性、GSH 浓度和 T‐AOC，并降低 MDA 产量。硒代蛋氨酸处理还提升了胸肌中的相关酶活性、金属硫蛋白和 GSH 含量，以及 T‐AOC，减少了羟基蛋白含量。最近的一项研究探讨了不同水平有机硒（$0\sim400\mu g/kg$）对商品肉鸡生长性能、肉品质、氧化应激和免疫反应的影响，结果显示硒添加降低了血浆脂质过氧化水平，提高了 GPX 和谷胱甘肽还原酶的活性，且淋巴细胞增殖率随着日粮中硒水平的增加而增加。在硒适宜的日粮中添加有机硒可以进一步提高肉鸡血浆、肝脏、肾脏、心脏和腿肌中的 GPX 活性。有机硒不仅提高了组织中的硒含量，而且降低了组织中的镉浓度，并提高了锌、铜和铁的浓度。在应激条件下，抗氧化功能可能降低，因此对硒的需求增加。有机硒的添加可以提高肌肉中的硒含量，作为应激条件下必要的硒储备。研究发现，日粮中添加有机硒，肉鸡肌肉中积累的硒可以在日粮硒摄入减少或补充停止后用于维持 GPX 活性。

（二）硒对肉鸡生长发育的影响

在肉鸡的日粮中加入硒元素对它们的生长、发育和健康有着显著的积极影响，这可能与硒蛋白的抗氧化作用、甲状腺激素的活化以及肠道健康和免疫力的提升有关。在面临病原体挑战时，肉鸡体内的许多营养物质会被重新分配以支持或激活免疫系统，而硒的免疫调节作用可以减少这种不必要的免疫系统激活，使更多营养物质用于生长和发育。硒的抗病毒作用，例如防止呼肠孤病毒引起的肠道损伤，可能有助于提高饲料中营养物质的利用效率。研究表明，硒的添加能够改善肉鸡的增重、饲料消耗，提高饲料转化效率，增加十二指肠的相对质量，并减少雏鸡的死亡率。多项研究结果表明，有机硒对肉鸡的生长发育产生的有益影响明显超过无机硒。例如，在基础日粮中添加 0.15mg/kg 的亚硒酸钠和硒酵母，可以使日增重提高 4.2％，饲料效率提高 9.8％，死亡率显著降低。在雏鸡的前两周日粮中添加有机硒或亚硒酸钠，改善了饲料消耗量和饲料转化率，增加了十二指肠的相对质量。一项针对 8 400 只雄性肉鸡的研究发现，用硒酵母部分替代亚硒酸钠（0.1mg/kg）可以提高日增重和饲料转化率。在商业肉鸡生产中，应激是一个常见的影响生产性能的因素。在应激条件下，增加日粮中抗氧化剂的添加可以减轻应激带来的不良影响。例如，在大肠杆菌刺激的免疫应激条件下，硒的添加组相比对照组体重增加，饲料转化率改善，死亡率降低，且有机硒比无机硒更能降低死亡率。在一项研究中，使用腐败油和霉变玉米替代正常油脂和玉米，并添加硒酵母，结果显示硒酵母的添加可以显著增加鸡的日增重。在热应激条件下，硒的添加可以提高平均日采食量、肝脏和胸肌中的硒浓度以及肝脏GPX 活性。当肉鸡受到冷应激并食用受黄曲霉毒素污染的饲料时，有机硒与维生素 E 的结合使用可以降低腹水发生率和肺动脉高压综合征的发病率，从而降低死亡率。同样，在热应激条件下，有机硒与维生素 E 的结合使用可以提高骨骼肌中的 GPX 和 SOD 活性，降低骨骼肌中的脂质过氧化水平。

（三）硒对肉鸡血液和组织硒浓度的影响

NRC 推荐的肉鸡日粮中硒的含量为 0.15mg/kg 干物质。评估硒的需求量已转向依据生化和分子生物标记物。如果以肝脏和血浆中的酶活性为评价标准，目前肉鸡的最低硒需求量被认为是 0.15mg/kg。然而，依据胰腺数据来评价，硒的需求量应提升至 0.2mg/kg。影响硒需求量的因素包括硒源、补充时间、研究的年份、鸡的品种、数量、年龄和性别、分析方法、组织类型等。研究表明，血浆中的硒含量与肝脏和肾脏中的硒含量呈正相关。全血中的硒含量也与肝脏、肾脏和蛋黄中的硒含量呈正相关。肝脏硒含量与胸肌、腿肌和肾脏中的硒含量也呈正相关。不同组织中硒的积累速率不同，腿肌、肝脏和肾脏的积累速率较高，而全血和血浆中的积累速率较低或几乎不发生积累。在一项肉鸡的研究中，不给硒、添加硒酵母和富硒藻类（硒含量 0.3mg/kg）的三组鸡在 42 日龄时，硒酵母组的胸肌硒浓度显著高于对照组，而富硒藻类组也有相似的效果。腿肌中的硒含量在硒酵母组和富硒藻类组中同样显著增加。在另一个肉鸡饲养试验中，添加不同水平的亚硒酸盐、硒酵母和羟基硒代蛋氨酸三种硒源，结果显示所有添加硒的处理组的肌肉硒含量均高于对照组，从低到高依次为亚硒酸盐、硒酵母和羟基硒代蛋氨酸。三种硒源的总硒消化率分别为 24%、46% 和 49%，有机硒和无机硒在消化率上存在显著差异。还有研究考察了三种硒源对肉鸡组织硒含量的影响，结果显示与对照组和亚硒酸盐组相比，有机硒源（硒酵母和羟基硒代蛋氨酸）在维持或提高胸肌硒含量方面更为有效。此外，羟基硒代蛋氨酸在组织中沉积硒代蛋氨酸和总硒的能力方面展现出独特性。

（四）硒对鸡肉品质的影响

硒对鸡肉品质的改善，尤其是其抗氧化作用和肌肉组织是否能储备硒，有着重要关联。硒代蛋氨酸是唯一能非特异性地结合到肌肉蛋白中的硒形式，这种结合程度取决于肌肉蛋白中蛋氨酸的含量以及日粮中硒代蛋氨酸的水平。无机硒不具备这样的结合能力。尽管硒代蛋氨酸形式的硒是唯一能在肌肉蛋白中沉积的硒，但肌肉中蛋氨酸的含量通常远超过硒代蛋氨酸，因此硒代蛋氨酸不会积累到毒性水平。人体骨骼肌中硒代蛋氨酸与蛋氨酸的比例约为 1∶7 000，鸡胸肌中大约为 1∶6 000。在冷冻保存的鸡肉中，脂质过氧化会导致异味，影响鸡肉品质。硒酵母的添加可降低冷冻保存 16 周后的鸡肉（胸肌和腿肌）中的脂质过氧化程度，其效果与维生素 E 相当。此外，硒代蛋氨酸形式的硒也能降低冷冻鸡肉的脂质过氧化水平，优于无机硒。

蛋白质氧化也会影响鸡肉品质，导致异味和持水能力下降。滴水损失是衡量蛋白质氧化程度的一个指标。研究表明，日粮中添加有机硒可减少鸡肉的滴水损失。研究表明，有机硒添加降低了肉用公鸡的滴水损失。在肉用种鸡上的研究也显示，有机硒添加未改变储存 24h 和 48h 后的鸡肉 pH，但减少了滴水损失。与无机硒相比，相同水平的有机硒降低了储存 24h 和 48h 后的鸡肉滴水损失。甲硫氨酸亚砜还原酶能防止蛋白质氧化，有机硒的添加提高了鸡肉中的硒含量，增加了肌肉中的甲硫氨酸亚砜还原酶活性，减少了蛋白质氧化，这可能是滴水损失减少的主要原因。

六、硒与家禽免疫

在家禽生产中，免疫应激是常见现象，它会降低动物的生产性能和繁殖能力。在此背景下，一些常量和微量元素的免疫调节特性对于家禽的健康和生产至关重要。营养不足或过剩都会对免疫功能产生不利影响。另外，免疫反应不足或被抑制也是问题所在，因为这不能充分保护家禽免受细菌、病毒等病原体的侵害。因此，免疫系统需要被调整到最佳状态，以便在不对家禽生产和繁殖造成重大影响的情况下发挥最大的保护作用。大量证据表明，硒是主要的免疫调节剂之一，免疫器官（如胸腺、淋巴结、脾脏）和免疫细胞（如嗜异性粒细胞、巨噬细胞、自然杀伤细胞、树突状细胞、肥大细胞、淋巴细胞）中均含有硒。硒的不足会导致免疫功能降低，增加病原体感染的风险。

（一）硒对吞噬细胞功能的影响

吞噬细胞在先天免疫中扮演着极为重要的角色。鸡的日粮中硒或维生素 E 的不足会导致腹腔巨噬细胞数量减少，并降低它们对红细胞的吞噬能力。同时，硒的不足还会降低中性粒细胞和巨噬细胞对酵母和细菌的细胞内杀伤能力。硒缺乏的粒细胞中，GPX 活性降低，不能有效消除 H_2O_2，而 H_2O_2 可能会对粒细胞中 NADPH 依赖的超氧阴离子生成系统造成损害，进而影响其活性。当抗氧化酶活性降低时，巨噬细胞的吞噬功能也会受到影响。硫氧还蛋白被确认为是一种淋巴细胞生长因子，可能在巨噬细胞与淋巴细胞之间的通讯中发挥关键作用。一系列体外实验表明，硒的添加可以增强中性粒细胞的趋化性、随机迁移以及超氧化物的生成，并增强巨噬细胞的吞噬作用，促进 TNF-α、IL-1β 和 IL-6 的生成。然而，硒的添加量过高可能会导致细胞硒蛋白酶活性降低，杀菌活性下降，甚至引起细胞死亡。有研究表明，每天摄入 182 ng 硒会降低人中性粒细胞的吞噬功能，而大于 5mM 的亚硒酸钠添加会导致巨噬细胞死亡。硒可以影响中性粒细胞中一氧化氮（Nitric oxide，NO）和热休克蛋白的基因表达，硒缺乏时会上调鸡嗜异性粒细胞热休克蛋白和诱导型一氧化氮合酶的 mRNA 水平，并提高 NO 水平。硒在炎症过程中可以促进抗炎和促炎氧脂生成的平衡，硒缺乏时会导致硒蛋白酶活性的降低，进而提高环氧合酶和脂氧合酶的基因表达，降低抗炎氧脂如脂氧素 A 和 9-氧代十八碳烯酸的生成。硒处理可以增强巨噬细胞中前列腺素 E2（Prostaglandin E2，PGE2）的水解，从而减缓炎症过程，硒还具有促进鸡树突状细胞的分化和成熟的作用。

（二）硒对抗体生成的影响

早在 1972 年，已有研究证实硒能够强化体液免疫反应，促进 IgM 和 IgG 抗体的产生。硒缺乏会影响肠道黏膜免疫功能，降低十二指肠黏膜分泌型 IgA 的含量，并增加如 IL-6 和 IFN-γ 等促炎细胞因子的水平。针对小鼠的研究指出，硒能够增强小鼠对绵羊红细胞抗原的初次免疫应答，特别是在抗原刺激前和刺激期间给予硒时，这种增强效果最为明显。

在鸡的研究中，若从孵化到孵化后 2 周给予硒缺乏或维生素 E 缺乏的日粮，会导致抗羊红细胞抗体 SRBC 滴度下降。使用新城疫病毒挑战法评估各种抗氧化剂的免疫刺激剂效果时，硒和维生素 E 能显著提升接种新城疫活疫苗的雏鸡的免疫反应。在免疫前 14d，以 0.25mg/kg 和

300mg/kg 的比例将硒和维生素 E 分别添加到日粮中，能显著提高血凝抑制效价和对新城疫强毒攻击的保护率。白来航鸡日粮中添加 0.1mg/kg 和 0.8mg/kg 的硒，能提高抗绵羊红细胞的抗体效价 77％，并防止由于冷冻而导致的抗体效价降低。硒的添加还增强了针对沙门氏菌、霉菌毒素以及传染性法氏囊病病毒的体液免疫应答。在促进抗体生成方面，有机硒的表现优于无机硒。

（三）硒对淋巴细胞功能的影响

免疫器官的发育状态直接关系到淋巴细胞的数量和功能。在鸡的生长过程中，硒的不足会影响法氏囊的发育，同时缺乏硒和维生素 E 还会抑制胸腺的生长。硒和维生素 E 的缺乏会减少法氏囊和胸腺中淋巴细胞的数量，这种减少在鸡孵化后 10～14d 就可以通过法氏囊组织病理学变化检测到，表现为上皮退化和淋巴细胞枯竭。

研究发现，喂食低硒日粮的雏鸡会出现与免疫器官损伤相关的氧化应激，血清中的 IL-1β、IL-2 和 TNF-α 含量降低，同时胸腺、法氏囊和脾脏中的硒含量、总抗氧化能力、SOD 和 GPX 活性显著降低，黄嘌呤氧化酶活性和 MDA 含量显著提高，导致免疫组织出现病理损伤和 DNA 损伤，脾脏的重量和相对重量显著减轻，脾细胞凋亡百分比显著增加。低硒可能通过阻滞细胞周期和降低 IL-2 的生成来抑制法氏囊和胸腺的发育。低硒摄入可能会通过诱导氧化应激来促进免疫器官的凋亡，这主要表现在自由基和 NO 含量以及 iNOS 活性的显著提高。硒蛋白（SELENO）W 和 T 在调节炎症相关基因方面发挥作用，保护家禽免疫器官免受炎症损伤。SELENOW 在家禽免疫器官中广泛表达，低硒日粮会显著降低鸡脾脏、胸腺和法氏囊中 SELENOW 的 mRNA 表达，并诱导免疫器官的促炎信号。

硒在维持淋巴细胞增殖能力方面具有重要作用。日粮或体外补充亚硒酸钠可以显著增强小鼠脾淋巴细胞对有丝分裂原刺激的增殖反应，而硒缺乏则会产生相反的效果。鸡日粮补充硒可以显著提高外周血淋巴细胞对植物凝集素的增殖反应。硒对淋巴细胞增殖能力的影响与硒改变活化淋巴细胞表面高亲和力 IL-2 受体 IL-2R 的表观动力学有关。硒或维生素 E 的缺乏会导致淋巴细胞对抗原的增殖反应降低，这主要是由于脂质过氧化和膜结构损伤导致的细胞间信号传导受阻。研究发现，在淋巴细胞培养液中加入硒可以缓解淋巴细胞的脂质过氧化反应，并且淋巴细胞中 LPO 水平与刺激的增殖反应呈负相关，T-SOD 具有促进淋巴细胞增殖的作用，并且这种作用表现出剂量依赖性。由于淋巴细胞中多不饱和脂肪酸的含量较高，因此相较于 B 淋巴细胞，它们更容易受到硒和维生素 E 缺乏的影响。

（四）应激条件下硒的免疫保护作用

硒蛋白在细胞信号转导和维持细胞氧化还原平衡中起着重要作用，因此，硒在各种应激条件下对免疫系统的保护作用尤为显著。黄曲霉毒素 B1（Aflatoxin B1，AFB1）是目前已知毒性和免疫抑制能力最强的霉菌毒素之一。硒可以降低 AFB1 诱导的鸡胸腺细胞的凋亡，减缓 AFB1 诱导的胸腺细胞 caspase-3 和 Bax 表达的提高以及 Bcl-2 表达的降低，阻止 AFB1 引起的外周血 T 细胞亚群百分比以及血清 IL-2 和 IFN-γ 含量的下降。日粮中补充硒可以减轻 AFB1 引起的法氏囊组织病理学损伤，降低法氏囊细胞的凋亡，减缓 AFB1 诱导的法氏囊细胞 caspase-3 和 Bax 表达的提高以及 Bcl-2 表达的降低。

AFB1 可降低回肠黏膜的体液免疫功能，导致 $CD3^+$、$CD4^+$、$CD3^+$ $CD4^+$ 和 $CD3^+CD8^+$ 上皮内淋巴细胞和固有层淋巴细胞的百分率、$CD4^+/CD8^+$ 的值以及 IL-2、IL-6 和 TNF-α 的 mRNA 水平明显降低。硒的添加可以保护回肠黏膜的体液免疫功能不受 AFB1 诱导的损伤，显著提高肉鸡 IgA、IgG 和 IgM 含量。

热应激会导致家禽的生产性能降低，抗氧化功能减弱，免疫功能受损。肉鸡在热应激条件下补充硒可以提高腹腔渗出细胞的数量、巨噬细胞的百分比以及内化的调理和未调理的 SRBC，增加抗 SRBC 抗体的产生。热应激条件下肉鸡肝脏和淋巴器官的重量、IgM 和 IgG 含量以及抗 SRBC 抗体的效价显著降低，而硒添加表现出明显的保护作用。

重金属污染，如镉污染，是家禽生产中需要关注的重要因素。镉可诱导氧化应激，并具有免疫抑制作用。硒可以降低鸡免疫器官中 iNOS 的 mRNA 水平和活性、减少 NO 的产生和免疫细胞的凋亡，减轻免疫器官的超微结构损伤。硒添加显著提高了抗氧化酶的活性，降低了 MDA 和活性氧（Reactive Oxygen Species，ROS）的水平。硒添加显著增加了鸡脾淋巴细胞中 SELENOK、SELENON、SELENOS 和 SELENOT 的基因表达。综上所述，硒在应对各种环境应激因素，如热应激和重金属污染时，对家禽的免疫系统具有重要的保护作用。

第三节　硒在水产养殖中的应用

一、水产动物对硒的需求

（一）不同水产动物对硒的需要量

硒是各种水产动物的必需微量元素之一，能够对水产动物的生长、发育，以及维护其健康水平发挥非常重要的作用，能够影响水产动物的免疫能力、抗应激能力、肉品质等。大量研究表明，不同水产动物对于硒的需求量具有很大的区别。查阅大量文献后本节对各种有代表性的鱼类、虾类、蟹类、贝类等不同的水产动物的硒需求量进行了总结。研究以硒代蛋氨酸为硒源，设置了 9 个不同硒梯度的饲料，对尼罗罗非鱼进行了 10 周的饲喂试验，评估尼罗罗非鱼的饲料硒的需求量以及毒性水平，最终发现罗非鱼最适的硒水平为 1.06mg/kg。胡俊茹等（2021）的研究发现，黄颡鱼的饲料硒含量为 0.23mg/kg，饲料硒含量在这个水平时黄颡鱼增重率最高，饲料系数最低。金明昌等在鲤鱼饲料中添加 0.40mg/kg 的硒时，发现鲤鱼具有最优的生长性能，认为鲤鱼饲料中硒的最佳浓度为 0.40mg/kg。梁萌青等（2006）研究发现，在一定范围内随着饲料中硒水平的提高，鲈鱼的生长状况也随之增加，最终发现最适宜鲈鱼生长的硒浓度为 0.40mg/kg；而李宁（2017）通过饲喂含有不同硒水平的饲料发现，硒酵母在大口黑鲈饲料中的耐受剂量即最高推荐剂量为 0.50mg/kg，安全系数为 1 倍。张清雯的研究中以饲料中硒对条纹锯鮨增重率、肝脏硒含量、溶菌酶活力的影响为依据，得出条纹锯鮨对硒最适需求量分别为 0.62、0.82、0.67mg/kg，因此得出结论，条纹锯鮨饲料中硒代蛋氨酸的适宜添加量为 0.62～0.82mg/kg。Lin 等以蛋氨酸硒添加剂为硒源添加在点带石斑鱼的日粮中，发现点带石斑鱼对蛋氨酸硒的最适需求量为 0.98mg/kg。研究发现欧鲫饲料中硒的添加量为 1.18mg/kg 时能够获得最好的生长性能，而朱春峰（2009）曾报道异育银鲫的无机硒与有机硒最适添加量在 0.60～1.20mg/kg的范围内，与之相同的，李宁（2017）在饲料中添加 0.3%、0.6% 和 1.2%的硒酵母后发现均能够显著提高异育银鲫的生长性能，一定程度上能够印证朱春峰的研究。Poston 等（1976）报道当用硒浓度为 0.15mg/kg 的饲料投喂大西洋鲑鱼时，其能够表现出最佳的生长性能。谢敏（2013）和许友卿（2013）分别用添加不同浓度硒酵母的饲料投喂鳙鱼，分别得出：在鳙鱼幼鱼中推荐硒酵母的最适添加水平为 0.36～0.38mg/kg，并且在成年鳙鱼试验中添加浓度为 0.60mg/kg 硒酵母的鳙鱼增重率、特定生长率最大，饲料系数最低，肠淀粉酶和胰蛋白酶活性最高。王力（2020）通过选择有代表性的限定性鱼类斑马鱼和非限定性鱼类虹鳟，通过各种角度评价了以硒酵母为硒源时，其最适的硒浓度。对于限定性生长鱼类斑马鱼，基于硒酵母添加物的饲料，斑马鱼的最适日粮硒水平在 0.32～0.37mg/kg 的范围内，在此剂量下，斑马鱼机体处于理想的硒营养状态，机体的生长速度处于较高的水平而氧化状态则保持在一个较低的水平，生长性能和健康状况都得到了较好的维护，而当日粮硒水平低于 0.32mg/kg 或高于 0.44mg/kg 时，斑马鱼机体将会分别处于硒缺乏和硒过量的状态，导致其生长速度下降并且抗氧化能力下降，机体氧化压力增加。对于非限定性生长鱼类虹鳟，基于硒酵母添加物的饲料适宜硒添加水平为 4mg/kg，在这个水平下，虹鳟能够表现出最高的生长速率、最低的氧化压力及最适宜的硒营养状态。除了鱼类外，硒在虾类、蟹类等水产动物中的需求量研究也越来越多，田文静等（2014）在中华绒螯蟹幼蟹饲料中添加不同浓度的硒酵母时，发现饲料中硒添加浓度为 0.40mg/kg 的中华绒螯蟹幼蟹的增重率、存活率及全蟹体粗蛋白含量均显著高于其他硒添加浓度的蟹。Kong 等（2017）用添加不同浓度硒酵母的饲料投喂日本沼虾，发现添加水平为 0.47mg/kg 和 0.59mg/kg 时的日本沼虾增重率最大。张志浩（2021）的研究表明纳米硒是南美白对虾幼虾饲料中较为优异的硒源，在 0.50～1.00mg/kg 的添加范围内，纳米硒对南美白对虾具有较好的促生长和提高免疫水平的效果，并且发现在硒添加水平为 1.00mg/kg 时，促生长和免疫的效果达到最优。对硒需求量的研究还包括其他重要的水产经济动物，鲁晓倩等（2015）用添加不同浓度蛋氨酸硒的饲料投喂仿刺参，研究其最适的硒浓度，发现添加 0.40～0.60mg/kg 蛋氨酸硒的仿刺参最终的生长效果和饲料利用情况要优于其他组别。Hao 等（2014）的研究发现泥鳅对硒的需求量为 0.48～0.50mg/kg。目前水产营养领域主要通过研究硒对生长性能和组织抗氧化性能等传统评价指标的影响为依据评价各种水产动物对日粮硒的需求，然而在哺乳类、禽类等动物中的研究表明，组织硒蛋白基因的转录物是一种能够精确评价机体硒营养状态的生物标志物，并且随着水产养殖业的不断进步，大量鱼类基因组信息也被研究公布，同样也为将硒蛋白基因的转录物用于鱼类机体硒营养状态的评价提供了更多可能。如果之后的研究中能利用精准的硒蛋白基因的转录物再充分结合传统的评价指标，就能更加精准地对鱼类硒营养状态及日粮硒需求进行评价，有助于指导水产饲料行业更加合理高效地利用硒。

（二）硒过量对水产动物的影响

硒在水产动物上有非常重要的作用，但是大量研究表明，动物体内硒的最佳水平和毒性水平之间的阈值很窄，当硒添加量超过机体稳态需要量以及毒性阈值时，就会损害动物的健康并诱发毒性引起硒中毒。在水生环境系统中，硒有的被生物体富集存在于生物体内，有的与底质沉积物或者和水中的胶体物质结合存在，有的以离子状态存在于水中，当环境中硒的含量达到一定浓度时，就可能引发水生动物产生畸形，并影响其繁殖能力，水产动物在硒过量的环境中生活就会引起硒慢性中毒，其表现包括：鳃片肿胀、淋巴细胞升高、血细胞比容和血红蛋白减少、生殖障碍、多部位畸形等症状，体长、体重和存活率都显著下降，还会在肝脏、性腺和鳃等组织中富集，通过食物链聚集到更高水平的生物体并使毒性放大。因此为了减少过量硒添加对水质的破坏和对环境的污染以及对动物健康的影响，研究水产动物硒的毒性剂量，合理补硒，具有重要意义。熊华伟（2012）采用富硒酵母作为饲料硒源，发现当以 0.67mg/kg 硒含量的饲料饲养斑点叉尾鲴56d 后，斑点叉尾鲴出现了明显的硒中毒症状，并且其肝脏也产生了明显病理性改变。Lee 等（2016）在尼罗罗非鱼的饲料中添加了 9 个不同硒梯度的硒代蛋氨酸，经过 10 周的饲喂实验，发现硒水平为 6.31～14.70mg/kg 时可能具有毒性，其硒中毒之后的特征在于生长性能的降低，以及存活率和非特异性免疫力的降低。Wang 等（2012）报道饲料中过量硒对鲍鱼的毒性表现为生长性能下降，血清中的酚氧化酶和溶菌酶活性降低。

（三）硒的存在形式以及不同来源硒对水产动物的影响

水产动物主要从水中吸收矿物质，并且不同类型的水产动物吸收矿物质的方式及效率都不尽相同。例如，淡水鱼主要通过皮肤和鳃摄取，海洋鱼通过肠道和皮肤吸收，在自然水体中，水产动物可以从周围环境一切可利用的资源中获取硒，然而在集约化水产养殖系统中，水产动物主要从饲料中获取机体所需要的硒。为了弄清被水产动物吸收之后硒的主要存在形式和部位，水产营养领域也做了一些研究，Bell 等（1986）的研究发现，大西洋鲑最重要的硒代谢部位是在肝、肾、肌肉处。张清雯（2019）和 Elia 等（2011）分别研究条纹锯鲉和鲤鱼组织中硒的沉积量的关系，均发现硒的沉积量：肾脏>肝脏>肌肉>血清，且分别在硒含量为 1.05mg/kg 和 1mg/kg 时肾脏出现了组织硒积累量的最高值。Veronika 等使用高效液相色谱—电感耦合等离子体质谱联用技术分析饲喂有机硒和无机硒的大西洋鲑鱼肌肉中的硒，证明硒代蛋氨酸是大西洋鲑鱼肌肉中硒的主要存在形式。

除了水产动物种类外，硒的不同来源和形式也是影响其吸收利用的关键因素。经过一系列的研究发现，有机硒普遍比无机硒具有更高的生物利用度和耐受性。Veronika 通过在日粮中添加不同来源的硒，发现饲喂有机硒饲料的大西洋鲑鱼肌肉中硒的积累量更高，其中硒代蛋氨酸效果最好。魏文志等（2001）研究发现，饲喂有机硒的异育银鲫生长率比饲喂无机硒和不添加硒的异育银鲫分别提高了 15.29％和 14.59％，饵料系数分别降低了 12.49％和 12.35％。元素的毒性及生物活性与其化学形态有直接关系，普遍认为有机硒的急性毒性小于无机硒，毒性顺序为：硒酸盐>亚硒酸盐>纳米硒。王华丽等（2007）比较了甲基硒代半胱氨酸、硒代蛋氨酸和纳米硒的毒性，研究发现三种形态硒的半数致死量由大到小依次为：纳米硒>硒代蛋氨酸>甲基硒代半胱氨酸。而周玮等（2014）研究了

3 种硒化合物对刺参的急性毒性，通过比较结果发现 3 种硒化合物的毒性为亚硒酸钠＞硒酸钠＞硒代蛋氨酸。梁萍等（1989）探究了亚硒酸钠和硒酸钠对文昌鱼的毒性影响，发现亚硒酸钠对文昌鱼的毒性要强于硒酸钠，并且通过组织观察发现鳃、肌肉和肠道出现了损伤。虽然普遍认为有机硒的毒性低于无机硒，但在研究中也存在不一样的观点，例如 Patterson 等（2017）的研究表明，由于有机硒能够直接参与机体组织蛋白的合成且其通过代谢排出体外的周期与无机硒相比较长，因此与无机硒相比，有机硒的毒性周期较长。

（四）硒作为饲料添加剂在水产动物中的应用规范

中华人民共和国农业部 2017 年 12 月第 2625 号公告修订的《饲料添加剂安全使用规范》分别规定了以亚硒酸钠和硒酵母为添加剂时，在水产动物配合饲料或全混合日粮中的推荐添加量和最高添加量，其中以亚硒酸钠为添加剂时，其含量以化合物计≥98.0%（以干基计），以元素计≥44.7%（以干基计），在水产动物配合饲料或全混合日粮中的推荐添加量为 0.10～0.30mg/kg（以元素计），最高添加量上限为 0.50mg/kg。以硒酵母为添加剂时，含量以元素计有机形态硒≥0.1%，在水产动物配合饲料或全混合日粮中的推荐添加量为 0.10～0.30mg/kg（以元素计），最高添加量上限未进行规定。美国则将 220μg/d 以上的硒摄入量设为水生生物的毒性剂量，且在淡水中允许的硒含量最高为 5μg/L。事实上，经过众多的研究发现，有非常多的因素，例如水产动物的种类、大小、饲料组成、养殖条件、硒添加物的形式等，都能够影响到鱼类对日粮硒的需求，而目前水产养殖业水产动物品种日益增多，硒添加剂的形式也被开发得越来越多样，这对水产养殖业水产动物的合理补硒带来了挑战，因此针对不同硒添加剂在水产动物中的应用，水产营养领域展开了大量研究。

二、硒在增强水产动物免疫机能中的应用

（一）硒与机体免疫的关系

免疫系统是生物体抵御外界异物入侵和病毒感染，维护自身稳定的防

御系统，与哺乳动物类似，鱼类等水生动物的免疫系统由免疫组织和器官以及细胞免疫、体液免疫组成，鱼类的免疫器官主要有脾脏、胸腺和肾脏等，细胞免疫主要通过淋巴细胞和吞噬细胞等发挥作用，体液免疫主要通过一些免疫因子如补体、抗体、抗菌肽和溶菌酶等发挥作用。水生甲壳类动物略有差别，因为其不具有免疫球蛋白，故而它们是没有特异性免疫的，只能通过非特异性免疫来抵御病原菌的入侵和损害，而甲壳类动物的非特异性免疫主要是通过血细胞的吞噬、包囊、凝集、凋亡作用和体液中一些免疫相关酶、免疫因子来共同协作完成的。对于水产动物的免疫系统来说，硒对机体免疫系统和抗感染能力的维持和加强都至关重要，其对水产动物免疫能力的影响，一方面是硒可以促进免疫器官的发育，能够参与调节 B 淋巴细胞、T 淋巴细胞、自然杀伤细胞和中性粒细胞的功能，提高免疫细胞在免疫器官中的增殖和分泌，使机体内的抗体水平得到提高，从而使机体的特异性免疫得到增强；另一方面是硒可促进补体、抗菌肽等非特异性免疫因子的合成，增强与免疫有关的酶活性并提高机体内吞噬细胞的数量，以此来共同提高机体的非特异性免疫。

（二）硒能增强水产动物免疫的能力

硒的抗炎机制主要是通过抑制蛋白激酶对 NF - κB 抑制蛋白 α 的磷酸化，进而抑制 NF - κB 的激活和释放实现的，同时硒还能够抑制丝裂原活化蛋白激酶通路，进而降低脂多糖诱导的促炎细胞因子的释放，对增强水产动物的免疫力具有重要作用。研究发现，硒可以提高机体合成抗体 IgM、IgG 等的能力，增强机体的免疫功能。饲喂添加纳米硒饲料后罗非鱼肠道免疫相关基因（HSP70、IFN - γ、IL - 1β、TNF - α）的表达均有不同程度的上调，说明鲍内脏糖蛋白硒纳米粒子可能触发了肠道的免疫调控。汪开毓等（2009）研究发现，使用缺硒饲料喂养鲤鱼，血清 IgM 随饲料硒含量下降而下降，其分析认为缺硒导致鲤鱼肝脏、肾、脾脏等器官的损伤，合成 IgM 能力下降。Zheng 等（2018）制备了添加 6 种梯度浓度硒酵母的饲料，饲喂草鱼 80d，研究发现硒缺乏会削弱抗菌化合物和免疫球蛋白的产生，并且会上调促炎性细胞因子和下调抗炎性细胞因子 mRNA 水平加剧炎症反应，证明硒缺乏会损害草鱼免疫器官的免疫功能。

郝婧媛（2022）的研究表明饲料中适量硒的添加可以显著增强团头鲂幼鱼肝脏抗氧化酶活性，以及抗氧化相关基因的活性，增强肝脏抗氧化能力，通过增强 Nrf2 信号通路相关基因的表达，抑制 NF-κB 信号通路来增强团头鲂幼鱼肝脏的免疫能力。当饲料中硒水平在 0.67～1.46mg/kg 时，团头鲂幼鱼肝脏中的 NF-κB、IL-8、TNF-α 和 TGF-β 的表达水平显著降低，表明饲料中硒的缺乏可能引起肝脏炎症反应并抑制抗炎能力。

硒还能提高水产动物的非特异性免疫。朱春峰（2009）曾报道，饲料中添加 0.60～1.20mg/kg 的无机硒与有机硒均能显著提高异育银鲫的非特异性免疫，改善肝胰脏功能与载氧功能。红细胞可以鉴别、黏附、杀伤抗原，清除机体内的免疫复合物，是机体免疫系统的重要组成部分。金明昌（2008）和汪开毓等（2009）研究发现，鲤鱼血液的红细胞数量随饲料中硒水平的增加而呈上升的趋势，饲料中添加适宜浓度的硒，可在一定程度上增强鲤鱼的非特异性免疫功能，而硒缺乏的幼鲤鱼血液中红细胞数量、血红蛋白含量降低，红细胞渗透脆性增大，白细胞数量增加，血清中 IgM 水平下降。Biller 等（2015）探究日粮中添加不同浓度的硒酵母对淡水白鲳鱼免疫能力的影响，发现在饲料中添加 0.60mg/kg 硒酵母能够显著提高淡水白鲳鱼体内的白细胞、红细胞、血小板含量。Sirimanapong 等（2016）研究也发现，饲料中添加有机硒对罗非鱼体内的白细胞数、红细胞数、补体的活性有显著的提高作用。

硒能提高水产动物血清中溶菌酶、抗菌肽的活力。抗菌肽广泛存在于各种生命体中，是机体不可或缺的组成部分，保护机体免受细菌侵害，为机体建立起第一道屏障，其中鱼类抗菌肽包括 HEPC、Leap2 等。Leap2 在肝脏中产生，通过提高其 mRNA 表达量进而抵御细菌入侵，在第一道防线中起重要作用。HEPC 通过提高巨噬细胞的内吞作用和蛋白酶水解作用破坏病原体细胞，导致病原体死亡。溶菌酶也是重要的抗菌酶，能直接反映鱼类免疫能力的高低。张辰（2022）的研究结果表明，在富硒壶瓶碎米荠添加量为 1.0g/kg 时，肝脏中 Leap2 和 HEPC 基因表达量较对照组均显著升高，因此饲料中添加适量的富硒壶瓶碎米荠可以提高机体的免疫能力。Lee 等（2016）通过在饲料中添加蛋氨酸硒，发现罗非鱼血清中溶菌酶活力与饲料中硒含量呈明显的剂量关系。Zheng 等（2018）探究投喂低硒水平的日粮对草鱼免疫能力的影响，试验中发现硒缺乏可降低抗菌肽和硒蛋白的转录强度，抑制抗菌肽和免疫球蛋白的产生，从而影响草鱼免疫器官的功能。Biller 等（2015）发现在饲料中添加 0.60mg/kg 硒酵母对淡水白鲳鱼体内血清溶菌酶的活性有显著提高作用。

除此之外，硒还能增强水产动物吞噬细胞的活性。刘至治等（2006）在饲料中添加 0.50μg/g 硒酵母使中华鳖白细胞的吞噬活性增强。饲料中 0.40mg/kg 硒酵母和 0.20mg/kg 硒代蛋氨酸均能大幅提高斑点叉尾鮰中毒后的存活率。Sirimanapong 等（2016）研究发现，饲料中添加有机硒对罗非鱼体内的吞噬细胞的活性有显著的提高作用。Chiu 等（2010）发现在罗氏沼虾日粮中添加硒可以增强吞噬细胞的吞噬活性以及呼吸暴发能力，从而提高罗氏沼虾的免疫力。

三、硒在增强水产动物抗应激能力中的应用

（一）硒与机体抗应激能力的关系

与哺乳动物相比，鱼类等水产动物因为其简单的肠道结构，而更容易受到应激的影响。肠道不仅是鱼类营养物质的主要消化和吸收场所，还是机体重要的免疫器官，肠道组织学结构的完整性和肠内菌群结构是影响鱼类生长发育和免疫功能的重要因素。与陆生动物相比，鱼肠壁厚度较薄，易受到损伤和破坏，因为鱼肠道不饱和脂肪酸含量较多，在没有合适的抗氧化保护作用的情况下，n-3 系列多不饱和脂肪酸在鱼类肠道中极易发生脂质过氧化，其过氧化产物如 MDA 等与组织蛋白质和 DNA 发生毒性反应产生氧化应激使肠道屏障功能受损，最终导致机体产生病理反应。热应激同样是影响水产动物生长和健康的因素。鱼类是生活在水生环境中的变温动物，它们生理和代谢的反应与水温密切相关，全球不同水域的鱼类在长期进化和自然选择的作用下，针对不同的水温环境条件形成了相应的适应类型，不同生存水温的鱼类大致可分为冷水性鱼类（0～20℃）、温水性鱼类（10～30℃）和暖水性鱼类（20～40℃）。近年来由于全球变暖和季节性变化等环境因素，以及包括高密度养殖等人为因素，热应激对水生生态环境和包括鱼类在内的生物体构成了重大威胁。热应激是指在高温胁

迫下，机体响应热刺激的一系列非特异性反应的总和，不仅对鱼类的生长代谢、抗氧化性能、免疫机能和神经内分泌水平有直接的影响，还间接影响了水体环境的组成、结构和生产力，进一步改变了养殖鱼类对食物和住所的需求。而硒是谷胱甘肽过氧化物酶的组成成分，是机体抗氧化体系的重要部分，硒的抗氧化作用主要体现在以下几个方面：①分解脂质过氧化物；②清除脂质过氧化自由基中间产物；③清除水化自由基，或将其转化为稳定化合物；④修复水化自由基引起的硫化合物的分子损伤。硒与维生素 E 在抗氧化方面可起协同作用，维生素 E 可结合在细胞膜上以免自由基和过氧化物对细胞造成损伤，硒可通过谷胱甘肽过氧化物酶来阻断自由基对抗体的损伤，并对维生素 E 的吸收利用起促进作用，还可协同维生素 E 来维持完整的细胞结构和正常功能，并且硒在生物体内的抗氧化能力远远超过维生素 E，能够催化 GSH 变成 GSSG，还能防止氨基酸、核酸等发生氧化应激反应，对机体有害的过氧化物可还原成对机体没有损伤的羟基化合物，并使 H_2O_2 分解，由此保护细胞膜免受 ROS 的攻击，保证细胞结构和功能的完整性，保护细胞免受氧化应激。SOD 和 CAT 同 GPX 一起构成机体的抗氧化防御体系，是细胞防御功能的第一道防线。MDA 是脂质过氧化的终端代谢产物，其含量反映了氧自由基介导的脂质过氧化程度，通常用作氧化胁迫的指标之一。抗氧化系统的抗氧化功能是通过 SOD、CAT 和 GPX 等抗氧化酶来实现的，SOD 可以清除体内的 O_2^-，CAT 和 GPX 可以催化 H_2O_2 分解成水和二氧化碳，三者相互协作对动物体内的活性氧进行清除，维持动物体内的活性氧水平。硒的抗氧化功能主要是通过提高 GPX、SOD、CAT 的活性来实现的，同时硒及硒蛋白本身也具有抗氧化功能。硒也被证明可以通过激活 Kelch‐环氧氯丙烷相关蛋白‐1（Kelch‐like epichlorohydrin‐associated protein1，Keap1）/核因子 E2 相关因子 2（nuclear factor‐E2‐related factor2，Nrf2）通路来缓解氧化应激，Keap1/Nrf2 信号通路被证实是参与机体抗氧化应激的重要途径，在正常生理条件下，Nrf2 和其抑制蛋白 Keap1 紧密结合存在于细胞质中，当细胞内活性氧或活性氮异常升高时，Keap1 的结构发生改变导致与 Nrf2 的结合能力下降，此时 Nrf2 从 Keap1 上解离进入细胞核并与抗氧化原件 ARE 结合，激活下游抗氧化酶相关基因和蛋白的表达，以清除体内过量的自由基。李兰兰（2023）的研究发现，日粮中添加 5mg/kg 纳米硒能有效缓解虹鳟热应激损伤，促进蛋白质修复，增强抗氧化酶活性的恢复，缓解脂质代谢和细胞凋亡。

（二）硒能够增强各种水产动物的抗应激能力

硒能增强鱼类的抗应激能力。在水产集约化养殖过程中，鱼类更容易受到环境温度的突然变化、拥挤、运输、食物和水质恶化、细菌和病毒感染等因素的影响，产生应激反应。大量研究报道硒元素可以提高鱼类抗氧化酶和免疫酶活性、血细胞数量和免疫因子水平，从而增强鱼类的免疫能力。Bell 等（1986）通过对虹鳟组织内过氧化反应中硒和维生素 E 的研究，饲喂缺硒饲料的虹鳟肝脏和血浆中 GPX 的活性与饲喂含硒饲料的虹鳟相比显著降低。曹娟娟等（2015）研究发现饲料中添加硒可以提高大黄鱼机体的抗氧化能力，但是过高含量的硒会导致抗氧化酶活性下降，并可能引起体内氧化压力的增加。李宁（2017）的研究中表明，饲料中添加 0.50mg/kg 硒酵母可以显著提高大口黑鲈的组织抗氧化能力，显著降低血浆中丙二醛含量，减少肝脏和后肠的损伤。Hao 等（2014）的研究表明饲喂泥鳅 0.50mg/kg 硒能够显著提高其肝脏的 GPX、SOD 活性，饲喂 0.48mg/kg 组的 MDA 含量最低。王彦波等（2011）报道在饲料中添加 0.5mg/kg 纳米硒或蛋氨酸硒均能显著提高异育银鲫的 GPX 活性。Monteiro 等（2009）发现硒能提高石脂鲤肌肉和鳃组织中的 GPX、CAT 和 SOD 活性。龙萌（2016）关于硒酵母和茶多酚对团头鲂幼鱼的研究表明，硒酵母可显著提高其肝脏的 T－AOC、GPX 和 SOD 活性，显著降低 MDA 含量。Le（2014）报道不同形式的硒的添加均可显著提高黄尾鲫肝脏 GPX 活性，包括亚硒酸盐、硒代半胱氨酸、硒代蛋氨酸和硒酵母。Wang 等（2019）在饲料中添加了不同浓度的硒多糖饲喂黑棘鲷 8 周之后发现血清中的 GPX、SOD、CAT 和谷胱甘肽还原酶（Glutathione reductase，GR）活性均随着硒浓度的增加而增加，肝脏中的 SOD、CAT、GPX 和 GR 活性也随着硒浓度的增加而增加。Saffari 等（2018）研究发现，在鲤鱼饲料中添加无机硒，饲养 8 周后，机体 GPX 和 SOD 等抗氧化酶水平显著上升，且鲤鱼幼鱼的生长性能、饲料利用率以及血液免疫参数等显著改善。Mansour 等（2017）用添加不同浓度硒酵母的饲料投喂白姑鱼幼鱼后，可以提高白姑鱼幼鱼体内 T-AOC 水平。添加适当浓度的硒后，GPX、T-SOD 及 CAT 活性显著上升且呈现先上升后下降的趋势，而 MDA 含量显著下降且呈现先下降后上升的趋势，相似结果在肝胰脏方面也有发现。在高脂日粮投喂下，Yu 等（2020）研究发现0.60mg/kg 的纳米硒显著提高了草鱼肝脏和肌肉中 GPX 的表达水平，并通过调控 Keap1/Nrf2 信号通路降低低氧诱导的氧化应激。

　　硒能增强水产甲壳类动物的抗应激能力。水产甲壳类动物生活在水体环境中，能够快速感应到水体中环境的变化，当水体中环境剧烈变化时，甲壳类动物容易产生应激反应，对机体造成损伤。大量研究表明硒能够提高甲壳类动物对外界环境胁迫的抵抗作用，减缓外界环境对自身的应激。在饲料中添加维生素 E 和硒，可有效降低自由基对凡纳滨对虾的伤害，提高酚氧化酶和肝胰腺 GPX 的活性，增强血清总抗氧化能力。Bjerregaard（2012）、Chiu（2010）、李小霞（2014）分别研究硒对褐虾、罗氏沼虾、凡纳滨对虾抗氧化性能的影响，发现添加硒后褐虾体内的甲基汞含量显著降低，罗氏沼虾酚氧化酶活性提高，凡纳滨对虾肝胰腺SOD 活性以及 T-AOC 能力有一定程度的提高，MDA 含量有一定程度降低。侍苗苗等（2015）用添加有不同浓度纳米硒的饲料投喂中华绒螯蟹后，研究发现适宜浓度的纳米硒可提高中华绒螯蟹各组织 T-AOC 和GPX、SOD、CAT 活性。

　　硒能增强其他水产动物的抗应激能力。有大量研究报道，硒元素在软体动物的抗环境应激和免疫反应中都有参与，Song 等（2006）研究发现，栉孔扇贝的硒蛋白表达水平与其体内的 MDA 含量呈现负相关，Mu 等（2010）用鳗利斯顿氏菌感染栉孔扇贝，发现血细胞中编码细胞外含硒谷胱甘肽过氧化物酶的基因序列转录水平显著上升。Trevisan 等（2011）在贻贝上研究发现，水体中的硒浓度可以增强贻贝的抗氧化能力。硒在棘皮动物如仿刺参的生长和免疫过程中也发挥着重要作用，王吉桥（2011）、刘洪展（2012）分别探究饲料中不同类型的硒、亚硒酸钠对仿刺参幼参和刺参的影响，研究发现饲料中添加有机硒能够提高仿刺参体腔内的酸性磷酸酶、过氧化氢酶和超氧化物歧化酶的活性，适宜浓度的亚硒酸钠可增强刺参对病菌的抵抗能力，刺参体腔液中 SOD 和 GPX 活性随着亚硒酸钠浓度的提高有升高的趋势。

四、硒在提升水产动物肌肉品质中的应用

（一）硒对水产动物生长性能的影响

鱼类的生长性能直接关乎水产养殖业的经济效益，是一个非常重要的经济性状。尽管理想的日粮硒水平对于维持鱼类的正常生长极其重要，但其中的调控机制仍然不清楚。大量研究报道硒元素对鱼类的生长具有促进作用，可以提高鱼类体内消化酶的活性，从而提高对饲料中营养物质的吸收利用效率。硒元素对水产动物具有促进生长的营养功能，主要通过两种途径来协同完成：第一种途径是硒通过合成脱碘酶，对水产动物体内的甲状腺激素进行调控，可以加快甲状腺激素 T4 转化成甲状腺激素 T3 的速度，使机体内的甲状腺激素 T3 水平升高，从而促进水产动物生长激素的合成，除此之外还能提高机体内胰岛素的水平，加快蛋白质的合成和周转；第二种途径是硒可以提高水产动物体内消化酶的活性，提高饲料中的营养物质在消化道中的吸收利用效率，尤其是提高饲料中蛋白质的吸收和利用效率。硒对鱼体胆固醇代谢以及脂肪合成的影响已有报道，研究报道以纳米硒为硒源添加入饲料，饲喂虹鳟鱼 60d 发现，饲料中补充 1mg/kg 纳米硒可以显著提高血清甘油三酯的含量，降低胆固醇含量。研究也报道在饲料中添加 2mg/kg 的纳米硒可以显著降低鲤鱼血清中胆固醇和甘油三酯含量。杨玉等（2018）研究了饲料中硒酵母的添加可以通过降低胆固醇合成过程中的限速酶 HMGCR 的表达，以及增强胆固醇分解过程中限速酶 CYP7A1 的表达来影响胆固醇代谢。柯浩等（2014）研究发现，添加 0.60mg/kg 的富硒益生菌对罗非鱼幼鱼生长有显著促进作用，而吴振聪（2024）在罗非鱼饲料中添加鲍内脏糖蛋白硒纳米粒子至 4.50mg/kg 时仍表现出促生长效应。苏传福等（2007）在饲料中添加 0.66～2.67mg/kg 的亚硒酸钠可显著提高草鱼的生长性能，提高草鱼消化机能，且能有效保持器官组织结构的功能性。吴彦呈的研究表明，添加适量硒代蛋氨酸能够提高斑马鱼生长性能，但随着添加量的升高，因硒的毒性作用而使生长性能

受到一定程度的抑制。许友卿（2013）、谢敏（2013）等用添加不同浓度硒酵母的饲料投喂鳗鱼时，发现添加硒酵母组的鳗鱼幼鱼增重率、胰蛋白酶、脂肪酶和肠淀粉酶活性高于对照组，饵料系数低于对照组。王吉桥等（2011）在仿刺参幼参饲料中添加不同类型的硒发现，饲料中添加有机硒能够促进饲料粗蛋白质在消化道中的消化和吸收，促进仿刺参的生长。

（二）硒对水产动物肌肉品质的影响

硒不仅能够提高水产动物的生长性能，还能够改善水产动物的肌肉品质。鱼类肌肉的生长是一个复杂的生物学调控过程，与鱼类躯体的生长息息相关。在鱼类中，肌肉的生长过程分为两个阶段：肌纤维的数目增加（增生）和体积增大（肥大）。肌纤维的增生与肌卫星细胞有关，肌卫星细胞在正常肌肉组织中处于休眠状态，在肌肉损伤的情况下被激活并起修复作用。而肌纤维的肥大可由两个生物学过程共同调节，其一是肌卫星细胞被激活后进一步增殖分化形成的成肌细胞融合到已有的成熟肌纤维中，直接增大肌纤维的尺寸；其二是肌纤维利用营养物质促进体内的蛋白质有效沉积，这一过程受到蛋白质合成与降解的动态调控。肌肉蛋白含量是衡量鱼类肌肉质量的一个重要指标，其大小决定了鱼类的营养价值。氨基酸种类、组成决定蛋白质质量，所以氨基酸组成和含量被认为是肉质的关键指标。王力（2020）的研究表明，机体硒营养状态主要通过调节斑马鱼肌肉中的蛋白质沉积调节肌纤维大小，而对成肌细胞与成熟肌纤维的融合并无显著影响。对蛋白质合成及降解相关通路活性的分析结果显示，相比于适宜硒营养状态，缺硒营养状态下斑马鱼肌肉中的蛋白质合成速率降低而自噬活性增加，硒过量状态下斑马鱼肌肉中的蛋白质合成与降解均未受到影响，其水平降低抑制了蛋白质翻译的起始和延伸，并激活了自噬介导的蛋白质降解，从而减缓了斑马鱼肌肉中的蛋白质沉积，使得斑马鱼肌纤维肥大过程受阻，最终表现为斑马鱼肌肉生长抑制和躯体生长缓慢。相比于饲喂基础饲料的虹鳟，饲喂有硒酵母添加饲料的虹鳟拥有更多粗肌纤维（直径$>55\mu m$）以及更少的细肌纤维（直径$<40\mu m$），当饲料中添加的硒酵母达到4mg/kg时虹鳟总白肌纤维数显著提高，当饲料中添加的硒酵母分别达到2mg/kg和4mg/kg时虹鳟平均肌纤维直径显著增加，然而肌纤维

密度在这两个硒水平下均显著降低，在整个 14d 的实验周期中，各组虹鳟白肌生长主要表现为增生性生长（增生贡献率为 53.94%～56.56%），但是，日粮中硒酵母的添加显著降低了白肌纤维增生对白肌生长的贡献率，提高了白肌纤维肥大的贡献率。同时饲料中添加 2mg/kg 及 4mg/kg 硒酵母显著提高了虹鳟白肌中的粗蛋白含量与总硒含量，但对水分、粗脂肪和灰分均没有显著影响。鱼类肌肉中的蛋白质降解主要依赖于三个蛋白质降解系统：钙蛋白酶系统、自噬—溶酶体途径和泛素—蛋白酶体途径。饲喂添加硒酵母的饲料后虹鳟白肌钙蛋白酶活性和泛素化蛋白丰度的降低，表明营养剂量硒抑制了虹鳟白肌中钙蛋白酶系统和泛素—蛋白酶体途径介导的蛋白质降解。除蛋白沉积外，成肌细胞与成熟肌纤维的融合是鱼类肌纤维肥大的另一重要途径，成肌细胞融合到成熟肌纤维中，将导致肌纤维细胞核数目的增加，饲喂添加 4mg/kg 硒酵母饲料的虹鳟白肌单位肌纤维中的细胞核数目与 DNA 含量均显著升高，表明该营养剂量硒促进了成肌细胞与成熟肌肉纤维的融合。Saffari 等（2018）将饲料中具有相同浓度的纳米硒和有机硒的处理组与无机硒组和非硒组进行了比较，发现纳米硒和有机硒促进鲤鱼的生长，降低饲料系数，改善蛋白质合成效率，提高体内硒的沉积率，使鱼类可以吸收和利用饲料中更多的营养素，相对减少了鱼类的排泄物，这在一定程度上还可能影响养殖的水环境。Liu 等（2017）发现，对于钝嘴鲷而言，硒酵母和纳米硒在 0.22mg/kg 水平上具有比亚硒酸钠更高的生物利用度和更好的生长性能，纳米硒可稳定钝嘴鲷的肤色，硒酵母可以改善生长，增加肌肉中的硒含量，改善钝嘴鲷的肉质。张清雯（2019）研究饲料添加硒酵母对条纹锯鮨肌肉基本营养成分的影响时发现，饲料中硒含量对条纹锯鮨肌肉水分和粗蛋白含量都没有显著影响，肌肉水分含量为 73.06%～77.32%，粗蛋白含量为 21.53%～22.60%，随着饲料中硒含量的增加，肌肉粗脂肪含量先降低后升高，在硒含量为 0.77mg/kg 时，粗脂肪含量最高，为 5.57%，肌肉灰分含量在饲料硒含量为 0.44mg/kg 最高，为 5.70%。龙萌（2016）研究发现，饲料中添加硒酵母可以显著提高团头鲂幼鱼的增重率、特定生长率及肌肉中粗蛋白含量，显著降低饵料系数。Lin（2014）比较饲料中添加蛋氨酸硒和亚硒酸钠对点带石斑鱼生长和肉质的影响发现，蛋氨酸硒对点带石斑鱼生长有显著影响，最适需求量为 0.98mg/kg，且能提高石斑鱼肉质。郝小凤等（2013）认为在饲料中添加适量的硒可以提高大鳞副泥鳅幼鱼肉品质，显著提高矿物质含量。

除了肌肉蛋白质含量外，肌肉肌苷酸、脂肪酸组成和含量也是衡量其风味的关键指标。研究发现，在饲料中添加硒酵母能够降低草鱼肌肉中饱和脂肪酸、单不饱和脂肪酸和多不饱和脂肪酸含量。K 值和 Ki 值被广泛用于评估鱼类的新鲜度，K 值和 Ki 值的大小与新鲜度成反比，值越小则越新鲜。刘莎（2024）研究发现在饲料中添加硒酵母能够显著降低 K 值和 Ki 值，因此在饲料中添加硒酵母可以提升草鱼肌肉的新鲜程度。除肌肉肌苷酸、脂肪酸组成和含量外，肉的硬度是对鱼肉质量影响最大的特性，鱼肉硬度的提高通常代表鱼肉质量的提升。肌肉层之间的结缔组织撕裂，导致鱼片出现裂缝和硬度下降，有机矿物质如硒、谷氨酸、维生素 E 已被证明可以极大地减少缺口，增加肌肉硬度。刘莎（2024）研究发现，0.30mg/kg 的含硒饲料可显著增加草鱼肌肉的硬度。与此结果类似，李汉东等（2023）研究发现添加 0.60mg/kg 硒酵母的饲料能显著增加草鱼肌肉的硬度、降低纤维直径，肌肉硬度和纤维直径呈负相关。在梭鱼幼鱼的日粮中不添加有机硒与添加有机硒后的相比，会引起鱼体肌纤维虚化、断裂。Wang 等（2018）研究发现，日粮中添加硒酵母 2.58～4.36mg/kg 时能提高虹鳟鱼片粗蛋白含量、持水力和硬度。张禹熙（2024）研究发现，摄食添加硒酵母（1～4mg/kg）饲料的刺参体壁谷氨酸含量均高于摄食未添加硒酵母饲料的刺参，说明在饲料中添加硒酵母可提高刺参体壁谷氨酸含量，提升刺参体壁的鲜味程度，摄食添加 2mg/kg 硒酵母饲料的刺参总氨基酸含量、必需氨基酸含量、呈味氨基酸含量最高，摄食未添加硒酵母饲料的刺参必需氨基酸含量最少，摄食添加 2mg/kg 硒酵母饲料的刺参呈味氨基酸含量显著高于摄食添加硒酵母 4mg/kg 饲料的刺参。

五、其他应用

硒能够调节水产动物肠道菌群。鲸杆菌是一种肠道有益菌，能够在鱼肠道内通过发酵合成维生素 B_{12} 供机体使用，还能够在鱼类消化过程中将蛋白胨等转化为短链脂肪酸，促进细胞脂质水解，减少脂质合成。黄杆菌属是分解有机物的功能菌，其某些菌株及胞外代谢产物能增强吞噬细胞活性，提高补体 3 含量，增强机体免疫能力。但值得注意的是，黄杆菌属也是潜在的条件致病菌，可分布于正常鱼类的肠道中。吴彦呈（2022）的研究表明，添加 0.30mg/kg 硒代蛋氨酸能够降低斑马鱼肠道浮霉菌门及放线菌门的相对丰度，提高厚壁菌门等有益菌的相对丰度，显著降低衣原体门及梭杆菌门等致病菌门的相对丰度，保护肠道结构完整性。在属水平上，添加 0.30mg/kg 硒代蛋氨酸能够提高鲸杆菌属的相对丰度，显著降低黄杆菌属等潜在致病菌的相对丰度。由此可见，在饲料中添加适当水平的硒代蛋氨酸能够增加鱼类代谢菌群丰度，降低致病菌相对丰度，有利于鱼类肠道健康。投喂添加人工制备的鲍内脏糖蛋白纳米硒对罗非鱼幼鱼肠道微生物的构成造成了明显影响，但不同投喂剂量、不同投喂持续时间对肠道微生物的影响不同。饲喂第 15d 后在低、中剂量纳米硒处理组中有益菌属鲸杆菌属丰度上调，饲喂第 45d 后低、高剂量处理组中有益菌属艾克曼菌属丰度显著上调，还检测到屠场杆状菌属、鞘氨醇单胞菌属、乳酸菌属、假单胞菌属、拟杆菌属以及 6 个未知菌属的细菌丰度发生显著变化。

硒的解毒作用。硒和硒化合物能够缓解重金属中毒，目前针对镉和汞的毒性研究比较广泛。硒在血浆和红细胞中，可以和汞形成汞—硒蛋白复合物，在特定蛋白酶作用下分解成更小的片段，随着体液扩散将携带汞的化合物带入肝和脾中被机体分解。方展强等（2005）发现在饲料中加硒能够增强剑尾鱼肝脏 SOD 和 GPX 的活性，降低 MDA 含量，在剑尾鱼汞致肝氧化性损伤时起到修复作用。惠天朝等（2000）研究了硒对罗非鱼在高镉水环境中损伤的修复作用，结果表明硒处理后罗非鱼由于镉导致肝脏中 SOD、CAT、谷丙转氨酶（Alanine aminotransferase，ALT）、谷草转氨酶（Aspartate aminotransferase，AST）活性下降的趋势都被显著缓解，硒对镉所致鱼的肝细胞损伤起有效的保护作用。Huang 等（2013）在白鲟幼鱼上研究发现，硒代蛋氨酸可以与汞结合形成无毒的化合物，再通过排泄作用排出体外，从而降低白鲟幼鱼体内汞的含量，减少汞对白鲟幼鱼的损伤。Lu 等（2013）研究发现，在不同浓度的苯并芘胁迫下，缢蛏血细胞中调控硒蛋白的基因表达水平显著增加。Trevisan 等（2011）在贻贝上研究发现，水体中的硒浓度可以降低水体中的铜离子对贻贝的 DNA 损伤。姚朝瑞（2021）研究发现，草鱼肝肾细胞经硒预孵育后，细胞可能通过激活 Nrf2/Keap1 介导的信号通路增强胞内抗氧化酶活性，提高细胞抗氧化能力，以此抵抗亚硝酸钠暴露带来的氧化损伤，降低细胞凋亡率。在肾细胞中，亚硝酸钠的暴露能导致细胞内质网中钙离子的紊乱，且亚硝酸钠暴露致细胞凋亡的途径可能包括内质网和线粒体两条途径，而硒的预孵育作用能有效缓解这个过程，但随着亚硝酸钠浓度的升高，硒的保护作用可能逐渐失效。

硒能够影响水产观赏鱼的着色。鱼的体色是类胡萝卜素和黑色素等相互作用的结果，类胡萝卜素是机体主要的色素，并且也被用作水产养殖中的抗氧化剂，但鱼类本身无法合成类胡萝卜素。罗小龙（2021）研究观赏锦鲤组织中类胡萝卜素含量的结果显示，1.20mg/kg 纳米硒组的血清、肝和皮肤类胡萝卜素的含量显著高于对照组，其中一个原因可能是适当的硒含量可以使吸收的养分更好地代谢，从而促进饲料中养分和类胡萝卜素的吸收和沉积，使观赏锦鲤的体色素沉积更容易，另一个原因可能是类胡萝卜素是脂溶性物质，必须与脂蛋白复合才能被转运，而硒可以增强抗氧化能力，防止脂质过氧化过程中反应恶化。Zhan（2007）和 Daun（2004）的研究同样表明，硒可以增强组织颜色，饲料中 1.20mg/kg 的纳米硒有益于鱼体的着色。

硒对水产动物肠道结构的影响。吴彦呈（2022）在斑马鱼饲料中添加硒代蛋氨酸的试验结果表明，添加 0.30mg/kg 硒代蛋氨酸能够显著影响肠道形态结构，其主要表现在有更好的微绒毛结构紧密连接未见损伤，该结果可能是硒提高了机体抗氧化能力所致。

硒在硬骨鱼孵化过程中起关键作用。硒能够构成 3 种活性中心之一的硒代半胱氨酸的脱碘酶，对甲状腺激素具有非常重要的调控作用，活性中心的硒代半胱氨酸可以通过协同作用，激活和中止甲状腺激素的活性，从而间接影响甲状腺激素介导的生物学过程，影响硬骨鱼从孵化到幼鱼的转变过程。

第四节　硒在反刍动物养殖中的应用

与单胃动物一样，硒也是反刍动物的必需微量元素。硒作为一系列硒蛋白的组成部分，对反刍动物的生产和繁殖都具有重要意义，在提高生产性能、增强免疫力、提高抗氧化能力、改善繁殖性能以及缓解应激方面发挥着重要的作用。值得注意的是，反刍动物硒缺乏或不足在全球范围内仍然持续存在，导致动物生长速度减慢、繁殖效率降低、免疫功能紊乱、对各种疾病如胎盘滞留、子宫内膜炎、乳腺炎、营养性肌体营养不良的易感性增强，因而提高了这些疾病的发病率和严重程度。由于瘤胃的强还原条件，反刍动物对亚硒酸钠中硒的吸收远低于单胃动物，口服放射性标记亚硒酸钠在猪小肠的吸收率约为 85%，在大鼠小肠的吸收率约为 86%，而在绵羊小肠的吸收率仅为 34%。与单胃动物一样，当日粮中的硒添加形式为亚硒酸钠时，反刍动物通过胎盘和乳腺组织转运硒的能力也非常低，因而也容易引起新生动物硒缺乏症。

一、反刍动物对日粮中硒的需求

反刍动物日粮中添加硒需要严格掌握其适宜的添加量，国内外有相应的行业标准。我国现行的肉羊饲养标准中推荐山羊硒的需要量为 0.05mg/kg 日粮干物质；NRC（2007）中推荐反刍动物饲粮添加硒的最大耐受量为 5mg/kg，超过这一剂量会出现中毒现象。NRC 推荐的动物对硒的需要量是根据维持、生长、妊娠和泌乳的需要量确定的。但是，在生产实践中还应该考虑到其他所有可能影响到牛对硒需要量的因素。例如，目前 NRC 推荐的犊牛和肉牛硒需要量为 0.1mg/kg 日粮干物质，但是对于一些肌肉相对发达的牛品种（如比利时蓝牛）而言，该推荐量不能满足需要，0.3mg/kg 的硒供给量可能是合适的（Graham，1991）。再例如，目前 NRC 推荐的奶牛硒需要量为 0.3mg/kg 日粮干物质，但是在一些特殊的生理时期，如围产期或应激期间，奶牛对硒的需要量可能更高。一些研究证据已表明，在围产期或热应激期间适当提高硒的供给量（高于

0.3mg/kg）对母牛的硒营养状况、抗氧化能力、免疫功能、能量代谢以及新生犊牛的免疫功能都有积极的影响（Gong 等，2018）。此外，日粮中其他营养素也会影响硒的吸收利用，当这些营养素导致硒的吸收利用率降低时，则应该提高日粮硒的添加量。维生素 E 是影响日粮硒供给量的因素之一，由于二者在抗氧化功能方面的相互依赖性，低维生素 E 摄入会增加对硒的需要量。富含碳水化合物、硝酸盐、硫酸盐、钙或氰化氢的日粮可降低牛对硒的吸收利用。当日粮中硫的浓度超过 2.4g/kg 时，可通过空间竞争作用降低硒的吸收，Fe^{2+} 将硒沉淀为肠道不能吸收的复杂形式，因而降低了硒的吸收速率。饲料中一定水平的钙（0.8%）可以使怀孕后期奶牛对硒的吸收达到最佳水平，集约化生产条件下在牛日粮中补钙可导致肌肉中硒含量显著降低。在犊牛饲料中铅浓度较高的情况下，血清硒水平及组织硒含量都会下降。在牛的甲状腺中，缺碘导致硒蛋白 DIO1 的显著诱导，并伴随着 GPX 活性的升高，因而加剧了硒缺乏。日粮中富含粗蛋白和纤维素对硒的吸收利用有积极的影响。此外，瘤胃环境会影响进入后肠道的硒的存在形式，当日粮中硒添加形式为亚硒酸盐或硒酸盐时，经瘤胃的强还原环境，一部分日粮形式的硒会被还原为元素硒，导致肠道对硒的吸收利用降低，粪硒排出量增加。

二、硒在反刍动物体内的吸收和代谢

反刍动物摄入硒后，主要吸收部位在十二指肠，硒很少在瘤胃或真胃中被吸收，亚硒酸盐在瘤胃中部分被还原成不溶性硒化物可能是导致硒在瘤胃中吸收率低的原因之一。有机硒通过主动吸收的方式被吸收，而无机硒以被动转运的方式被吸收，这导致了两者在机体内的生物利用率存在差异，有机硒的硒吸收率及生物利用率均高于无机硒。除此之外，有机硒的生物利用率高可能与有机硒中的硒代蛋氨酸含量有关，相同硒含量，有机硒中的硒代蛋氨酸含量高于无机硒。常见的无机硒包括硒酸盐和亚硒酸盐，具体吸收途径为：硒酸盐在反刍动物瘤胃中可以被降解为亚硒酸盐，但在瘤胃中还剩余部分硒酸盐以与硫酸盐和钼酸盐相同的吸收机制与钠离子协同运输，或者通过阴离子交换的方式被吸收；亚硒酸盐在瘤胃中有一系列转变，一部分会被用于合成微生物蛋白，一部分会被转化为不溶性硒化合物，剩余的部分离开瘤胃在肠道中被吸收。有机硒的吸收途径包括在小肠内被消化为相应的硒代氨基酸，然后通过相应的氨基酸吸收机制被肠上皮吸收。不同的吸收途径对这 2 种类型的硒吸收率产生不同影响。Paiva 等（2005）研究发现，羔羊饲喂添加不同硒水平（0.2、0.8、1.4mg/kg 日粮干物质）和不同硒源（亚硒酸钠、硒酵母、蛋氨酸硒）的饲粮，高剂量亚硒酸钠组粪便硒排出量显著高于同等添加剂量的有机硒组，且无论哪种硒源添加，随添加量的升高，硒吸收率均呈极显著上升趋势。给羔羊饲喂不同水平的亚硒酸钠和硒酵母，结果发现添加 2 种硒源均可以增加羔羊肌肉内硒含量，但硒酵母组提升幅度更大，且有效增加肌肉蛋氨酸硒的含量。以上研究进一步验证在反刍动物体内，有机硒相比于无机硒有更高的吸收率和转化率。

大部分无机硒几乎只用于合成硒蛋白；有机硒不仅可以合成硒蛋白，还可以直接替代蛋氨酸被整合进入到功能重要的硒蛋白组中。硒蛋白通过密码子 UGA 编码特定 tRNA 后插入到经翻译生成的硒代半胱氨酸中，该过程高度可调。亚硒酸盐被吸收进细胞后，被还原为硒化物，后合成 Se-Cys-tRNA$_{UGA}$，插入到正确的活性部位上生成硒酶、硒蛋白。有机硒可能存在 2 种代谢途径，硒在高剂量摄入时可能和硫有相同的代谢途径，但在低剂量摄入时则有其独特的代谢途径，如饲粮中的硒代半胱氨酸在被分解后形成硒化物，利用 Se-Cys-tRNA$_{UGA}$ 插入活性中心，而硒代蛋氨酸除了此种途径外，还可以直接代替蛋氨酸被整合到蛋氨酸位点合成相应的蛋白质。

三、硒在反刍动物中的作用

土壤施用硒肥提高饲料作物的硒含量或饲喂生长在硒充足土壤上的饲草可以使反刍动物获得充足的硒。对于反刍动物而言，由于瘤胃环境的影响，对无机形式硒的吸收利用远低于单胃动物，而且无机硒只在回肠吸收。有机硒受瘤胃环境的影响较小，容易被小肠吸收利用，而且小肠全段都可吸收。补硒后的效果评估依据是血液或组织硒状况，如血清、全血、肝脏的硒水平，血液 GPX 活性，肌肉、牛奶硒水平，硒蛋白表达等，在利用这些指标评价硒状况时需要考虑硒的添加形式、吸收利用、对补硒的效应时间等。例如，用红细胞硒水平评价时需要考虑红细胞的寿命，用组织硒水平评价时，需要考虑组织硒储备的时间（奶牛需要 60～90d）。补硒的过程中还应该考虑对动物造成的潜在的、直接的毒性作用，对人体造成的潜在的、间接的毒性作用，以及对环境造成的潜在的、直接或间接的污染。

对于奶牛而言，一些研究给出了支持某些功能所需的最低血液硒水平。如果是为了预防乳腺炎，奶牛血液硒水平应该在 0.2～1g/L。在较高的生理应激期（如妊娠、产犊、早期泌乳），奶牛每天的硒需要量为5～7mg。一些研究表明，血清硒浓度需要高达 0.25mg/L 以确保硒在子宫内充分转移到发育的犊牛中，从而避免白肌病发生，而达到这一血清硒水平需要奶牛日粮每天提供 6mg 的硒（Gerloff，1992）。

（一）硒对反刍动物繁殖性能的影响

硒有改善反刍动物繁殖性能的作用。对于公畜，饲料中硒缺乏不仅会影响睾丸的总体形态，也会导致其睾酮和精子合成功能障碍，从而导致雄性不育。硒可以通过抑制脂质过氧化来抑制雄性动物精子细胞膜的氧化损伤，从而保护细胞膜的完整性，提高精子质量。研究也发现，硒能通过调节体内的精氨酸酶活性以及一氧化氮的水平影响公畜的精子质量。精氨酸酶的线粒体形式存在于生殖系统的不同部位，对于精子的产生具有重要作用。对公羊肌内注射维生素 E 和硒，精液中精氨酸酶和一氧化氮的水平显著降低，精子质量显著升高。此外，Mojapelo 等（2019）研究发现给2.0～2.5 个月的羔羊额外补充亚硒酸钠显著增大了睾丸和提高各类精液参数（包括平均精液量、精子质量和精子活力）。对于母畜，饲料中长期缺乏硒，会出现发情不规则或者不发情，即使受胎，胎儿也不能正常发育，同时还影响体内卵泡素、黄体激素的合成以及卵母细胞的成熟。硒缺乏会导致奶牛子宫内膜炎和胎盘滞留的发病率和严重程度提高。补硒不仅可降低子宫炎、卵巢囊肿和胎盘滞留的发生率，还可以进入雌性动物卵巢中，并随着胎盘进入到胎儿体内，促进后代的生长发育。研究表明，在母牛日粮中添加硒可以使母牛的平均发情周期缩短 13d，提高妊娠率

（Khatti 等，2017）。给体外培养的初级卵母细胞补硒，结果卵母细胞的活力提高、数量增加，并且发现添加 10 ng/mL 的硒效果最显著（Lizarraga 等，2020）。对缺硒奶牛进行补硒可提高首次发情人工授精的成功率。不同硒的形式（亚硒酸钠或硒酵母）对奶牛受胎率和产犊间隔无明显影响。因此，合理利用硒可以提高种用动物的精子质量，增加母畜妊娠率，从而增加经济动物存栏量，提高经济效益。

（二）硒对反刍动物泌乳性能的影响

硒可以提高反刍动物的泌乳性能。硒和维生素 E 不足会降低围产期奶牛的中性粒细胞功能，从而导致奶牛出现氧化应激，在一定程度上影响其泌乳性能。而充足的硒和维生素 E 可以降低氧化应激水平和乳腺炎的发生率，通过提高免疫水平来提升泌乳性能，并缩短乳腺炎临床症状的持续时间。添加硒酵母也可显著降低乳中的中性粒细胞数量。研究表明，奶牛饲粮添加 $150\mu g/kg$ 和 $300\mu g/kg$ 干物质的硒酵母，其产奶量和 4% 标准乳均显著高于对照组（Sun 等，2023）；Sun 等（2019）研究发现添加 $0.3mg/kg$ 和 $0.4mg/kg$ 有机硒组奶牛产奶量较对照组提高 24.8%；奶牛饲粮中添加 $0.3mg/kg$ 干物质的羟基蛋氨酸硒有提高产奶量和降低乳脂率的趋势，还可提高泌乳奶牛血液和牛奶中硒的含量。

乳中硒含量是评价反刍动物营养状态的重要指标。根据 Wichtel 等（2005）研究评估牛奶的硒营养状态参考水平如下：硒含量低于 $0.12\mu mol/L$ 为缺硒营养状态，大于 $0.28\mu mol/L$ 为适硒营养状态，介于 $0.12\sim0.28\mu mol/L$ 为临界硒营养状态。牛奶中的硒水平通常为乳清中最高，为 56.6%，乳脂中最低，为 10.1%；55%～75% 的硒存在于酪蛋白中，17%～38% 的硒存在于乳清中，7% 的硒存在于脂肪中。这些发现与摄入硒的类型无关，主要取决于奶牛日粮中硒的含量。通常，血浆硒水平是牛奶硒水平的 3～5 倍。分娩前通过口服途径补充硒的奶牛产生的初乳硒含量（$170\mu g/L$）是未补充硒的奶牛的 2 倍（$87\mu g/L$）（Rowntree 等，2004）。初乳中的硒含量通常是牛奶中硒含量的 2～3 倍。

研究表明，14% 的奶牛群所产的牛奶中硒含量处于临界水平，牛奶硒水平低主要与饲草质量差导致硒摄入量不足有关。在比利时、韩国、希腊和澳大利亚进行的研究报告显示，牛奶中的硒含量分别为 $30\mu g/kg$、$60\mu g/kg$、$15\mu g/kg$ 和 $22\mu g/kg$。在比利时，居民消耗的硒有 4% 来自牛奶及奶制品；在韩国，这一比例高达 7%。牛奶中的硒含量与奶牛饲料中有机硒的含量成正比，平均而言，饲喂有机硒的奶牛比补充无机硒的奶牛多摄入 $0.37mol/L$ 的硒（Ceballos 等，2009）。与对照相比，在奶牛饲料中添加硒酵母或亚硒酸钠显著提高了牛奶中的硒、多不饱和脂肪酸和亚油酸的含量（Ran 等，2010）。与添加亚硒酸钠相比，硒酵母提高乳硒水平的效果更为明显，在奶牛日粮中添加硒酵母所产牛奶中的硒浓度比添加无机硒的奶牛提高 190%（Ortman 等，1999）。研究表明，与亚硒酸钠相比，泌乳奶牛日粮中添加 $0.3mg/kg$ 的硒酵母显著提高了牛奶中的硒含量，添加 30d 时提高幅度为 59%，添加 60d 时提高幅度为 25%。奶牛在产犊前 21d 日粮添加 $300\mu g/kg$ 硒，同时联合注射 50mg 硒和 300IU 维生素 E，可使血浆硒含量保持在较高水平，同时提高了牛奶中的硒含量（Weiss 等，1990）。

（三）硒对新生反刍动物生长的影响

新生反刍动物获取硒的形式主要是通过母体的胎盘或母乳获取，其中胎盘转移硒的效率通常要高于母乳转移硒的效率，可能原因是血清硒浓度显著高于母乳中的硒浓度。妊娠后期是母体向胎儿转移硒的关键期，即使母体处于硒缺乏状态，硒也会高效地转移到胎儿，以确保新生动物获取足够的硒。研究发现，母牛在妊娠期肾脏硒水平下降，而胎儿肾脏硒水平保持不变，表明硒可以通过胎盘转移的特性。相比于有机硒，无机硒无法转移到母乳中，因而不能有效地维持犊牛的硒营养状态。在日粮中使用有机硒能很好地提高向初乳转移硒的效率，因而可以保证犊牛快速生长和免疫力发育。一项研究比较了无机硒或有机硒对安格斯牛初乳中硒水平的影响，结果显示，对照组初乳硒水平为 $28\mu g/L$，亚硒酸盐注射组为 46g/L，硒酵母注射组为 79g/L，硒酵母组比对照组的初乳硒水平提高了约 3 倍，与亚硒酸钠相比提高了约 1 倍，这进一步证实了无机硒在初乳中的转移效率更高。

正常情况下，犊牛补硒一般不影响其生长性能，但对硒缺乏的犊牛补硒有积极的作用。研究发现，在第 2 日、70 日、114 日和 149 日龄分别注射 0.05mg/kg 硒能显著提高犊牛的平均日增重（Castellan 等，1999）。然而，犊牛的初生重、日增重和死亡率不受硒添加形式的显著影响。也有研究发现，给新生犊牛每天补充 0.08mg 硒对犊牛的体重增加、体高或体长发育没有影响，但补硒能提高犊牛的免疫力，增强犊牛巨噬细胞的吞噬功能。新生犊牛的免疫系统不成熟，产前母牛在日粮中补硒可提高新生犊牛血清免疫球蛋白的浓度，这有助于新生犊牛抵抗出生后改变的环境条件。当环境温度低于 14.6℃时，新生牛犊表现出对寒冷的敏感性，为了应对这种应激，棕色脂肪组织的代谢活动加强，生热作用提高，然而棕色脂肪组织的代谢受 T3 激素调节，而 T3 激素又是一种硒依赖激素。因此，新生犊牛硒缺乏或不足不利于其适应寒冷环境。

综上所述，硒对犊牛的生长一般没有直接的促进作用。然而，补硒能提高犊牛应对不良刺激的能力。硒注射是一种快速有效的补硒方法，可以迅速恢复犊牛硒营养状态，但是这并不是唯一的方法。在生产实践中，为了避免犊牛缺硒，可以采用硒注射与日粮添加相结合的形式。

（四）硒对反刍动物生长性能的影响

适量补充硒会提高反刍动物的生产性能，改善缺硒引起的生产性能低下状况。硒促进动物生长的主要原因可能与影响碘代谢相关，硒是 $5'$-脱碘酶的组成成分，而 $5'$-脱碘酶可以促进 T4 向 T3 转化，增加 T3 的含量，促进生长激素的分泌，达到促进生长的效果。以 0、0.1、0.3、0.5、1.0mg/kg 干物质的蛋氨酸硒饲喂山羊，结果显示山羊日增重随补硒水平呈二次曲线形升高，以 0.3mg/kg 和 0.5mg/kg 增重最高。以 0.3mg/kg 干物质的硒酵母饲喂犊牛，结果发现添加硒酵母组犊牛血液 T3 含量显著增加，T4 含量降低，T3/T4 显著升高。在患有低血压的牛的日粮中添加硒后，生长性能提升。但在日粮硒供应充足情况下，额外添加硒对反刍动物生长性能没有明显的促生长效应。Gunter 等（2003）对 41 对放牧牛补充亚硒酸钠或硒酵母，结果显示不管哪种硒源均对牛的生产性能无显著影响；饲喂由施用富硒化肥生产的谷物制成的饲料对育肥公牛的生长没有显著影响。奶牛瘤胃内推注硒对犊牛初生重和平均日增重没有明显影响，饲喂含有超营养硒的日粮（矿物硒添加、硒酵母添加、富硒土壤生产的饲料作物）不影响育肥公牛或青年公牛的屠宰重和胴体重。硒蛋白的合成具有不同的优先顺序，当硒的供应不足或缺乏时，机体会在牺牲一些硒蛋白合成的前提下优先保证另一些硒蛋白的合成，DIO 处于这一优先级的顶端，因而不容易受到硒缺乏或不足的影响，这可能是大多数研究没有记录到补硒的促生长作用的原因。少数研究记录到的补硒的促生长作用可以解释为补硒的间接促生长作用。因为当硒不足或缺乏时，一些硒蛋白的合成不足会影响动物的抗氧化和免疫等功能，而这些效应又影响了动物的生长。因此，动物生长对补硒的反应取决于动物当前的硒状况，当硒缺乏时可能表现出间接的促生长作用，当硒充足时则不表现任何效应，而当动物处于严重硒缺乏状态时，直接的促生长作用可能才会显现。

（五）硒添加对肉品质和肉中脂肪酸组成的影响

肉的氧化反应是影响肉品质的最主要因素，脂肪氧化是肉品变质的主要原因。肉的氧化反应会影响肉的颜色、风味、质地和营养价值。研究表明，硒具有保护肉类的感官特征及质地的效果，GPX4 是一种重要的抗氧化酶，可以防止脂质过氧化。此外，硒还可能在脂质代谢中发挥作用。据报道，在补充硒期间，牛肉中的胆固醇含量有所降低。胆固醇是一种重要的生物化合物，存在于动物产品中，肉和肉制品中的胆固醇含量是不同的，一般每 100g 肉中胆固醇含量低于 70mg。与肉类相比，可食用内脏中胆固醇的含量更高。事实上，胆固醇的氧化会产生一些化合物，这些化合物被发现具有细胞毒性、诱变性和致癌性，胆固醇氧化产物被认为是动脉粥样硬化的主要诱因。因此，补硒后肉中胆固醇含量的降低使得这些肉品更具营养价值且更健康。利用不同来源硒和硒水平进行比较研究，以及测定肉类中各种类型的脂质是必要的。另一项研究使用富硒谷物对育肥公牛进行补硒后发现，该添加剂对肉色、pH、失水率、嫩度和氧化酸败无明显影响，这种添加剂降低了肉中脂肪含量。在牛补硒过程中，肉中饱和脂肪酸、单不饱和脂肪酸和多不饱和脂肪酸的总量和组成不受硒源的影响，有机硒提高了牛肉中的硒含量。育肥牛的日粮中添加有机硒提高了牛肉中亚油酸和棕榈酸的含量。就嫩度而言，文献报道结果不一，原因可能与肉中不同的硒掺入率、硒来源、硒类型和给药途径有关。

（六）硒对反刍动物免疫功能的影响

机体的免疫功能是保证动物健康生长的前提，而免疫功能的降低有可能导致相关疾病发生。硒缺乏可降低奶牛血液和乳中中性粒细胞对乳腺炎病原体的杀伤能力，降低中性粒细胞中自由基的数量。补硒有效提高了中性粒细胞的趋化性迁移和过氧化物的产量，从饲喂较高硒水平日粮的奶牛血液中获得的中性粒细胞具有更高的产生过氧化物和杀死病原微生物的潜力。皮下注射微量矿物质（锌 300mg、锰 50mg、硒 25mg、铜 75mg）对奶牛乳腺健康有积极影响，乳中中性粒细胞降低，亚临床和临床乳腺炎的发病率降低。研究发现，给绵羊饲喂同等剂量的硒酵母和亚硒酸钠饲粮，单核细胞及中性粒细胞的吞噬活性均显著高于不添加硒组，这表明硒的添加增强了机体的抗炎功能。补充硒可以减少奶牛乳腺疾病的发生率，分析这种现象的主要原因可能是添加硒能促进中性粒细胞的趋化性迁移，并促进其产生杀死病原菌所需的超氧化物，从而有效减少了乳腺疾病的发生。血液 GPX 活性与灌装乳中体细胞数呈明显的负相关。妊娠后期饲喂超营养水平的硒酵母改善了产后奶牛的抗氧化状态和免疫反应。产前 4 周添加超营养水平的硒酵母提高了产后奶牛的硒营养状况，有效减缓了产后早期氧化应激水平。日粮硒酵母和维生素 E 添加提高了公牛 NK 细胞的杀伤力，增加了脾脏 NK 细胞的表达。

硒添加可改善各种细胞和体液免疫应答水平。与日粮硒水平适宜相比，硒缺乏会使奶牛特定淋巴细胞亚群的成熟度降低，抗原诱导的外周血淋巴细胞增殖率降低。体外淋巴细胞培养试验表明，随着硒添加量的增加，淋巴细胞的增殖率提高。与 B 淋巴细胞相比，T 淋巴细胞更易受到硒缺乏的影响，可能与 T 淋巴细胞膜内不饱和脂肪酸含量高和膜的流动性高有关。IL-2 主要由活化的 $CD4^+$ T 细胞和 $CD8^+$ T 细胞产生，是所有 T 细胞亚群的生长因子，并可促进活化 B 细胞的增殖。硒添加可使高亲和力 IL-2 受体表达，而硒缺乏则延迟了该受体的表达，表明硒对 T 细胞的增殖具有刺激作用。研究发现，产犊前给奶牛肌内注射高剂量的硒提高了初乳中的抗体滴度。与自由采食含 20mg/kg 亚硒酸钠的矿物质预混料相比，肉牛和犊牛自由采食含 60mg/kg 硒酵母或 120mg/kg 亚硒酸钠的矿物质预混料明显提高了血浆和初乳中 IgG 和 IgM 含量。奶牛日粮中添加硒酵母明显提高了血清中 IgG 含量。体外细胞培养试验表明，添加硒（100mg/mL）明显提高了 B 淋巴细胞的增殖率和 IgM 产量。然而，Leyan 等的研究也发现，加硒对免疫球蛋白产量没有影响。补硒对母牛免疫被动转移有一定影响，奶牛补硒后血清和初乳中 IgG 含量升高，犊牛血清中 IgG 水平也较高。初乳中添加亚硒酸盐提高了新生犊牛对 IgG 的吸收。缺硒奶牛血液和乳中中性粒细胞对病原体的吞噬能力下降，补硒可提高初乳的抗氧化性能，初乳的氧化还原平衡在免疫因子从初乳到犊牛的被动转移中起着重要作用。需要注意的是，尽管硒是各种免疫机制所必需的微量营养素，但硒过量可能导致抗氧化基因的表达下调，抗氧化酶的合成不足，最终导致 ROS 的生成增加，因而强化了对包括免疫细胞在内的细胞的氧化损伤。

四、硒与围产期奶牛

众所周知，氧化应激是由于 ROS 的生成超过机体的抗氧化清除能力引起的，任何提高 ROS 生成以及降低抗氧化能力的因素均有可能最终导致氧化应激的发生。氧化应激与牛的多种疾病的发生和发展有关，包括乳腺炎、酸中毒、酮病、肠炎、肺炎、呼吸道疾病、产犊后胎盘滞留、黄体活动受阻等。雌性生殖过程中，ROS 通过各种信号传导途径在卵泡中形成，在卵母细胞成熟和胚胎发育中起调节作用。然而，过量的 ROS 产生和氧化应激被证明与各种生殖障碍以及妊娠的病理有关，可影响到卵巢的各种生理功能，包括卵巢类固醇的形成、卵母细胞成熟、排卵、胚胎的形成、着床、黄体溶解和孕期黄体的维持。事实上，从卵母细胞成熟到受精和胚胎发育，氧化应激会在各个层面上影响雌性动物的生殖系统。卵母细胞和其他卵泡细胞对氧化损伤敏感，可能导致原始卵泡所在的卵巢池耗竭并损害存活的卵母细胞。越来越多的证据表明，氧化应激与奶牛的胚胎死亡率增加有关，并可能是其致死的原因。与小母牛相比，泌乳母牛对氧磷酶－1活性较低是由于怀孕期间与氧化应激相关的分娩过程中新陈代谢努力提高的结果。与对照相比，妊娠晚期氧化应激指数较高的奶牛所生的小牛在出生时和整个研究过程中的体重都有所下降，犊牛血清 ROS、RNS 和 TNF－α水平提高，而且犊牛对微生物激动剂免疫反应降低。产后奶牛乳腺组织通过激活 Nrf2 信号通路被认为是维持细胞内适当的氧化还原平衡的关键。围产期奶牛疾病发生率的增加，其中一个原因是各种应激因素引起免疫功能不理想所致。尽管应激因素与免疫功能紊乱之间的复杂相互作用还不明确，但产犊前后 ROS 的产生和抗氧化防御能力不足在免疫系统损害中一定起着重要作用。

硒作为至少 25 种硒蛋白的前体具有特殊的地位，在抗氧化防御网络中具有极其重要的作用。对于围产期奶牛，由于机体所面临的应激因素较多，而且较其他时期应激程度较高，因此对硒的需要量要高于其他阶段。研究表明，在妊娠最后 4 周给奶牛饲喂硒酵母改善了产犊前后的抗氧化状态，降低了氧化应激水平，表现为产前 7d、产后 7d 和 21d 血浆 MDA 水平降低，产后 7d 和 21d 血浆 ROS 和 H_2O_2 浓度降低，血浆和红细胞 GPX 活性升高，红细胞 GSH 浓度升高（Gong 等，2018）。与添加无机硒的奶牛相比，添加羟基硒代蛋氨酸的奶牛血清 GPX 和 SOD 活性以及总抗氧化能力提高（Sun 等，2017）。在热应激期间，补充羟基硒代蛋氨酸的奶牛提高了血清和牛奶中的硒浓度，提高了总抗氧化能力，降低了血清 MDA、H_2O_2 和 NO 浓度（Sun 等，2019）。

❯ 主要参考文献

[1] 蔡世林，李元凤，周婷，等．酵母硒对断奶仔猪生长性能和养分消化率的影响 [J]．农业科技，2020，30（4）：11－13.

[2] 曹娟娟，张文兵，徐玮，等．大黄鱼幼鱼对饲料硒的需求量 [J]．水生生物学报，2015，39（2）：241－249.

[3] 方展强，王春凤．硒对汞致剑尾鱼鳃和肝组织总抗氧化能力变化的拮抗作用 [J]．实验动物与比较医学，2005（3）：136－139.

[4] 郝婧媛．饲料中添加硒对团头鲂幼鱼生长、糖脂代谢和抗氧化应激的影响及竹炭的缓解作用 [D]．南京：南京农业大学，2022.

[5] 郝小凤，凌去非，李彩娟，等．日粮中不同硒水平对大鳞副泥鳅肌肉品质的影响 [J]．饲料工业，2013，34（2）：28－33.

[6] 何柳青，曲湘勇，魏艳红，等．茶多酚和硒酵母及其互作对绿壳蛋鸡生产性能、蛋品

质及蛋黄中胆固醇和硒含量的影响 [J]. 动物营养学报，2012，24（10）：1966－1975.

[7] 胡俊茹，袁夕宸，黄文，等. 基于转录组分析不同硒源调节黄颡鱼适应低温应激的信号通路及关键基因 [J]. 动物营养学报，2021，33（8）：4662－4674.

[8] 黄峰，单雪风，张水妹，等. 螺旋藻富硒转化含硒蛋白质的鉴定及其抗氧化活性研究 [J]. 现代食品科技，2015，31（7）：99－104.

[9] 惠天朝，施明华，朱荫湄. 硒对罗非鱼慢性镉中毒肝抗氧化酶及转氨酶的影响 [J]. 中国兽医学报，2000（3）：264－266.

[10] 贾久满. 多维营养富硒生态饲料对鸡蛋品质及营养成分的影响 [J]. 饲料研究，2020，501（2）：21－25.

[11] 蒋守群. 有机硒在动物营养上的研究与应用 [J]. 饲料工业，2005（20）：43－45.

[12] 金明昌. 幼鲤硒缺乏症及其机制和硒需要量研究 [D]. 成都：四川农业大学，2008.

[13] 柯浩，刘振兴，曹艳林，等. 富硒益生菌对罗非鱼幼鱼生长和抗氧化水平的影响 [J]. 动物营养学报，2014，26（5）：1229－1237.

[14] 李汉东，李旭巧，吉红，等. 含棉籽浓缩蛋白饲料添加酵母硒对草鱼生长性能和肌肉品质的影响 [J]. 水生生物学报，2023，47（9）：1408－1415.

[15] 李兰兰. 多组学联合解析纳米硒参与虹鳟肝脏抗热应激的调控机制 [D]. 兰州：甘肃农业大学，2023.

[16] 李宁，郑银桦，吴秀峰，等. 大口黑鲈对饲料中酵母硒的耐受性研究 [J]. 动物营养学报，2017，29（6）：1949－1960.

[17] 李小霞，陈锋，潘庆，等. 酵母硒对凡纳滨对虾生长和抗氧化性能的影响 [J]. 华南农业大学学报，2014，35（6）：108－112.

[18] 梁萌青，王家林，常青，等. 饲料中硒的添加水平对鲈鱼生长性能及相关酶活性的影响 [J]. 中国水产科学，2006（6）：1017－1022.

[19] 梁萍，方永强，洪桂英，等. 硒对文昌鱼的毒性效应和生长的影响 [J]. 台湾海峡，1989（2）：62－67，91.

[20] 刘洪展，郑风荣，孙修勤，等. 亚硒酸钠对刺参免疫反应中体腔液酶活力的影响 [J]. 水产学报，2012，36（1）：98－105.

[21] 刘虎. 不同硒源及水平对蛋鸡生产性能、蛋品质、蛋硒含量及血液生化指标的影响 [D]. 长沙：湖南农业大学，2017.

[22] 刘孟洲，权群学，王玉安，等. 富硒饲料对肥育猪生长和胴体肉质影响的研究 [J]. 农业科技，2016，30（4）：46－48.

[23] 刘莎. 日粮中小球藻替代豆粕及添加酵母硒对草鱼生长性能、健康状况及肌肉品质

的影响 [D]. 杨凌：西北农林科技大学，2024.

[24] 刘至治，蔡完其，季高华，等. 几种免疫增强剂对中华鳖红细胞数量及免疫功能的影响 [J]. 上海水产大学学报，2006（1）：1-6.

[25] 龙萌. 酵母硒和茶多酚对团头鲂生长、抗氧化性能及抗应激的影响 [D]. 武汉：华中农业大学，2016.

[26] 鲁晓倩，张敏，于杨，等. 饲料中蛋氨酸硒添加量对仿刺参幼参摄食和生长的影响 [J]. 水产学杂志，2015，28（4）：18-23.

[27] 罗霄，方俊，刘刚，等. 日粮中添加酵母硒对断奶仔猪生长性能及抗氧化性能的影响 [J]. 饲料工业，2015，36（3）：6-10.

[28] 罗小龙. 鱼菜共生养殖系统构建及应用纳米硒饲料对其影响的研究 [D]. 杨凌：西北农林科技大学，2021.

[29] 阮国安，郑永慈，余双祥，等. 富硒肉鸽（食品）的研究 [J]. 养禽与禽病防治，2017（5）：40-44.

[30] 侍苗苗，秦粉菊，袁林喜，等. 纳米硒对中华绒螯蟹生长性能、硒含量和营养组成的影响 [J]. 饲料工业，2015，36（10）：21-25.

[31] 苏传福，罗莉，文华，等. 硒对草鱼生长、营养组成和消化酶活性的影响 [J]. 上海水产大学学报，2007（2）：124-129.

[32] 孙玲玲. 蛋氨酸硒羟基类似物或酵母硒对泌乳奶牛血清及乳中硒浓度、生产性能及抗氧化能力的影响 [D]. 北京：中国农业科学院，2018.

[33] 孙庆艳. 不同硒源在产蛋鸡上的评价 [D]. 北京：中国农业科学院，2016.

[34] 田文静，李二超，陈立侨，等. 酵母硒对中华绒螯蟹幼蟹生长、体组成分及抗氧化能力的影响 [J]. 中国水产科学，2014，21（1）：92-100.

[35] 汪开毓，彭成卓，金明昌，等. 鲤硒缺乏的病理学 [J]. 水产学报，2009，33（1）：103-111.

[36] 王华丽，张劲松，王旭芳，等. 甲基硒半胱氨酸的生物利用率和毒性的研究 [J]. 营养学报，2007（6）：544-546.

[37] 王吉桥，王志香，于红艳，等. 饲料中不同类型的硒对仿刺参幼参生长和免疫指标的影响 [J]. 大连海洋大学学报，2011，26（4）：306-311.

[38] 王力. 日粮硒对鱼类肌肉生长的调控作用及其机制研究 [D]. 武汉：华中农业大学，2020.

[39] 王彦波，宋达峰. 不同来源硒对异育银鲫的生物学效应研究 [J]. 饲料工业，2011，32（14）：37-40.

[40] 魏文志，杨志强，罗方妮，等. 饲料中添加有机硒对异育银鲫生长的影响 [J]. 淡水渔业，2001（3）：45-46.

[41] 吴彦呈. 饲料中硒代蛋氨酸添加水平对摄食氧化鱼油的斑马鱼肠道健康及抗氧化功能的影响 [D]. 成都：四川农业大学，2022.

[42] 吴振聪. 鲍内脏糖蛋白纳米硒的制备及其对罗非鱼生长、免疫基因及肠道微生物的影响 [D]. 厦门：集美大学，2024.

[43] 谢敏，向建国，李太原. 添加酵母硒对鳙幼鱼生长和体成分的影响 [J]. 饲料工业，2013，34 (12)：57-59.

[44] 熊华伟. 亚硒酸钠胁迫下斑点叉尾鮰脑组织差异蛋白质组研究 [D]. 南昌：南昌大学，2012.

[45] 许友卿，李太元，丁兆坤，等. 添加酵母硒对鳙鱼消化酶活性与饲料转化率的影响 [J]. 水产科学，2013 (7)：391-395.

[46] 杨景森，王其龙，王丽，等. 酵母硒抗氧化作用及其对肥育猪肉品质影响的研究进展 [J]. 广东农业科学，2020，47 (4)：115-122.

[47] 杨玉，孙煜，孙宝盛，等. 酵母硒对产蛋后期蛋鸡生产性能、蛋品质、抗氧化与脂代谢及其相关基因表达的影响 [J]. 动物营养学报，2018，30 (11)：4397-4407.

[48] 姚朝瑞. 硒对亚硝酸钠引致的草鱼肝肾细胞损伤的保护作用研究 [D]. 武汉：华中农业大学，2021.

[49] 余洁，李琳玲，肖贤，等. 植物富硒栽培研究进展综述 [J]. 湖北农业科学，2017，56 (16)：3017-3021.

[50] 张辰. 富硒壶瓶碎米荠对青鱼幼鱼生长、代谢和免疫指标的影响 [D]. 湖州：湖州师范学院，2022.

[51] 张清雯. 微量元素镧和硒对条纹锯鮨生长及相关酶活性的影响研究 [D]. 上海：上海海洋大学，2019.

[52] 张禹熙. 饲料中添加酵母硒对刺参生长和性腺发育的影响 [D]. 大连：大连海洋大学，2024.

[53] 张志浩. 三种硒源对南美白对虾生长性能和免疫指标的影响 [D]. 佛山：佛山科学技术学院，2021.

[54] 钟永生，万承波，林黛，琴. 富硒鸡蛋中微量元素硒的形态分析 [J]. 江西化工，2019，(04)：30-32.

[55] 周顺伍. 动物生物化学 [M]. 北京：化学工业出版社，2008.

[56] 周玮，张津源，王祖峰，等. 3种硒化合物对刺参的急性毒性比较 [J]. 大连海洋大学学报，2014，29 (6)：629-632.

[57] 朱春峰. 有机硒和无机硒对异育银鲫生长、生理的影响 [D]. 苏州：苏州大学，2009.

[58] Adkins R S, Ewan R C. Effect of selenium on performance, serum selenium concentration

and glutathione peroxidase activity in pigs [J]. Journal of Animal Science, 1984, 58 (2): 346 - 350.

[59] Adkins R S, Ewan R C. Effect of supplemental selenium on pancreatic function and nutrient digestibility in the pig [J]. Journal of Animal Science, 1984, 58 (2): 351 - 355.

[60] Aghwan Z A, Sazili A Q, Kadhim KK, et al. Effects of dietary supplementation of selenium and iodine on growth performance, carcass characteristics and histology of thyroid gland in goats [J]. Animal Science Journal, 2016, 87 (5): 690 - 696.

[61] Awadeh F T, Kincaid RL, Johnson KA. Effect of level and source of dietary selenium on concentrations of thyroid hormones and immunoglobulins in beef cows and calves [J]. Journal of Animal Science, 1998, 76 (4): 1204 - 1215.

[62] Bell J G, Pirie B J, Adron J W, et al. Some effects of selenium deficiency on glutathione peroxidase (EC 1.11.1.9) activity and tissue pathology in rainbow trout (*Salmo gairdneri*) [J]. British Journal of Nutrition, 1986, 55 (55): 305 - 311.

[63] Biller - Takahashi J D, Takahashi LS, Mingatto FE, et al. The immune system is limited by oxidative stress: Dietary selenium promotes optimal antioxidative status and greatest immune defense in pacu *piaractus mesopotamicus* [J]. Fish & Shellfish Immunology, 2015, 47 (1): 360 - 367.

[64] Bjerregaard P, Christensen A. Selenium reduces the retention of methyl mercury in the brown shrimp *Crangon crangon* [J]. Environmental Science & Technology, 2012, 46 (11): 6324 - 6329.

[65] Bourne N, Wathes D C, Lawrence K E, et al. The effect of parenteral supplementation of vitamin E with selenium on the health and productivity of dairy cattle in the UK [J]. Veterinary Journal, 2008, 177 (3): 381 - 387.

[66] Cai S J, Wu C X, Gong L M, et al. Effects of nano - selenium on performance, meat quality, immune function, oxidation resistance, and tissue selenium content in broilers [J]. Poultry Science, 2012, 91 (10): 2532 - 2539.

[67] Calvo L, Toldrá F, Rodríguez A I, et al. Effect of dietary selenium source (organic vs. mineral) and muscle pH on meat quality characteristics of pigs [J]. Food Science & Nutrition, 2017, 5 (1): 94 - 102.

[68] Castellan D M, Maas J P, Gardner IA, et al. Growth of suckling beef calves in response to parenteral administration of selenium and the effect of dietary protein provided to their dams [J]. Journal of the American Veterinary Medical Association, 1999, 214 (6): 816 - 821.

［69］ Ceballos A，Sánchez J，Stryhn H，et al. Meta – analysis of the effect of oral selenium supplementation on milk selenium concentration in cattle ［J］. Journal of Dairy Science，2009，92（1）：324 – 342.

［70］ Chiu S T，Hsieh S L，Yeh S P，et al. The increase of immunity and disease resistance of the giant freshwater prawn，Macrobrachium rosenbergii by feeding with selenium enriched – diet ［J］. Fish & Shellfish Immunology，2010，29（4）：623 – 629.

［71］ Christodoulopoulos G，Roubies N，Karatzias H，et al. Selenium concentration in blood and hair of holstein dairy cows ［J］. Biological Trace Element Research，2003，91（2）：145 – 150.

［72］ Čobanová K，Faix Š，Plachá I，et al. Effects of different dietary selenium sources on antioxidant status and blood phagocytic activity in sheep ［J］. Biological Trace Element Research，2017，175（2）：339 – 346.

［73］ Cobanova K，Petrovic V，Mellen M，et al. Effectsof dietary form of selenium on its distribution in eggs ［J］. Biological Trace Element Research，2011，144（1 – 3）：736 – 746.

［74］ Cremades O，Mar Diaz – Herrero M，Carbonero – Aguilar P，et al. Preparation and characterisation of selenium – enriched mushroom aqueous enzymatic extracts （MAEE） obtained from the white button mushroom （*Agaricus bisporus*） ［J］. Food Chemistry，2012，133（4）：1538 – 1543.

［75］ Dalto B D，Tsoi S，Audet I，et al. Gene expression of porcine blastocysts from gilts fed organic or inorganic selenium and pyridoxine ［J］. The Official Journal of the Society for the Study of Fertility，2015，149（1）：31 – 42.

［76］ Daun C，Akesson B. Glutathione peroxidase activity，and content of total and soluble selenium in five bovine and porcine organs used in meat production ［J］. Meat Science，2004，66（4）：801 – 807.

［77］ De Toledo L R，Perry T W. Distribution of supplemental selenium in the serum，hair，colostrum，and fetus of parturient dairy cows ［J］. Journal of Dairy Science，1985，68（12）：3249 – 3254.

［78］ Demircan K，Jensen R C，Chillon TS，et al. Serum selenium，selenoprotein P，and glutathione peroxidase 3during early and late pregnancy in association with gestational diabetes mellitus：Prospective Odense Child Cohort ［J］. The American Journal of Clinical Nutrition，2023，118（6）：1224 – 1234.

［79］ Duntas L H，Benvenga S. Selenium：an element for life ［J］. Endocrine，2015，48（3）：756 – 775.

［80］ Elia A C，Prearo M，Pacini N，et al. Effects of selenium diets on growth， accumulation and antioxidant response in juvenile carp [J]. Ecotoxicology and Environmental Safety, 2011, 74 (2): 166 - 173.

[81] Enjalbert F, Lebreton P, Salat O, et al. Effects of pre - or postpartum selenium supplementation on selenium status in beef cows and their calves [J]. Journal of Animal Science, 1999, 77 (1): 223 - 229.

[82] Fang Y, Chen X, Luo P Z, et al. The correlation between in vitro antioxidant activity and immunomodulatory activity of enzymatic hydrolysates from selenium - enriched rice protein [J]. Journal of Food Science, 2017, 82 (2): 517 - 522.

[83] Fisinin V I, Papazyan T T, Surai P E. Producing selenium - enriched eggs and meat to improve the selenium status of the general population [J]. Critical Reviews in Biotechnology, 2009, 29 (1): 18 - 28.

[84] Foster L H, Sumar S. Selenium in health and disease: a review [J]. Critical Reviews in Food Science and Nutrition, 1997, 37 (3): 211 - 228.

[85] Gerloff B J. Effect of selenium supplementation on dairy cattle [J]. Journal of Animal Science, 1992, 70 (12): 3934 - 3940.

[86] Gong J, Xiao M. Effect of organic selenium supplementation on selenium status, oxidative stress, and antioxidant status in selenium - adequate dairy cows during the periparturient period [J]. Biological Trace Element Research, 2018, 186 (2): 430 - 440.

[87] Graham T W. Trace element deficiencies in cattle [J]. Food Animal Practice, 1991, 7 (1): 153 - 215.

[88] Gunter S A, Beck P A, Phillips J K. Effects of supplementary selenium source on the performance and blood measurements in beef cows and their calves [J]. Journal of Animal Science, 2003, 81 (4): 856 - 864.

[89] Hao X, Ling Q, Hong F. Effects of dietary selenium on the pathological changes and oxidative stress in loach (*Paramisgurnus dabryanus*) [J]. Fish Physiology and Biochemistry, 2014, 40 (5): 1313 - 1323.

[90] Hogan J S, Smith K L, Weiss WP, et al. Relationships among vitamin E, selenium, and bovine blood neutrophils [J]. Journal of Dairy Science, 1990, 73 (9): 2372 - 2378.

[91] Hosnedlova B, Kepinska M, Skalickova S, et al. A summary of new findings on the biological effects of selenium in selected animal species - a critical review [J]. International Journal of Molecular Sciences, 2017, 18 (10): 2209.

[92] Hostetler C E, Kincaid R L. Gestational changes in concentrations of selenium and zinc in the porcine fetus and the effects of maternal intake of selenium [J]. Biological

Trace Element Research，2004，97（1）：57－70.

［93］Hu H，Wang M，Zhan X，et al. Effect of different selenium sources on productive performance，serum and milk Se concentrations，and antioxidant status of sows ［J］. Biological Trace Element Research，2011，142（3）：471－480.

［94］Huang S S Y，Strathe A B，Fadel J G，et al. The interactive effects of selenomethionine and methylmercury on their absorption，disposition，and elimination in juvenile white sturgeon ［J］. Aquatic Toxicology，2013，126（3）：274－282.

［95］Juniper D T，Phipps R H，Givens DI，et al. Tolerance of ruminant animals to high dose in－feed administration of a selenium－enriched yeast ［J］. Journal of Animal Science，2008，86（1）：197－204.

［96］Khan M I，Min J S，Lee S O，et al. Cooking，storage，and reheating effect on the formation of cholesterol oxidation products in processed meat products ［J］. Lipids in Health and Disease，2015，14（3）：89.

［97］Khatti A，Mehrotra S，Patel P K，et al. Supplementation of vitamin E，selenium and increased energy allowance mitigates the transition stress and improves postpartum reproductive performance in the crossbred cow ［J］. Theriogenology，2017，104（2）：142－148.

［98］Kieliszek M，Blazejak S. Currentknowledge on the importance of selenium in food for living organisms：A Review ［J］. Molecules，2016，21（5）：609.

［99］Kipp A P，Strohm D，Brigelius－Flohe R，et al. Revised reference values for selenium intake ［J］. Journal of Trace Elements in Medicine and Biology，2015（32）：195－199.

［100］Larsen P R，Berry M J. Nutritional and hormonal regulation of thyroid hormone deiodinases ［J］. Annual Review of Nutrition，1995，15（1）：323－352.

［101］Lean I J，Troutt H F，Boermans H，et al. An investigation of bulk tank milk selenium levels in the San Joaquin Valley of California ［J］. The Cornell Veterinarian，1990，80（1）：41－51.

［102］Lei X G，Dann H M，Ross D A，et al. Dietary selenium supplementation is required to support full expression of three selenium－dependent glutathione peroxidases in various tissues of weanling pigs ［J］. The Journal of Nutrition，1998，128（1）：130－135.

［103］Li Q，Liu M，Hou J，et al. The prevalence of Keshan disease in China ［J］. International Journal of Cardiology，2013，168（2）：1121－1126.

［104］Liu G X，Jiang G Z，Lu K L，et al. Effects of dietary selenium on the growth， selenium status, antioxidant activities, muscle composition and meat quality of blunt snout bream, *Megalobrama amblycephala* [J]. Aquaculture Nutrition, 2017, 23 (4): 777 - 787.

[105] Liu H, Bian W, Liu S, et al. Selenium protects bone marrow stromal cells against hydrogen peroxide - induced inhibition of osteoblastic differentiation by suppressing oxidative stressand ERK signaling pathway [J]. Biological Trace Element Research, 2012, 150 (1 - 3): 441 - 450.

[106] Lizarraga R M, Anchordoquy J M, Galarza E M, et al. Sodium selenite improves in vitro maturation of Bos primigenius taurus oocytes [J]. Biological Trace Element Research, 2020, 197 (1): 149 - 158.

[107] Loudenslager M J, Ku P K, Whetter P A, et al. Importance of diet of dam and colostrum to the biological antioxidant status and parenteral iron tolerance of the pig [J]. Journal of Animal Science 1986, 63 (6): 1905 - 1914.

[108] Lu Y, Zhang A, Li C, et al. The link between selenium binding protein from *Sinonovacula constricta* and environmental pollutions exposure [J]. Fish & Shellfish Immunology, 2013, 35 (2): 271 - 277.

[109] Mahan D C, Kim Y Y. Effect of inorganic or organic selenium at two dietary levels on reproductive performance and tissue selenium concentrations in first - parity gilts and their progeny [J]. Journal of Animal Science, 1996, 74 (11): 2711 - 2718.

[110] Mahan D C, Parrett N A. Evaluating the efficacy of selenium - enriched yeast and sodium selenite on tissue selenium retention and serum glutathione peroxidase activity in grower and finisher swine [J]. Journal of Animal Science, 1996, 74 (12): 2967 - 2974.

[111] Mahan D C, Peters J C. Long - term effects of dietary organic and inorganic selenium sources and levels on reproducing sows and their progeny [J]. Journal of Animal Science, 2004, 82 (5): 1343 - 1358.

[112] Mahan D C. Effect of inorganic selenium supplementation on selenium retention in postweaning swine [J]. Journal of Animal Science, 1985, 61 (1): 173 - 178.

[113] Mahan D C. Effect of organic and inorganic selenium sources and levelson sow colostrum and milk selenium content [J]. Journal of Animal Science, 2000, 78 (1): 100 - 105.

[114] Mansour A T, Goda A A, Omar E A, et al. Dietary supplementation of organic selenium improves growth, survival, antioxidant and immune status of meagre, *Argyrosomus regius*, juveniles [J]. Fish & Shellfish Immunology, 2017, 68 (1):

516 – 524.

[115] Marin – Guzman J, Mahan D C, Chung Y K, et al. Effects of dietary selenium and vitamin E on boar performance and tissue responses, semen quality, and subsequent fertilization rates in mature gilts [J]. Journal of Animal Science, 1997, 75 (11): 2994 – 3003.

[116] Marin – Guzman J, Mahan D C, Whitmoyer R. Effect of dietary selenium and vitamin E on the ultrastructure and ATP concentration of boar spermatozoa, and the efficacy of added sodium selenite in extended semen on sperm motility [J]. Journal of Animal Science, 2000, 78 (6): 1544 – 1550.

[117] Martins S M, De Andrade A F, Zaffalon F G, et al. Organic selenium supplementation increases PHGPx but does not improve viability in chilled boar semen [J]. Andrologia, 2015; 47 (1): 85 – 90.

[118] Mojapelo M M Lehloenya K C. Effect of selenium supplementation on attainment of puberty in Saanen male goat kids [J]. Theriogenology, 2019, 138 (1): 9 – 15.

[119] Monteiro D A, Rantin F T, Kalinin A L. The effects of selenium on oxidative stress biomarkers in the freshwater characid fish matrinxã, *Brycon cephalus* (Günther, 1869) exposedto organophosphate insecticide Folisuper 600 BR (methyl parathion) [J]. Comparative Biochemistry and Physiology Part C: Toxicology & Pharmacology, 2009, 149 (1): 40 – 49.

[120] Mu C, Ni D, Zhao J, et al. cDNA cloning and mRNA expression of a selenium – dependent glutathione peroxidase from Zhikong scallop *Chlamys farreri* [J]. Comparative Biochemistry and Physiology Part B: Biochemistry and Molecular Biology, 2010, 157 (2): 182 – 188.

[121] Navarro – Alarcon M, Cabrera – Vique C. Selenium in food and the human body: A review [J]. Science of the Total Environment, 2008, 400 (1 – 3): 115 – 141.

[122] Netto A S, Zanetti M A, Claro G R, et al. Effects of copper and selenium supplementation on performance and lipid metabolism in confined brangus bulls [J]. Asian – Australasian Journal of Animal Sciences, 2014, 27 (4): 488 – 494.

[123] Nève J. New approaches toassess selenium status and requirement [J]. Nutrition Reviews, 2000, 58 (12): 363 – 369.

[124] Patterson S, Zee J, Wiseman S, et al. Effects of chronic exposure to dietary selenomethionine on the physiological stress response in juvenile white sturgeon (*Acipenser transmontanus*) [J]. Aquatic Toxicology (Amsterdam, Netherlands), 2017, 186 (1): 77 – 86.

[125] Perry T W, Caldwell D M, Peterson RC. Selenium content of feeds and effect of dietary selenium on hair and blood serum [J]. Journal of Dairy Science, 1976, 59 (4): 760 – 763.

[126] Phipps R H, Grandison A S, Jones A K, et al. Selenium supplementation of lactating dairy cows: effects on milk production and total selenium content and speciation in blood, milk and cheese [J]. Animal: an international journal of animal bioscience, 2008, 2 (11): 1610 – 1618.

[127] Poston H A, Combs G F Jr, Leibovitz L. Vitamin E and selenium interrelations in the diet of Atlantic salmon (*Salmo salar*): Gross, histological and biochemical deficiency signs [J]. Journal of Nutrition, 1976, 106 (7): 892 – 904.

[128] Ran L, Wu X, Shen X, et al. Effects of selenium form on blood and milk selenium concentrations, milk component and milk fatty acid composition in dairy cows [J]. Journal of the Science of Food and Agriculture, 2010, 90 (13): 2214 – 2219.

[129] Rayman M P. Selenium and human health [J]. The Lancet, 2012, 379 (9822): 1256 – 1268.

[130] Rowntree J E, Hill G M, Hawkins D R, et al. Effect of Se on selenoprotein activity and thyroid hormone metabolism in beef and dairy cows and calves [J]. Journal of Animal Science, 2004, 82 (10): 2995 – 3005.

[131] Saffari S, Keyvanshokooh S, Zakeri M, et al. Effects of dietary organic, inorganic, and nanoparticulate selenium sources on growth, hemato – immunological, and serum biochemical parameters of common carp (*Cyprinus carpio*) [J]. Fish Physiology Biochem, 2018, 44 (4): 1087 – 1097.

[132] Saugstad O D. Oxidative stress in the newborn – A 30 – year perspective [J]. Biology of the Neonate, 2005, 88 (3): 228 – 236.

[133] Scholz R W, Hutchinson L J. Distribution of glutathione peroxidase activity and selenium in the blood of dairy cows [J]. American Journal Veterinary Research, 1979, 40 (2): 245 – 249.

[134] Sele V, Ørnsrud R, Sloth J J, et al. Selenium and selenium species infeeds and muscle tissue of Atlantic salmon [J]. Journal of Trace Elements in Medicine and Biology, 2018, 47 (1): 124 – 133.

[135] Sirimanapong W, Intarungsee Y, Thongrueng K. Effects of dietary manna oligosaccharide and organic selenium on blood component, non – specific immune response and resistance to Streptococcus agalactiae in Nile tilapia (*Oreochromis niloticus*) [J]. Fish & Shellfish Immunology, 2016, 53 (1): 69.

[136] Song L, Zou H, Chang Y, et al. The cDNA cloning and mRNA expression of a potential selenium - binding protein gene in the scallop *Chlamys farreri* [J]. Developmental and Comparative Immunology, 2006, 30 (3): 265 - 273.

[137] Sordillo L M. Selenium - dependent regulation of oxidative stress and immunity in periparturient dairy cattle [J]. Veterinary Medicine International, 2013 (1): 8.

[138] Spears J W, Weiss W P. Role of antioxidants and trace elementsin health and immunity of transition dairy cows [J]. The Veterinary Journal, 2008, 176 (1): 70 - 76.

[139] Stowe H D, Herdt T H. Clinical assessment of selenium status of livestock [J]. Journal of Animal Science, 1992, 70 (12): 3928 - 3933.

[140] Sun L, Liu G, Xu D, et al. Milk selenium content and speciation in response to supranutritional selenium yeast supplementation in cows [J]. Animal Nutrition, 2021, 7 (4): 1087 - 1094.

[141] Sun L L, Gao S T, Wang K, et al. Effects of source on bioavailability of selenium, antioxidant status, and performance in lactating dairy cows during oxidative stress - inducing conditions [J]. Journal of Dairy Science, 2019, 102 (1): 311 - 319.

[142] Sun P, Wang J, Liu W, et al. Hydroxy - selenomethionine: A novel organic selenium source that improves antioxidant status and selenium concentrations in milk and plasma of mid - lactation dairy cows [J]. Journal of Dairy Science, 2017, 100 (12): 9602 - 9610.

[143] Sun W, Shi H, Gong C, et al. Effects of different yeast selenium levels on rumen fermentation parameters, digestive enzyme activity and gastrointestinal microflora of sika deer during antler growth [J]. Microorganisms, 2023, 11 (6): 1444.

[144] Thomson C D. Assessment of requirements for selenium and adequacy of selenium status: A review [J]. European Journal of Clinical Nutrition, 2004, 58 (3): 391 - 402.

[145] Trevisan R, Mello D F, Fisher A S, et al. Selenium in water enhances antioxidant defenses and protects against copper - induced DNA damage in the blue mussel *Mytilus edulis* [J]. Aquatic Toxicology, 2011, 101 (1): 64 - 71.

[146] Vernet P, Rock E, Mazur A, et al. Selenium - independent epididymis - restricted glutathione peroxidase 5 protein (GPX5) can back up failing Se - dependent GPXs in mice subjected to selenium deficiency [J]. Molecular Reproduction and Development, 1999, 54 (4): 362 - 370.

[147] Von Stockhausen H B. Selenium in total parenteral nutrition [J]. Biological Trace Element Research, 1988, 15 (1): 147 - 155.

[148] Wang C L, Lovell R T. Organic selenium sources, selenomethionine and selenoyeast, have higher bioavailability than an inorganic selenium source, sodium selenite, in diets for channel catfish (*Ictalurus punctatus*) [J]. Aquaculture, 1997, 152 (1 - 4): 223 - 234.

[149] Wang D, Zhang Y, Chen Q, et al. Selenium - enriched Cardamine violifolia improves growth performance with potential regulation of intestinal health and antioxidant function in weaned pigs [J]. Frontiers in Veterinary Science, 2022, 9 (11): 964766.

[150] Wang L, Xiao J X, Hua Y, et al. Effects of dietary selenium polysaccharide on growth performance, oxidative stress and tissue selenium accumulation of juvenile black sea bream, *Acanthopagrus schlegelii* [J]. Aquaculture, 2019, 503 (1): 389 - 395.

[151] Wang L, Zhang X Z, Wu L, et al. Expression of selenoprotein genes in muscle is crucial for the growth of rainbow trout (*Oncorhynchus mykiss*) fed diets supplemented with selenium yeast [J]. Aquaculture, 2018, 492 (1): 82 - 90.

[152] Wang W, Mai K, Zhang W, et al. Dietary selenium requirement and its toxicity in juvenile abalone *Haliotis discus hannai* Ino [J]. Aquaculture, 2012, 330 (1): 42 - 46.

[153] Wang Y, Zhang X, Wang T, et al. A spatial study on Keshan disease prevalence and selenoprotein P in the Heilongjiang Province, China [J]. International Journal of Occupational Medicine and Environmental Health, 2021, 34 (5): 659 - 666.

[154] Weiss W P, Todhunter D A, Hogan JS, et al. Effect of duration of supplementation of selenium and vitamin E on periparturient dairy cows [J]. Journal of Dairy Science, 1990, 73 (11): 3187 - 3194.

[155] Whanger P D. Selenocompounds in plants and animals and their biological significance [J]. Journal of the American College of Nutrition, 2002, 21 (3): 223 - 232.

[156] White P J. Selenium accumulation by plants [J]. Annals of Botany, 2016, 117 (2): 217 - 235.

[157] Wichtel J J, Craigie A L, Freeman D A, et al. Effect of selenium and Iodine supplementation on growth rate and on thyroid and somatotropic function in dairy calves at pasture [J]. Journal of Dairy Science, 1996, 79 (10): 1865 - 1872.

[158] Wichtel J J, Keefe G P, Van Leeuwen J A, et al. The selenium status of dairy herds in Prince Edward Island [J]. The Canadian Veterinary Journal, 2004, 45 (2): 124 - 132.

[159] Xia Y, Hill K E, Byrne D W, et al. Effectiveness of selenium supplements in a low - selenium area of China [J]. The American Journal of Clinical Nutrition, 2005, 81 (4): 829 - 834.

[160] Xia Y M, Hill K E, Burk R F. Biochemical studies of a selenium - deficient population in China: measurement of selenium, glutathione peroxidase and other oxidant defense indices in blood [J]. The Journal of Nutrition, 1989, 119 (9): 1318 - 1326.

[161] Xu J, Yang F M, Chen L C, et al. Effect of selenium on increasing the antioxidant activity of tea leaves harvested during the early spring tea producing season [J]. Journal of Agricultural and Food Chemistry, 2003, 51 (4): 1081 - 1084.

[162] Yu H, Zhang C, Zhang X, et al. Dietary nano - seleniumenhances antioxidant capacity and hypoxia tolerance of grass carp *Ctenopharyngodon idella* fed with high - fat diet [J]. Aquaculture Nutrition, 2020, 26 (2): 545 - 557.

[163] Zhan X, Qie Y, Wang M, et al. Selenomethionine: an effective selenium source forsow to improve Se distribution, antioxidant status, and growth performance of pig offspring [J]. Biological Trace Element Research, 2011, 142 (3): 481 - 491.

[164] Zhan X, Wang M, Zhao R, et al. Effects of different seleniumsource on selenium distribution, loin quality and antioxidant status in finishing pigs [J]. Animal Feed Science and Technology, 2007, 132 (3 - 4): 202 - 211.

[165] Zhang L, Liu X R, Liu J Z, et al. Supplemented Organic and Inorganic Selenium Affects Milk Performance and Selenium Concentration in Milk and Tissues in the Guanzhong Dairy Goat [J]. Biological Trace Element Research, 2018, 183 (2): 254 - 260.

[166] Zhang Y B, Zhang B J, Rui Y K. Study on selenium and other trace elementspresents in selenium - enriched strawberry by ICP - MS [J]. Asian Journal of Chemistry, 2013, 25 (11): 6451 - 6452.

[167] Zhao Y, Flowers W L, Saraiva A, et al. Effect of social ranks and gestation housing systems on oxidative stress status, reproductive performance, and immune status of sows [J]. Journal of Animal Science, 2013, 91 (12): 5848 - 5858.

[168] Zheng L, Jiang W D, Feng L, et al. Selenium deficiencyimpaired structural integrity of the head kidney, spleen and skin in young grass carp (*Ctenopharyngodon idella*) [J]. Fish & Shellfish Immunology, 2018 (82): 408 - 420.

第五章 富硒动物产品的生产、加工与利用

　　硒存在于土壤中，通过植物进入食物链，人摄取硒的主要来源是食物，食物含硒量直接影响着人体硒营养水平。各类食物的含硒量不同，大致顺序为：动物内脏＞鱼＞肉＞粮食＞蔬菜＞水果，可看出动物产品对硒的摄入贡献最大。这个顺序与食品中蛋白质含量的顺序基本一致，其原因是有机硒主要以硒代蛋氨酸、硒代半胱氨酸等形式存在于蛋白质中，含蛋白高的食品更容易转化和存留硒，所以富含蛋白质的食物中的硒含量也就相对多一些。然而，纯天然食物中含硒量普遍偏低，单纯依靠纯天然食物中的硒无法完全满足人体对硒的需要。为了提高硒的摄入量，人们可以通过多种方式实现，主要包括饮食中直接补充硒制剂、土壤中施用硒肥、补充用富硒酵母生产的面包以及富硒动物食品（肉、蛋、奶）。最近的各类研究表明，通过在动物饲料中添加硒，经动物体内转化可在其体内积累丰富的有机硒化合物，从而获得富硒动物性食物产品，非常适合人们日常补硒食用，具有口感好、消化利用率高、食用安全等优点。这成为一种提高人类硒摄入量的可行策略。

　　富硒动物性食品常见的生产和加工方式如下：一是在富硒地区利用当地天然富硒饲料喂养的畜禽动物经屠宰、加工后制备而成；二是在基础饲料中添加硒补充剂生产富硒畜禽肉品，其中添加的硒补充剂主要有无机硒、有机硒和纳米硒；三是在畜禽肉制品加工过程中直接添加外源硒强化剂得到富硒肉品，如硒化卡拉胶、富硒酵母粉、富硒蔬菜粉等。

　　目前还缺少有关富硒动物性食品的硒含量及硒形态的国家标准，行业标准也较少，地方标准、团体标准和企业标准相对较多。中华人民共和国供销合作行业标准 GH/T 1135—2017《富硒农产品》中规定：肉类和蛋

类中总硒含量是 0.15~0.50mg/kg，硒代氨基酸含量占总硒含量的百分比是大于或等于 80%。湖北省食品安全地方标准 DBS 42/002—2022《食品安全地方标准　富有机硒食品硒含量要求》中规定：肉及肉制品（鲜、冻肉及其制品，畜、禽内脏）和水产动物及其制品的总硒含量（以 Se 计）是 15.0~50.0μg/100g；蛋及蛋制品总硒含量（以 Se 计）是 15.0~200.0μg/100g；有机硒占总硒含量质量分数均为大于或等于 80%。

第一节　富硒动物产品的生产方法

一、富硒鸡蛋的生产方法

（一）富硒鸡蛋生产原理

我国缺硒地区较多，富硒鸡蛋作为快消产品，容易被人们接受，市场前景大，研发生产经济效益明显。蛋鸡在生产过程中通过在日粮、饮水或肌肉注射等方式中添加微量元素硒，使蛋鸡血硒含量超过机体对硒的需要量，并通过主动运输向机体各组织、器官转移，使各组织中硒含量稳定至平衡状态；当细胞内谷胱甘肽含量正常时，硒易于穿过卵巢屏障，使得生殖系统中硒浓度较高，最终沉积到蛋中，使硒含量升高。

要生产富含硒的鸡蛋，需要考虑几个关键因素：日粮中硒的生物利用率；硒在饲料中的形态；有机硒的可用性；饲料中硒水平对鸡的安全性；硒与蛋中其他营养物质的吸收互动；烹饪过程中硒的稳定性；对蛋品外观和风味的潜在影响；生产成本与效益的平衡；市场对富硒蛋的接受度和消费能力；以及保护技术不被复制的专利策略等。

全球有 20 多个国家生产富硒蛋，其中俄罗斯在技术上领先，产品种类丰富，其富硒蛋每颗能提供 20~30μg 的硒，有的产品还同时富含维生素 E。由于鸡蛋是许多国家的传统食品，价格适中，各类人群都需定期适量食用。要通过食用富硒蛋达到硒的中毒量，每天需要食用超过 25 个，这在实际中不太可能，因此富硒蛋的安全性很高。

经验表明，生产富硒蛋的成本通常不会超过饲料总成本的 2%~5%。使用有机硒提高蛋中硒含量还有助于改善蛋重、蛋壳质量和内部蛋品质。

这种改良在市场上提高了鸡蛋的销售潜力，且不会引起价格大幅上涨，同时也能在现有的功能性鸡蛋（如富含 omega‐3、维生素 E、碘的鸡蛋）中进一步增加附加价值。

目前硒在蛋鸡日粮中添加研究多集中在不同硒源、不同添加剂量的使用以及硒对蛋鸡生理机能的影响，较多的是采用添加高水平硒的方法得到富硒鸡蛋。对于高硒日粮对蛋鸡生产性能的影响，各研究结果不尽相同，但通常情况下在日粮中长期添加高水平硒，有可能导致蛋鸡硒中毒，进而影响产蛋性能；同时日粮长期高硒添加对于环境也有潜在危害。因此，在《饲料添加剂安全使用规范》规定的 0.5mg/kg 硒的最高限量下，如何生产富硒蛋或者高硒蛋，应进一步开展系统性的研究。不同蛋鸡品种、不同日龄下最适硒源的添加量及饲喂时间等都将影响蛋硒转化率，同时还应注意蛋氨酸的添加量，不同维生素、不同微量元素与硒之间的平衡关系，以得到最佳的蛋硒转化率，做到经济、安全、高效地生产富硒功能鸡蛋。

（二）影响蛋硒含量的因素

1. 硒源对蛋硒沉积的影响

畜禽养殖中常用的硒源分为无机硒和有机硒。无机硒常为硒酸盐和亚硒酸盐。有机硒又分生物转化有机硒，如富硒酵母、富硒苜蓿、富硒玉米等；以及人工合成有机硒，如硒代蛋氨酸、硒代胱氨酸、硒化卡拉胶等。不同硒源在蛋鸡体内的转化效率差异显著，大量研究证明，同等硒添加量下有机硒的蛋硒转化率高于无机硒，其原因在于无机硒必须先与肠道内有机配体结合才能被机体吸收，然而肠道与硒竞争的有机配体的因素较多，且易与维生素发生结合，经机体吸收后主要存留在血液中，当无机硒含量超过机体的营养或生产需要时，过多的无机硒主要通过尿液排出体外。所以无机硒的稳定性、吸收率、生物利用率均较低。而有机硒是通过生物转化的方式，使硒元素与氨基酸结合而成，通常以硒代蛋氨酸的形式存在，进入机体后将依循蛋氨酸的代谢途径参与蛋白质的合成，有机硒在机体硒营养状况良好的情况下可贮存起来，当机体硒营养摄入不足时，贮存的有机硒能够释放补充到生理代谢中，进而满足机体对硒的需求。相较无机硒而言更易被生物利用，稳定性、组织沉积率也较高。

2. 添加量对蛋硒转化率的影响

家禽对于硒的需求较低，蛋鸡饲料中仅需添加 0.06mg/kg 的硒即可满足其日常需求，我国的《饲料添加剂安全使用规范》中规定，在配合饲料或全混合日粮中硒的最高限量为 0.5mg/kg，因此在缺硒地区蛋鸡饲料中硒添加量应该在 0.06～0.5mg/kg。由于硒添加过高易引起中毒，导致蛋鸡排卵周期中雌激素和孕酮分泌紊乱，排卵异常，影响蛋鸡产蛋性能，所以添加硒时需要考虑适宜添加量。通常研究人员选择的试验硒浓度在 0.1～1.0mg/kg。根据蛋硒转化率的公式，蛋鸡料蛋比为 1.9～2.3，按日粮中最高添加限量 0.5mg/kg，生产大于 0.15mg/kg 的富硒蛋，其蛋硒转化率仅需在 13.04% 以上，各类硒源均能实现。但是想要生产出蛋硒含量在 1.0mg/kg 的富硒蛋，其蛋硒转化率需在 86.96%～105.26%。因此在国家规定硒添加范围内想要生产高硒浓度的富硒蛋，关键在硒源添加量和蛋硒转化率之间找到平衡。

3. 添加时长对蛋硒含量的影响

研究表明，日粮中添加硒添加剂后，不同硒源、不同添加水平蛋硒含量增幅不同，通常在 7～14d 后即可产出富硒蛋，但是各试验中蛋硒含量达到稳定所需的饲喂时间不同。

4. 添加维生素对蛋硒含量的影响

硒与维生素 E 具有保护细胞的作用，两者共同组成机体抗自由基损伤的防御系统，硒与维生素 E 都需要在对方充足的条件下才能正常发挥生理功能，两者中任一种处于临界缺乏的情况下，可通过补充另一种来克服；但如果两者中有一种供给量低于临界值，则另一种即使过量也不能预防临床症状的发生。当硒充足、维生素 E 不足时，机体容易表现出缺硒症状；当硒不足、维生素 E 充足时，也会有过量的过氧化物与不饱和脂类起化学反应而损害细胞。因此，在向饲料中添加硒时，应保证维生素 E 的足量。维生素 C 与维生素 E、硒之间存在着协同作用，可增强肉鸡对急性热应激的抵抗力，保护蛋白质和脂质免受氧化损伤，但尚未见三者添加对蛋硒沉积影响的研究报告。维生素 B_2 也是谷胱甘肽过氧化物酶的组成部分，它以辅酶的形式参与许多代谢中的氧化还原反应。

5. 微量元素的添加对蛋硒含量的影响

日粮中添加的微量元素之间互作关系也会影响蛋硒沉积，在诸多复合微量元素功能鸡蛋开发试验中可见相关报道。

6. 蛋氨酸的添加对蛋硒含量的影响

国内外大量动物试验研究证明，硒与蛋氨酸（Met）存在着一定的互作关系。日粮中蛋氨酸水平能够影响动物机体中硒代谢和组织中硒沉积，在日粮蛋氨酸缺乏时，有机硒（如硒代蛋氨酸）能够以蛋氨酸类似物结合到蛋白质中，起到替代部分蛋氨酸的功能，但达不到提高谷胱甘肽过氧化物酶（Glutathione peroxidase，GPX）活性的目的。因此在采用添加有机硒生产富硒蛋时，需注意日粮中蛋氨酸含量是否充足，硒与蛋氨酸的适宜比例对提高蛋硒含量的影响仍需进一步研究。

（三）富硒鸡蛋质量安全问题

富硒鸡蛋作为一种营养价值极高的食品，其质量和安全问题备受关注。在生产过程中，必须合理运用硒元素，控制硒的摄入量，避免硒中毒的发生。因为硒是一种微量元素，对人体健康有积极的影响，但过量摄入也可能导致中毒，因此确保富硒鸡蛋的质量安全尤为重要。

1. 养殖环境

富硒饲料需要在环境干净、无污染的条件下生产。养殖环境中的水源、空气、土壤等都需要检测，以确保没有重金属和其他有毒物质的污染。同时饲养环境应保持通风，避免饲养环境的空气浑浊。应避免温度和湿度变化过大，以保证鸡群的舒适度。只有在保证良好养殖环境的前提下，才能生产出优质的富硒鸡蛋，满足消费者对健康饮食的需求。

2. 动物饲料

富硒鸡蛋的质量安全与饲料中添加的富硒饲料有直接关系。饲料中可能存在的农药、兽药残留、重金属等需要严格控制。同时饲料的选择和搭配也非常重要，富硒蛋鸡的养殖过程中，通常会添加亚硒酸钠复合剂、含硒酵母和有机硒等，以提高鸡蛋中的硒含量。同时，饲料也应该选择优质的、符合鸡群生长需求的，以确保鸡群的健康和生产能力。

3. 质量检测

富硒鸡蛋可以采用原子荧光法来进行检测，这种方法具有较高的灵敏度和准确度。在检测过程中，需要使用特定的仪器设备和硒含量分析仪。同时生产出的鸡蛋需要进行严格检测，确保避免有害物质超标，如农药残留、兽药残留、真菌毒素等。而检测方法也需要严格按照国家标准或者行业标准来进行，并且通过多次验证，以确保检测结果的准确性和可靠性。

4. 营养成分分析

针对富硒鸡蛋的营养成分也需要定期进行检测，确保富含硒元素的同时，也要保证鸡蛋的其他营养成分符合相关标准。通过化学或生物学方法，对富硒鸡蛋中的蛋白质、脂肪、维生素、矿物质等进行分析和检测，可以使用高效液相色谱仪、气相色谱仪、红外光谱仪等设备进行检测。

5. 标签信息

在销售时，富硒产品标签上的信息标注也非常重要。根据国家标准，富硒产品必须在包装正面的显著位置清晰标明产品名称和"富硒"二字、硒含量数值、生产单位名称和生产时间等，确保消费者能够清楚了解产品的质量安全相关信息。

（四）富硒蛋生产实例

1. 在日粮中添加富硒益生菌

富硒益生菌是利用生物转化的原理，应用益生菌将无机硒转化为有机硒制剂，可发挥有机硒和益生菌的双重作用。试验将 700 羽 58 周龄罗曼蛋鸡随机分为 7 组，每组 5 个重复，对照组饲喂基础日粮，其他各组在基础日粮中以两个水平分别添加富硒益生菌、亚硒酸钠和益生菌，进行为期 35d 的饲养试验。试验过程中记录蛋鸡的生产性能，每 7d 从各组每个重复中随机抽取 2 枚蛋测定蛋硒含量，并于试验第 32d 从各重复中抽取 12 枚蛋，其中 6 枚当天进行常规蛋品指标测定，另外 6 枚室温贮存 5d 后测定哈夫单位。结果表明，日粮中添加富硒益生菌可显著提高蛋鸡产蛋率（$P<0.01$）、日产蛋量（$P<0.01$）、平均蛋重（$P<0.01$），降低料蛋比（$P<0.05$）；显著提高室温下贮藏 5d 的蛋样的哈夫单位（$P<0.01$），但在蛋形指数、蛋壳强度、蛋壳厚度、蛋黄颜色、蛋黄率及新鲜蛋的哈夫单位等蛋品质指标上与

对照组差异不显著（$P>0.05$）；随着日粮中硒添加量的增加，硒在蛋中的沉积显著（$P<001$）增加，相同水平的硒添加量，富硒益生菌较亚硒酸钠更能显著提高蛋硒含量（赵玉鑫，2007）。

还有试验将乳酸菌 YQRS 菌株和酵母菌 FJYJM3 菌株在含有亚硒酸钠的培养基中混合培养，并收集菌体进行蛋鸡饲喂试验。试验过程中定时记录每组蛋鸡的生产性能及鸡蛋的总硒含量，结果表明，在日粮中添加活的益生菌、灭活的益生菌以及添加亚硒酸钠对蛋鸡的生产性能均无显著影响（$P\geqslant0.05$），但均能提高鸡蛋内的硒含量，且硒含量差异显著（$P\leqslant0.05$）。与对照组比较，在日粮中添加亚硒酸钠、灭活的益生菌、活的益生菌，鸡蛋中硒含量分别提高了 38.26％、56.12％ 和 63.27％，说明在日粮中添加活的富硒益生菌可以显著提高鸡蛋中的硒含量。因此，制备高活性的富硒益生菌具有重要的生产应用价值，其在动物饲养中的使用无疑给绿色养殖提供了一种新的途径（梁丛丛等，2015）。

2. 在日粮中添加酵母硒

有研究选取高峰期海兰褐蛋鸡 540 只（随机分为 6 组，每组 6 个重复，每重复 15 只鸡）。基础饲料中添加 15％膨化亚麻籽，各组中添加 0、0.3、0.6、0.9、1.2、1.5mg/kg（以酵母硒计）。预饲期 2 周，试验期 12 周。结果表明，在膨化亚麻籽型饲粮中添加 0.6mg/kg（以硒计）的酵母硒可提高蛋鸡的肝脏抗氧化能力，蛋中硒含量随酵母硒添加水平的升高而显著增加。还有文献提到日粮中添加浓度在 0.1～0.5mg/kg 的硒代蛋氨酸、亚硒酸钠、酵母硒均可使蛋硒浓度保持在 0.15mg/kg 以上，达到富硒鸡蛋的标准。其中，酵母硒有较高的生物利用率和较低的毒性，较其他硒源可更有效地增加鸡蛋中硒含量。相对于亚硒酸钠，饲粮中添加酵母硒和硒代蛋氨酸（0.3mg/kg）均可提高肉鸡的抗氧化能力和肉品质（司雪阳，2020）。

3. 在日粮中添加纳米硒

杨清丽等人（2017）选取 324 只 29 周龄体重相近的健康产蛋鸡，随机分为 6 个组，每组 6 个重复，每个重复 9 只鸡。对照组（A 组）饲喂基础饲粮，试验组（B、C、D、E、F 组）分别饲喂在基础饲粮中添加 0.1、

0.2、0.3、0.4、0.5mg/kg 纳米硒（Nano－selenium，NS）的饲粮。预试期为 7d，正试期为 63d。试验证明了在饲粮中添加纳米硒能改善产蛋鸡的生产性能，提高血清免疫力，促进机体蛋白质的合成，降低血液胆固醇含量，促进机体健康，提高蛋黄中硒含量。

周雯婷选取 864 只 40 周龄体重相近的健康产蛋鸡，随机分为 6 组，每组 6 个重复，每个重复 24 只。对照组饲喂基础日粮，试验组分别饲喂：基础日粮＋0.30mg Se/kg（以亚硒酸钠组添加）日粮、基础日粮＋0.15、0.30、0.45 和 0.60mg Se/kg（以纳米硒添加）日粮。预试期 7d，正试期 56d。结果表明，日粮中添加纳米硒能提高蛋鸡免疫和抗氧化性能，改善小肠形态结构，增强营养物质吸收利用，但对蛋鸡生产性能和蛋品质无显著提高作用，显著提高了肝脏和鸡蛋中硒含量。但亚硒酸钠组沉积效率高于纳米硒组。结合各项指标，该试验条件下，蛋鸡纳米硒适宜添加量为 0.15～0.30mg/kg。

4. 添加微量元素

在日粮中添加微量元素与硒相互作用也可以使蛋硒含量增加，曹盛丰等（2005）以日粮含碘 0.5mg/kg、硒 0.2mg/kg 为对照，含碘 50mg/kg、硒 1.2mg/kg 为试验Ⅰ组；含碘 100mg/kg、硒 2.2mg/kg 为试验Ⅱ组。饲喂 8 周后，观察蛋碘和蛋硒含量的变化。结果表明，与对照组比较，试验Ⅰ组和Ⅱ组蛋黄碘含量分别提高 10.81 倍和 13.37 倍；蛋黄硒含量分别提高 3.51 倍和 6.34 倍；蛋白碘和蛋白硒含量均有显著增加；并伴有血浆碘和血浆硒含量的同步上升。这些结果提示，通过日粮碘和硒水平的调控可大幅度提高蛋中碘和硒的含量，产蛋母鸡是日粮中碘和硒向蛋中转运的良好载体。

5. 利用富硒玉米生产富硒鸡蛋

利用富硒地区生产的富硒饲料（玉米）作为硒源，按照一定的比例配合到蛋鸡饲料中，使蛋鸡配合饲料中硒的浓度达到一定水平，进而使鸡蛋中的硒含量能够长期、稳定地达到富硒鸡蛋的标准。具体用含硒 2.079 5mg/kg 的富硒玉米以 9.6%～14.5% 的配合比例添加于饲料，使饲料中硒含量达到 0.218 4～0.314 7mg/kg，连续饲喂 14d 以上能生产出达到标准的富硒鸡蛋（权群学等，2016）。

二、富硒畜禽肉的生产方法

肉类是人们摄入硒的重要食物来源。以 2023 年的数据为例，全球猪肉产量高达 9 580 万 t，禽肉产量为 7 520 万 t，牛肉产量为 6 190 万 t。尽管肉类是硒的良好来源，但其硒含量在不同的国家/地区和使用了不同类型的硒补充剂的情况下存在显著差异。例如，英国、澳大利亚和美国的猪肉硒含量分别为 $14\mu g/100g$、$9.4\sim20.5\mu g/100g$ 和 $14.4\sim45.0\mu g/100g$。瑞典的猪肉硒含量为 $11.3\mu g/100g$。亚硒酸盐和硒酸盐并不能有效地提高肉类中的硒含量。动物体内的硒主要以硒代蛋氨酸（SeMet）的形式存在，而动物自身无法合成 SeMet，因此必须通过饲料来摄入。肉类中的硒主要以硒代氨基酸的形式存在，SeMet 占了总硒的 60%。如果添加高剂量的有机硒，可以使鸡胸肉和鸡腿肉中 95% 以上的硒以 SeMet 形式存在。尽管富硒肉的商业化生产尚未普及，但其商业化潜力是存在的。

（一）富硒猪肉和鸡肉的概念和生产标准

富硒猪肉是指严格按照国家标准要求生产，经国家授权检测机构检测，产品质量达到国家标准并富含硒元素的猪肉（黄健等，2022）。中国肉类协会 2021 年发布了富硒猪肉团体标准 TCMATB 1003—2021《富硒猪肉》，规定了富硒猪肉硒含量范围为 $0.2\sim0.5mg/kg$。部分富硒地区如湖北、陕西等省制定了一些富硒猪肉地方标准。

陕西省地方标准 DB 61/T 557.15—2012《富硒鸡肉》规定，富硒鸡肉产品硒含量应达到 $0.02mg/kg\sim0.50mg/kg$。

硒在猪和鸡体内的分布情况不均匀。猪内脏硒含量排序为肾脏＞肝脏＞脾脏＞小肠＞肺脏＞心脏＞大肠；猪肉中硒含量排序为里脊肉＞前腿肌肉＞后腿肌肉＞脂肪；猪内脏硒含量基本上都高于猪肉；猪血中硒含量达到一定的浓度后维持稳定，而猪毛中硒含量会随着饲喂时间的延续而不断上升。对富硒鸡不同部位硒含量及脂肪酸组成研究表明：硒在鸡体内的分布具有很强的差异性，其含量分布依次为肌胃＞白色脂肪＞皮＞蛋＞肾脏＞肝脏＞腿肌＞心脏＞褐色脂肪＞胸肌。

（二）富硒猪肉和鸡肉的生产方法

1. 天然富硒饲料喂养

硒含量富集到大于 0.4mg/kg 的土壤可广泛应用于富硒农产品的生产，这些地方自然生长的动植物产品也普遍富硒，利用当地天然富硒饲料饲养的畜禽一般能达到富硒标准，将其进行屠宰、加工可得到富硒畜禽肉制品。我国规模较大的富硒地区主要有 5 个，其中富硒土壤面积最大的位于湖北省的恩施土家族苗族自治州，富硒土壤面积 2 450km²，土壤硒均值达到 3.76mg/kg；其次为陕西省安康市，富硒土壤面积 2 026km²，土壤硒含量均值为 0.56mg/kg；江西省丰城市、青海省平安县、贵州开阳县的富硒土壤面积为 500km² 左右。

2. 饲料中添加硒补充剂

（1）饲料中添加无机硒。饲料中添加的无机硒主要是硒酸盐或亚硒酸盐，由于其中毒剂量较低，个别发达国家已经禁止在饲料中添加，但中国饲料一直普遍按营养需要标准添加无机硒 0.20～0.30mg/kg 作为常规补硒方式。

（2）饲料中添加有机硒。饲料中添加的有机硒通常有酵母硒、硒蛋白、含硒氨基酸等。由于有机硒毒性相对较低，且已基本实现工业化生产，因此得到了大量应用。已有研究利用已筛选的高转化效率富硒微生物对猪饲料的配方和生产工艺进行改进，以期生产出安全的富有机硒生物猪饲料。通过检测得出富有机硒生物猪饲料重金属和有害元素含量均符合国家安全标准，饲料中未检出农药残留、抗生素合成物、"瘦肉精"化合物和霉菌毒素合成物；并且用富有机硒生物猪饲料饲喂的猪肉总硒含量为 0.43mg/kg，有机硒含量为 0.41mg/kg，有机硒占比为 95.35%。说明富有机硒生物猪饲料安全性高，且猪肉硒含量达到湖北省食品安全地方标准 DBS42/002—2022《富有机硒食品硒含量要求》，属于富有机硒猪肉。

（3）饲料中添加纳米硒。纳米硒是一种纳米级单质硒，其粒径一般不超过 100nm。与无机硒和有机硒相比，具有特殊的理化性质（小尺寸效应、表面效应、量子尺寸效应以及宏观量子隧道效应等）以及活性强、毒性低、吸收好、安全性高等特点。Bami 等（2022）通过在基础日粮中分别补充无机硒（0.15mg/kg 亚硒酸钠）和纳米硒（0.075、0.15 和 0.3mg/kg 纳米硒），结果发现，肉鸡的肉硒含量随着日粮中添加的纳米硒增加而增加。与添加无机硒相比，日粮中添加 0.3mg/kg 纳米硒能显著降低盲肠中的大肠菌群数量，并具有更高的绒毛高度、绒毛表面积和免疫球蛋白 G（lgG）。因此，与无机硒相比，纳米硒作为一种新的硒源可以改善肉类硒含量、肠道菌群、肠道形态和免疫反应。

（三）富硒猪肉生产实例

刘英等（2004）以富硒紫云英作为猪日粮青饲料生产富硒猪肉，试验组每天喂富硒紫云英 10kg；对照组每天喂普通紫云英 10kg。此外，试验组和对照组每天分别饲喂自制配合饲料 5kg；常规组不喂青饲料，只喂配合饲料，每天 7.5kg。试验连续饲喂 45d 后，3 组试验猪再分别称重，比较试验阶段 3 组猪群的生长速度和日增重情况。试验结果显示，紫云英是富硒能力较强的植物，在其生长中期叶面喷硒，通过生物转化可使紫云英植株中的硒含量从 0.10μg/g 增加到 1.26μg/g，提高了 11.6 倍，两者比较差异显著，通过生物转化，将无机硒转化为有机硒，使生物硒的利用率明显提高。在猪日粮中添加紫云英青饲料，尤其是添加富硒紫云英青饲料的试验组较对照组日增重提高 28.3%，生长速度也提高了 8.4%。说明硒能增强猪的免疫力和代谢功能，从而促进生长；减少部分含硒的常规配合饲料，增喂一定量富硒紫云英，有利于节本增效，提高养猪效益。

权群学等（2016）为了研究使用酵母硒为硒源生产富硒猪肉的方法，试验选用 60 头体重 70kg 左右的长大二元杂交肥育猪，按试验要求随机分成 3 组，分别饲喂添加不同剂量富硒酵母的配合饲料。在试验进行到第 20d、30d 和 40d 时随机从每组抽取 3 头试验猪进行屠宰，采集背最长肌进行硒含量检测。结果表明：使用酵母硒作为硒源生产富硒猪肉，配合饲料中硒的添加量达到 0.2mg/kg 时，在肥育猪出栏前 30d 开始饲喂富硒饲料直到出栏；硒的添加量达到 0.25mg/kg 时，只需在肥育猪出栏前 20d 开始饲喂富硒饲料直到出栏，猪肉中硒的含量就能够达到陕西省地方标准 DB/T 1556—2012《富硒食品与其相关产品硒含量标准》中富硒猪肉的硒含量（鲜肉 0.02mg/kg～0.5mg/kg）标准。

三、富硒乳品的生产方法

牛奶是一种大众食品，通过提高牛奶中的硒含量来补充硒无疑是一个理想的途径。通常情况下牛奶的含硒量在 0.05mg/kg，强化后的牛奶含硒量可提高 2～5 倍。富硒乳的生产方法很简单，就是在奶牛日粮中加入高水平的硒源，使硒在奶牛体内沉积，血液中的硒向乳中转化。富硒牛奶中的硒绝大部分是和蛋白质结合在一起的，生物利用率极高。但是因为硒过量会造成中毒，而我国饲料硒源还是以亚硒酸钠为主，它的生物利用率低，稍微不慎就会使添加量超标造成中毒，并且从畜禽粪便排出的大量无机硒还会给环境造成污染。世界硒权威专家、美国俄亥俄州立大学的 Don Mahan 在 1998 年说："我们选择亚硒酸钠是犯了一个错误，因为亚硒酸钠是一种氧化剂。所有用于动物饲料中的硒都应在 5 年时间内改为有机硒。"欧美许多国家已大力提倡使用有机硒。如瑞典规定乳猪必须使用有机硒，日本饲料中已禁止使用无机硒。有趣的是，含有机硒的动物粪便比无机硒肥料更能有效提高小麦和燕麦中硒的含量。由此可见用有机硒生产富硒乳还能产生连带效益——生产富硒植物食品。目前国际上比较认可的安全、环保、经济的有机硒源为硒酵母。

（一）利用生物活性硒生产富硒牛奶

生物活性硒预混料是一种利用以红假单胞菌为主体的"复合微生物菌种"对无机硒化合物进行发酵转化制成的新型含硒微生物饲料添加剂。产品中除含有丰富的氨基酸、多肽、维生素外，还含有硒蛋白（硒代氨基酸）及含硒酶、含硒肽类等高活性成分，可以有效地被奶牛乳腺吸收，成倍地提高牛奶中硒元素含量。取生物活性硒预混料 500g 加入奶牛混合精料中，拌匀后直接送入料槽内，经 60d 饲喂后，试验组奶牛在 60d 饲养期内乳硒平均含量增加 139.6％，减去对照组在同一时间内自然增加的乳硒含量值 17.2％，净增长 122.4 个百分点。研究充分表明，在泌乳奶牛饲料中添加生物活性硒预混料不仅可提高牛奶中硒元素含量，而且可预防、治疗奶牛乳房炎。

（二）添加酵母硒生产富硒牛奶

试验期奶牛自由饮水、自由活动，粗饲料自由采食，精料定量饲喂，每日 3 次饲喂，3 次挤奶。试验组 A、试验组 B 日粮精料中分别添加 1.27×10^{-6} mg/kg 和 0.67×10^{-6} mg/kg 富硒酵母（硒含量≥1 000mg/kg）。混合基础日粮中硒含量为 0.33×10^{-6} mg/kg，通过饲喂硒酵母添加剂饲料，试验组 A、试验组 B 和对照组 C 牛奶硒含量分别为 $97.73\mu g/L$、$33.21\mu g/L$、$17.51\mu g/L$，试验组 A、试验组 B 分别是对照组牛奶的 5.58 倍（$P < 0.01$）和 1.90 倍（$P < 0.05$），说明奶牛日粮中添加酵母硒可以使牛奶硒含量得到提高。试验组 A、试验组 B 和对照组 C 奶牛的产奶量分别是 30.60kg、30.80kg、30.70kg，差异不显著，说明高硒对奶牛产奶量不产生显著性影响。经过测定，在常规日粮的基础上，添加富硒酵母 5d 后牛奶中乳硒含量达到稳定。

（三）在日粮中添加亚硒酸钠

试验选用 16 头泌乳期相近的健康荷斯坦奶牛，随机分为 4 组，Ⅰ组不予处理作为对照，Ⅱ、Ⅲ、Ⅳ组每天分别按低、中、高 3 个剂量水平于精料中添加亚硒酸钠。试验前及投硒后每隔 20d 采集血液、乳汁和毛样 1 次，检测各项指标。试验观察期 80d。结果表明，奶牛日粮中添加不同水平的无机硒盐，能显著提高试验牛血清、乳汁和被毛中的硒含量，其升高幅度与投硒量呈正相关；Ⅳ组牛的奶硒含量达到稳定高台期约需 60d，其平均值为 0.090mg/L，比对照组提高约 4 倍；而奶中乳糖、乳脂、乳蛋白等成分以及钙、磷、铜、锌、铁等矿物元素无明显变化（$P > 0.05$）。

四、富硒水产品的生产方法

过少或过多的硒摄入均会对肌体造成不良影响，这就需要对动物的硒需求量进行研究。目前有关水产动物硒需要量的研究尚处于起步阶段，报道较少。而推断水产动物硒需要量的方法主要是生长测量结合酶活测定：在适宜的硒浓度范围内，随着饲料中硒添加量的增加，动物的生长就会加快，而超过了耐受水平则会下降。同样地，随着硒摄入量的增加，一些重要含硒酶（如谷胱甘肽过氧化物酶，GPX）的活性也会上升，直到达到平台期。综合生长测量和酶活测定的结果，经过简单计算就可以推断出动物的硒需求量。但也有一些学者认为，参与到 GPX 中的硒只占生物体中硒的很少一部分，因此，GPX 活性与硒需要量没有直接的关系。目前发现硒蛋白是一种比 GPX 更好的标志物，测定硒蛋白表达水平已经成为推断硒需求量的重要参考。

目前动物补硒均通过在饲料中添加硒制剂的方式进行，硒来源包括无机硒和有机硒两种。虽然硒在人类和畜禽中的生物学功能及其作用机理研究比较丰富，但是在水生动物特别是淡水鱼类中的研究才刚刚开始。预计今后水生动物补硒研究将主要集中在两个方面：一是寻找更为安全有效的补硒方法，降低无机硒的使用频率。那么，通过富硒益生菌进行补硒将会是一种高效简便且一举多得的方法。二是由于水产养殖对象差异较大，对不同物种的最佳补硒量要进行研究摸索，制定标准化流程及技术规范，以防富硒制品滥用，对产业发展和人民身体健康造成危害。

（一）大口黑鲈

大口黑鲈俗称加州鲈，隶属鲈形目、太阳鱼科、黑鲈属，是一种广温、肉食性鱼类。近年来，由于养殖规模的不断扩大，鱼粉需求量越来越高，随着鱼粉价格的上涨，导致了饲料成本的增加。为节约饲料成本，往往使用高比例的植物性蛋白（例如豆粕、棉粕等）替代鱼粉，以达到降低饲料成本的目的，但由于植物蛋白原料中硒元素的含量远低于鱼粉，在养殖期间鱼体长期不能满足硒元素的需求，导致鱼体免疫力下降，容易暴发病害。因此，很有必要在饲料中额外添加硒源，以满足鱼类生长的需求。试验结论（质量指标）如下：

（1）生长性能。饲料中添加 0.4mg/kg 纳米硒对提高大口黑鲈的生长性能具有促进效果。

（2）全鱼常规营养成分。1.2mg/kg 纳米硒能提高大口黑鲈对饲料的消化率。饲料中添加不同水平纳米硒对提高大口黑鲈全鱼营养组成无显著效果，但具有降低全鱼脂肪含量的趋势。

（3）消化酶活性。不同浓度的纳米硒均能提高大口黑鲈肠道、胃和幽门组织的消化酶活性，提高消化能力。

（4）抗氧化能力。添加纳米硒对血清和肝脏抗氧化酶指标具有提升作用，增强抗氧化能力，并显著降低 MDA 的含量，减少脂质过氧化反应的损伤，添加 0.4mg/kg 效果最佳。

（5）肌肉品质。添加不同浓度纳米硒显著降低了大口黑鲈肌肉氨基酸含量，随着纳米硒添加量的增加而显著下降；添加纳米硒减少了大口黑鲈肌肉中饱和脂肪酸含量，促进了多不饱和脂肪酸的沉积，尤其是人体必需脂肪酸 EPA＋DHA 的含量得到显著升高；纳米硒对大口黑鲈的肉质结构特性作用效果不明显。

（6）组织硒含量。纳米硒对大口黑鲈组织硒含量的富集作用显著，随着纳米硒添加量的增加，组织硒含量富集浓度越高，其中脾脏硒含量最高，其他依次为肾脏＞前肠＞中肠＞肝脏＞后肠＞鱼鳃＞心脏＞血清＞鱼胃＞鱼脑＞鱼皮＞鱼鳞＞肌肉。而同一种组织随时间的变化总体趋势呈现出先升高后降低再平稳的趋势。

（二）克氏螯虾

试验结论（质量指标）如下：

（1）硒沉积量。饵料中添加无机硒对虾肉硒沉积量没有显著的影响，但饵料中添加有机硒（酵母硒）对虾肉硒沉积量有极显著的影响。虾肉硒沉积量随着饵料中酵母硒添加量的提高而递增，酵母硒组虾肉硒沉积量比添加等量无机硒组提高 171.15％～218.18％。

（2）品质指标。饵料中硒源和硒添加量对虾体水分含量，虾肉 pH 和滴水损失无显著的影响。根据以上试验结果可推断：饵料中添加有机硒（酵母硒），能生产富硒虾肉。但是，饵料中添加无机硒（亚硒酸钠），可能难以生产富硒虾肉。

（三）团头鲂

团头鲂，属硬骨鱼纲，鲤形目，鲤科，鲂属，又称武昌鱼，原产地为湖北鄂州梁子湖，现主要分布在长江中下游的静水湖泊和河流之中。用在饲料中添加硒来调控或影响团头鲂肌肉品质的试验来对该鱼肉品质进行研究，以期建立团头鲂肉品质的数据库以及从饲料源方向调控肌肉品质，为团头鲂高效配合饲料的研制提供理论依据。

试验结论（质量指标）如下：

（1）生长性能。在 0.2mg Se/kg 添加水平上，酵母硒和纳米硒比亚硒酸钠具有更高的利用效率，能更好地促进团头鲂的生长。通过对增重率的二次回归分析得到，70～210g 的团头鲂的饲料最适酵母硒需求量是 0.43mg Se/kg。

（2）抗氧化能力。0.4mg Se/kg 水平的酵母硒能有效地增强鱼体的抗氧化能力。

（3）肌肉品质。酵母硒可以有效地蓄积于团头鲂肌肉中，在饲料中添加适量的酵母硒可以增强团头鲂的肌肉品质。

（四）凡纳滨对虾

试验结论（质量指标）如下：

（1）生长性能。蛋氨酸硒组对虾的生长性能显著高于对照组和亚硒酸钠组。

（2）营养成分。添加外源硒能显著影响对虾体蛋白和脂肪含量，蛋氨酸硒组对虾机体营养成分显著优于其他组。

（3）抗氧化能力。添加外源硒组对虾的血清总抗氧化能力和谷胱甘肽过氧化物酶活性显著高于对照组，而添加蛋氨酸硒组对虾血清丙二醛含量显著低于其他组。

饲料中添加 0.30mg/kg 的硒对凡纳滨对虾生长性能改善有一定的促进作用，同时提高机体的抗氧化能力。蛋氨酸硒对提高凡纳滨对虾生长和抗氧化能力的效果优于酵母硒和亚硒酸钠。

第二节　富硒动物产品的加工方法

一、富硒禽蛋及制品的加工方法

中国发明专利"一种富硒鸡蛋蛋卷及其制备方法"（CN 202211437686.1，

发明人：雷小龙），公开了一种富硒鸡蛋蛋卷制作方法，包括以下原料：富硒面粉 20～30 份、富硒鸡蛋液 10～20 份、富硒离子水 2～4 份、白糖 0.5～1 份、牛油 1～3 份、富硒黑芝麻 2～4 份和富硒黑花生 3～5 份。本发明通过设置富硒鸡蛋液、富硒离子水和白糖，可以增加蛋卷的含硒量，再通过富硒面粉、牛油、富硒黑芝麻和富硒黑花生，再次增加蛋卷含硒量，同时通过面粉、牛油、黑芝麻和黑花生自带的营养增加蛋卷的营养，使蛋卷的含硒量较高，营养丰富，可以改善便秘、润肠，同时增加食用者身体的抗癌强度，还可以减轻腹胀、反酸等作用，同时硒能够预防上呼吸道感染，减少支气管内的分泌物，还能预防循环系统疾病。

二、富硒畜禽肉制品的加工方法

富硒畜禽肉制品的加工常通过直接添加硒营养强化剂来实现，硒营养强化剂可通过生物转化作用将无机硒转化成有机硒，很大程度上对硒进行富集转化，大大降低无机硒的毒性，提高硒的生理活性和吸收率，使食品更加安全。一些畜禽产品加工工艺流程如下：

（一）富硒猪肉脯

1. 富硒猪肉脯的加工工艺

猪肉脯是以猪瘦肉为原料，经一系列工艺制备而成的一种传统休闲肉制品，因其独特的色、香、味，营养丰富，即开即食和易于贮藏等特点，深受消费者青睐。为迎合消费者对于具有高感官品质的多元性健康营养肉制品的需求，以硒化卡拉胶作为硒强化剂应用于猪肉脯的生产中，研制出富硒猪肉脯。其工艺流程如下：

猪后腿肉→剔除筋膜、脂肪→清洗→过孔板绞制→加入辅料及硒化卡拉胶→混匀腌制→肉馅铺盘→干燥→烤制→分切→成品

2. 其他质量指标

硒化卡拉胶添加量 0.12g/kg、腌制时间 45min、烤制温度 190℃，硒含量为 0.212mg/kg，符合 DB61/T 556—2018《富硒含硒食品与相关产品硒含量标准》所规定的硒含量≥0.15mg/kg 的标准；产品中含水分

42.53%、蛋白质 35.5%、粗脂肪 7.25%，具有较好的营养品质；同时硒化卡拉胶的添加能够提高猪肉脯的抗氧化能力，减缓猪肉脯在烤制过程中的脂质氧化。

（二）富硒发酵香肠

1. 富硒发酵香肠的加工工艺

乳酸菌具有一定的将无机硒转化成有机硒的能力，是公认的益生菌，对人体有显著的保健功能，因此可利用乳酸菌发酵对硒进行富集转化，获得富硒活性乳酸菌发酵剂，然后加工成富硒活性乳酸菌功能性香肠。该产品营养丰富，除具有普通香肠的营养和保健功能外，还含有丰富的有机硒，能充分满足消费者每日补硒的需求，是一种理想的富硒活性菌功能性食品。其工艺流程如下：

原料处理→添加辅料→腌制→添加富硒活性乳酸菌发酵剂→灌肠→发酵→烘烤→干燥→蒸煮→冷却→检验→成品

2. 质量指标

最佳发酵剂配方为：乳酸片球菌发酵剂添加量为 $10\mu g/mL$，在 38℃的恒温箱培养 36h，发酵剂的硒转化率为 96.14%。

富硒发酵香肠的配方与工艺：富硒发酵剂接种量为 1%，此时香肠中硒的转化率为 100%，富硒发酵香肠的硒含量达到 $100\mu g/kg$，该产品具有较高的含硒量和较好的品质。

（三）富硒乳化香肠

乳化香肠是一类低温肉制品，具有营养丰富、味道鲜美等优点，因而备受欢迎。然而乳化香肠由于富含动物蛋白和脂肪，在加工、运输和贮藏过程中易过度氧化，导致香肠的品质和营养价值下降。因此，抑制蛋白质和脂肪的过度氧化对于维持香肠的营养价值和品质具有重要作用。目前，研究人员已就抗氧化剂如茶多酚以及各种植物提取物（含富硒蔬菜粉）在香肠等肉制品中的抗氧化性能进行了大量研究和报道。

添加富硒蔬菜粉的乳化香肠加工工艺及质量指标简介如下（余青等，2021）：

1. 富硒乳化香肠的加工工艺

乳化香肠产品具有诱人的色泽、独特的风味，即开即食，便于携带，是深受消费者喜爱的一类休闲肉制品。但传统肉类香肠产品的营养素相对单一，可添加适量的微量元素或营养强化剂等物质，开发新型功能性香肠。选取富硒西蓝花粉末按一定比例加入香肠中，不仅可以生产新型动植物复合香肠类肉制品，而且可以给食用者补充一定量的硒元素。其工艺流程如下：

原料肉选取与初加工→切块初绞→添加配料及富硒西蓝花粉→斩拌均匀→灌肠→打卡封口→煮制→冷却→成品→贮藏

2. 质量指标

在香肠的制作过程中添加适量西蓝花粉，能够有效改善香肠的气味、多汁性和组织状态，但对于香肠的酸价和 pH 并无影响。添加富硒西蓝花粉香肠的过氧化值（POV）和硫代巴比妥酸（TBARs）值降低，说明硒在一定程度上能够延缓香肠的氧化。综合来看，在香肠中添加 0.20% 富硒西蓝花粉后，香肠中的硒含量为（89.94 ± 10.05）$\mu g/100g$，达到富硒肉制品的标准，能够改善香肠的品质，增加营养价值并延长货架期。

三、富硒乳品的加工方法

富硒酸奶的加工工艺：以牛乳、硒化物等为基质，经乳酸菌发酵后形成的富硒酸奶，具有良好的理化特性、多种营养价值以及功能特性。张蓉等（2013）以复原乳为原料，利用富硒青春双歧杆菌和干酪乳杆菌发酵制备富硒酸奶，利用中心组合试验优化得到富硒酸奶的最优配方如下：奶粉添加量为 12%，蔗糖添加量为 5%，低聚异麦芽糖添加量为 1%，亚硒酸钠添加量为 61.8$\mu g/kg$，酪蛋白酸钠添加量为 1.4%，接种量为 4.5%，发酵温度为 40℃，发酵时间为 7h。该富硒酸奶呈乳白色，凝乳完全，无乳清析出，组织细腻均匀，奶香纯正，酸甜适中，其有机硒含量为 29.2$\mu g/kg$。

为了避免单质硒引起的危害，一些研究者采用生物转化原理，如植物、酵母菌、食用菌，将无机硒转化为有机硒，制成硒粉后添加到奶液中，再利用乳酸菌发酵制成具有保健功能的新型酸奶。汤庆莉等（2021）按照 1：5 的体积比混合富硒银杏叶和富硒玉米须的提取液，制得富硒粉（总硒含量 0.107mg/L），将富硒粉以 0.25、0.50、0.75、1.00、1.25、1.50g/mL 为添加梯度发酵酸奶，试验结果发现富硒粉添加量＞0.25g/mL 时，酸奶发酵不正常，酸奶表现淡黄、无凝乳、有乳清析出、酸味不正等现象。接着降低富硒粉添加量（0.05、0.10、0.15、0.20、0.25g/mL），以口感和酸度指标确定酸奶中富硒粉适宜添加量为 0.10～1.15g/mL。曾钰鹏等使用 12 菌型酸奶发酵剂发酵含有 15％辣木叶提取液的牛乳时，通过感官评分和持水度评定富硒酵母各种添加量（0.02％、0.03％、0.04％、0.05％、0.06％）对酸奶的影响。富硒酵母添加量在 0.02％～0.06％时持水度保持在 62％～65％，酸奶的感官评分呈先上升后下降的趋势。当富硒酵母的添加量在 0.04％时，感官评分最高达到 83.4。说明富硒酵母的添加量对酸奶的组织状态影响较小，对感官品质影响较大。总体上，含硒物质种类、浓度对酸奶的酸度、感官品质影响较大，在持水度方面影响较小。

四、富硒水产品的加工方法

（一）3D 打印富硒鲢鱼鱼糜制品的工艺研究（吕硕，2023）

富硒鱼资源丰富，产业发展前景广阔。然而目前对于富硒鱼的深加工工艺研究相对较少，富硒资源未得到充分利用。尤其是富硒鲢鱼（硒含量符合 DB61/T 556—2018《陕西省地方标准富硒含硒食品与相关产品硒含量标准》要求，≥0.15mg/kg 或 L，以 Se 计），其肉少刺多的特性极大地降低了消费者的购买欲，制约着富硒鲢鱼的产业化发展。将富硒鲢鱼进行 3D 打印不但可以提高富硒鲢鱼的加工利用度，增加社会效益，还可以为精准营养和个性化食品提供方案。本研究首先对富硒鲢鱼鱼皮、鱼鳞进行明胶最佳提取工艺的研究；其次，探究了打印参数、鱼糜和水的比例（鱼水比）及明胶添加量对鲢鱼鱼糜打印品质的影响；最后，探究了加热方式对 3D 打印鱼糜产品的影响。

（1）确定了富硒鲢鱼明胶的最佳提取材料和工艺。通过盐酸提取、乙酸提取、热水提取等方式对鱼皮、鱼鳞进行明胶制备。综合对比分析，乙酸提取的鱼皮明胶由于优越的凝胶强度、弹性、胶凝温度、熔化温度等优势，可作为富硒鲢鱼明胶的最佳提取材料和工艺。

（2）确定了3D打印富硒鲢鱼鱼糜的最佳打印参数、鱼水比及明胶添加量。最终确定3D打印富硒鲢鱼鱼糜中的明胶添加量为4%。

（3）确定了3D打印富硒鲢鱼鱼糜制品的最佳加热方式。以蒸煮损失、硒含量及打印效果为指标，分析了水浴二段式加热、真空低温蒸煮以及微波加热三种加热方式对3D打印富硒鲢鱼鱼糜制品的影响。最终确定3D打印富硒鲢鱼鱼糜制品的最佳加热方式为40℃水浴下加热30min、90℃水浴下加热20min的水浴二段式加热法。

（二）富硒虹鳟鱼冷藏过程中食用和营养品质的变化（陈俊杰等，2021）

虹鳟是鲑科鱼类中适应性很强的冷水性鱼类，广泛养殖于各类低温水体，是我国重要的经济鱼类，开展冷藏过程中食用和营养品质的变化研究具有重要意义。

1. 工艺流程

清洗→冷藏→去皮去骨→吸水→切割→冷藏

去除鲜活虹鳟鱼的内脏，清水冲洗干净并沥干，再放入聚乙烯密封袋中密封冰藏，24h内运送至实验室。在实验室，再去除富硒虹鳟鱼的表皮和鱼骨，清水冲洗干净并用无菌吸水纸吸取鱼体表面的水分，将富硒虹鳟鱼肉均匀地分成头部和尾部两部分，再分别纵向切分成60mm×20mm×12mm的鱼块。然后，将处理好的富硒虹鳟鱼块放入聚丙烯塑料托盘中，每个托盘中头部和尾部鱼块各3块，一共6块，并用聚乙烯保鲜膜包裹做好标记，在4℃±1℃冰箱中冷藏13d。每3d随机抽取鱼块样本，将头部和尾部鱼块混合均匀，进行相关指标分析。

2. 质量指标

（1）冷藏期间，富硒虹鳟鱼的品质发生了明显的劣变。冷藏初期，在内源酶的作用下，乳酸在鱼肉组织中发生积聚，导致pH降低。随着冷藏时间的延长，微生物的生长繁殖造成蛋白质变性和降解，肌肉组织结构被破坏，对水的持有能力降低，导致剪切力、持水率和水分含量逐渐降低。而且，蛋白质降解生成的氨基酸及含氮物质使TVB-N值、pH及挥发性风味物质逐渐增加，最终导致品质劣变。根据感官评分和TVB-N值，预测冷藏富硒虹鳟鱼的货架期为 $5\sim6d$。

（2）富硒虹鳟鱼块中的硒含量（总硒、有机硒和无机硒）不会随着鱼肉品质的劣变而发生显著的变化。冷藏期间，微生物生长繁殖消耗营养物质，使硒与鱼肉的质量比升高，同时，汁液流失使鱼肉中的硒含量降低，因此硒含量没有显著变化。

冷藏过程中鱼块的总硒含量在 $0.458\sim0.474mg/kg$，有机硒含量在 $0.371\sim0.389mg/kg$，占总硒含量的 $80.85\%\sim82.18\%$。

第三节 生产和加工工艺对富硒动物产品的影响

畜禽水产品需要进行加工或烹饪后才能食用。加工过程中包括清洗浸泡、切块分割、肉类腌制调理、绞碎斩拌、牛乳的脱脂等；熟制或烹饪过程常采用高温加热方法，如蒸、煮、烤、炸等；杀菌过程常用高温高压等。此外，为保持食品的新鲜，常采用干燥方法减少水分含量。不同加工方法会影响食品的质地、蛋白质、多糖和其他成分，从而直接影响食品中的硒含量和形态。

大多数的加工方式，尤其是烹饪（高温）造成食品中硒含量的降低，以有机硒含量降低为主，从而造成硒的生物可及性降低。但也有部分加工方式对食品中硒含量影响不显著，甚至有的加工方式能增加食品中硒含量，主要是通过降低食品本身质量从而造成单位质量的硒含量虚高。总体来看，加工方式的具体条件、食品的种类以及食品本身富硒程度是影响硒含量、硒形态和其生物可及性的关键因素。随着富硒食品的蓬勃发展，选择适度的加工方式和方法对富硒食品加工具有重要意义。为最大程度保留食品中硒的含量和提高其生物可及性，建议避免过度精深加工和长时间加热处理。非热加工作为食品加工行业的新技术，在富硒食品加工方面极具应用前景。

一、生产和加工工艺对富硒动物产品硒含量的影响

（一）不同硒源对畜禽产品硒含量的影响

不同加工方法会影响畜禽肉品及其制品的质地、蛋白质、多糖和其他

成分，从而直接影响其中的硒含量和形态。一般来说，硒的添加量越大，得到的畜禽产品的硒含量越大。添加的硒源对畜禽产品的硒含量影响也有所不同。有研究评估不同硒源和不同水平补充日粮的羔羊的性能、肉的质量和氧化稳定性，以及肌肉的总硒含量和特定硒氨基酸含量。发现补硒提高了肌肉中硒含量，其中以添加硒酵母时提高幅度最大。亚硒酸盐虽然提高了总硒，但对组织中总硒或特定硒代氨基酸没有影响。相反，添加硒酵母可提高肌肉中硒代蛋氨酸的含量。因此，补充硒可以显著提高肌肉硒水平。硒添加的时间对产品的硒含量也有影响，已有研究选取 20 月龄左右西门塔尔杂交育肥公牛，形成饲喂添加有机硒日粮 0、38、53、68、83d 的不同处理组，结果表明，日粮添加 0.4mg/kg 有机硒显著提高了肌肉和内脏硒含量，不同硒添加时间对不同部位肌肉和内脏硒含量影响不同；肉牛不同部位硒含量有显著差异，肾脏＞肝脏＞心脏＞肌肉；有机硒添加时间与不同肌肉、心脏及肾脏硒含量呈一阶衰减指数函数关系，随着有机硒添加时间的延长，肌肉和内脏硒含量呈现先缓慢增加后快速增加的趋势，肝脏硒含量与有机硒添加时间呈显著的线性关系，随着有机硒添加时间的延长，肝脏硒含量呈现线性增长的趋势。

（二）牛肉的成熟对硒含量的影响

牛肉的成熟（后熟）是指屠宰后把肉放在适宜的温度和湿度环境下，牛肉中的天然酶分解肌肉中的蛋白质和结缔组织，使牛肉更加嫩滑。研究发现，成熟促使 Hereford 牛肉的腰大肌和背阔肌中硒含量显著降低，这可能与成熟过程中含硒蛋白质在酶作用下分解有关，但具体机制尚不明确。但成熟对 Braford 品种牛肉中硒含量影响不显著，说明牛肉的品种也是影响成熟过程中牛肉硒含量的重要因素。

（三）烹饪方式对畜禽产品硒含量的影响

常见的烹饪加工方法包括蒸制、煮制、油炸和烤制。有研究报道指出，加工条件越恶劣，食物中的硒损失越严重。总体来看，这些烹饪加工方法造成肉类产品中总硒损失率为 13%～41%（Bratakos，1988）。缪建芹（2017）以含亚硒酸钠饲料喂养的苏禽黄鸡作为试验原料，通过蒸、煮、烤、炸 4 种加工方法在不同温度、烹制时间烹调鸡的典型含硒部位（肝和肉），研究其硒保留效果。结果表明：最佳的烹制条件，鸡肝以 140℃、4min 蒸制工艺，硒质量分数保留率为 98.9%；120℃、6min 烤制工艺，保留率为 86.7%；160℃、4min 煮制工艺，保留率为 98.3%；140℃、4min 油炸工艺，保留率为 91.2%。鸡肉以 120℃、4min 蒸制，硒质量分数保留率为 96%；140℃、6min 煮制，保留率为 76%；160℃、4min 烤制，保留率为 80%；140℃、6min 油炸，保留率为 80%。总之，这些烹饪加工方法对鸡肉中的硒含量保留效果由高到低依次为：蒸制＞烤制＞油炸＞煮制，保留率依次为 96%、80%、80%和 76%；相比于煮制、油炸加工方法，蒸制和烤制加工方式有利于硒在家禽肝、肉质中的保留，是理想的加工方式。

（四）烹饪方式对水产品硒含量的影响

已有研究报道了非洲鲇鱼、剑鱼、鲑鱼等鱼类在蒸煮、油炸等家庭烹饪方式后鱼肉中硒含量的变化。Mierke - Klemeyer（2008）通过三种传统的家庭烹饪方式（袋装煮制、油炸和烘烤）对非洲鲇鱼硒的保留率的影响，发现烹饪并没有显著降低硒的含量（$P>0.05$），烹饪后硒的保留率在 91%～104%，同时发现油炸后硒的含量最高。Mielcarek 等（2020）通过原子吸收光谱法（AAS）评估了波兰淡水鱼中的硒含量，发现腌制和熏制后鱼肉中的硒含量均明显高于新鲜鱼肉。Singhato 等（2022）探究了不同烹饪方法（水煮、油炸）对泰国常用鱼类硒含量的影响，发现蒸煮方法对硒含量的影响存在显著性差异（$P<0.05$）。与新鲜和水煮相比，油炸后的鱼表现出最高的硒含量。

（五）富硒鲟鱼各部位硒形态及含量（江涛，2024）

选择恩施富硒鲟鱼各部位鱼肉和龙筋为研究对象，采用 ICP - MS 检测总硒及无机硒含量。使用 HPLC - MS/MS 方法检测有机硒形态及含量，再结合其营养成分分析各部位差异。研究结果表明：富硒鲟鱼各部位蛋白质含量均高于 16%，属于高蛋白食品；其中，在鱼尾部蛋白质含量最低，鱼肉蛋白质含量高于龙筋。富硒鲟鱼各部位鱼肉总硒含量在 72.6～

$75.0\mu g/100g$，鱼肉中无机硒含量在总硒含量中的占比小于 20％，达到了湖北省水产品富硒有机食品标准；龙筋部位的总硒含量远低于鱼肉，仅为 $40.3\mu g/100g$，且无机硒含量在总硒含量中的占比大于 20％，不满足湖北省水产品富硒有机食品标准。SeMet 是富硒鲟鱼有机硒的主要部分，含量在 $63.8\sim96.2\mu g/100g$，未检测到 MeSeCys 和 SeCys$_2$ 的存在；SeMet 的分布与蛋白质含量有关，蛋白质含量高的部位，SeMet 的含量也较高。

（六）沿海水产动物产品的硒含量特点（梁兴唐等，2017）

沿海常见水产经济动物主要有虾、鱼、蟹、牡蛎和贻贝等。海洋水产动物主要通过进食含硒食物（如海藻）或海水实现对硒的生物转化及积累。与内陆动物类水产品相比，动物类海产品具有较高的硒含量。

1. 甲壳类海产品（虾和蟹）的硒含量

虾和蟹是两种主要的甲壳类海产品，主要由蛋白、脂肪和外壳（甲壳素）组成，具有丰富的营养价值。消化系统具有最高的硒含量，肌肉和其他软组织次之，而外壳的硒含量最低。硒在海鲜产品内主要以有机硒（硒蛋白）的形式存在（＞75％），其通过提高动物海产品抗氧化功能和免疫功能，与维生素 E 协同改善其非特异性免疫力以促进动物海产品的生长。在虾和蟹的养殖过程中适当添加硒源进行硒营养强化养殖既可提高水产品的硒含量，还可增强虾的抗病毒能力。此外，在海虾和海蟹的富硒养殖过程中，海虾与海蟹对硒的摄入还能有效降低汞和镉等有毒金属在体内的积累，从而降低它们的毒性，提高食用安全性。

2. 海鱼硒含量

不同种类的鱼体内各主要组织的硒含量不尽相同，但整体硒含量的差别并不十分明显，而且海鱼的硒含量并不随海水深度的变化呈规律性的变化。对于大部分海鱼，肝脏的硒含量最高，鳃丝的含量次之，而肌肉的硒含量相对较低。显然，肝脏是海鱼中硒的主要贮存场所，这种特性为富硒鱼肝油的生产提供了条件。

3. 贻贝、海螺、牡蛎和鱿鱼等海产品的硒含量

上述大部分产品的主要组织的硒含量都大于 $1.0\mu g/g$，在这些主要组织中，硒主要以硒蛋白的形式存在。

二、生产和加工工艺对富硒动物产品硒形态的影响

（一）不同生产方法对禽肉硒形态及品质的影响

通过对亚硒酸钠、富硒堇叶碎米荠和富硒酵母三种不同含硒补充剂饲喂三黄鸡后不同组织器官中硒形态的分布进行研究，发现饲喂富硒酵母组的三黄鸡中肌肉和各组织器官中硒含量最高，鸡胸肉和鸡腿肉中主要硒形态为 SeMet，肝脏中主要硒形态为 SeCys，饲喂富硒酵母组的肌肉中 SeMet 含量显著大于其他饲喂组。结果表明，添加含硒补充剂的种类对三黄鸡组织中硒的富集有影响，SeMet 水平受含硒补充剂种类影响最大。与富硒酵母相比，富硒堇叶碎米荠提高组织中硒含量的能力虽不明显，但以富硒堇叶碎米荠为含硒补充剂可提高抗氧化能力并改善肉质。因此以富硒酵母和富硒堇叶碎米荠联合作为含硒补充剂，既可提高禽肉中硒及 SeMet 的含量，又可改善肉的品质和肉鸡生产效率，为富硒家禽的饲养提供参考。通过对经含硒强化的富硒酵母（SY）或亚硒酸钠（SS）饲粮饲喂后的野鸡组织中总硒含量及 SeMet 和 SeCys 占总硒中的比例进行研究，结果显示，肝脏和肾脏中以 SeCys 为主，占总硒的 75%，SeMet 在肝脏和肾脏组织中所占的总硒比例要小得多，且不同处理组之间没有差异；并得出 SeMet 是那些补充富硒酵母饮食的野鸡中硒的主要形式，SeCys 是那些没有添加额外硒或补充亚硒酸盐饮食的野鸡中的主要形式。

（二）不同烹饪方式对部分水产品硒形态及品质的影响

Vicente‑Zurdo 等（2019）探究了蒸煮方法（油炸、烤箱烘烤和熏制）对箭鱼和鲑鱼片中硒的影响，并检测了鱼体内的硒形态。结果表明，鱼肉中的硒主要以有机硒的形式存在（约占硒含量的 93%），SeMet 和 $SeCys_2$ 是鲑鱼中硒的主要形式，不同烹饪方法没有产生无机硒。

选取常用烹调方式（烤制、蒸制和煮制）对富硒鲟鱼进行烹饪处理，然后结合感官评价、质构色度测定和总硒含量及硒形态检测结果，为富硒鲟鱼烹调加工提供科学建议。结果表明：烹饪方式对富硒鲟鱼的总硒含量

没有显著影响，对有机硒含量的影响较大，影响鱼肉中 SeMet 稳定性的主要因素是烹饪时间和温度。富硒鲟鱼肉在 120℃ 和 170℃ 烤制 10min 时，感官评价综合得分最高，更容易被人们接受。烹调方式对鱼肉质构影响不大，随着烤制温度和时间的增加，鱼肉的硬度和咀嚼性小幅度上升，煮制的鱼肉在弹性、硬度、咀嚼性和胶着性上显著低于其他烹饪方式加工的鱼肉；烹调方式对鱼肉的亮度没有显著影响，随着烤制温度和时间的增加，鱼肉逐渐变得焦黄。

三、生产和加工工艺对富硒动物产品抗氧化性能的影响

饮食与健康之间的关系是科学研究的热点话题。多样化的食谱有助于满足人们的营养需求，而某些营养素，如抗氧化剂，对于维护身体健康尤其关键。它们可以帮助抵御自由基的损害，而自由基可能对体内的关键分子造成破坏。食物是抗氧化剂的主要来源，例如维生素 E、类胡萝卜素、类黄酮和硒等。研究表明，硒的抗氧化性能较好，这是它的多种其他功能的重要基础，例如适量的硒摄入可以显著降低癌症的死亡率，并增强身体对疾病的抵抗力；更为重要的是，硒缺乏与多种疾病风险增加有关，包括生殖问题、心血管疾病和某些神经系统疾病。

肉的品质是关系到鲜肉或加工肉的风味口感、质构及营养特性的一系列理化性质。衡量肉品质的指标很多，主要包括肉色、pH、系水力、嫩度、风味、蛋白质、脂肪等，它们反映了肉的新鲜度、营养品质、质地及风味特征。而硒作为重要的抗氧化剂，对保持肉中的营养成分、防止肉的氧化变质、维护产品品质有着重要作用。Chen Jun 等人（2019）研究添加不同含硒量日粮的肥育猪的抗氧化状态时，检测到 0.5mg/kg Se 组比 0.2mg/kg Se 组具有较高的总抗氧化剂能力、超氧化物歧化酶活性、谷胱甘肽过氧化物酶活性和谷胱甘肽浓度，而丙二醛的含量相对较低。Falk Michaela 等（2018）比较不同饮食硒源（亚硒酸钠、富硒酵母或 L-硒代蛋氨酸）和一种硒含量低的对照饮食对生猪所选基因表达影响的结果表明：与其他组相比，饲喂有机硒的猪的肌肉纤维不易受到氧化应激的影响，即饮食中适当的硒含量可以支持猪体内的抗氧化系统。

Markovic Radmila 等（2018）评估了补充硒酵母对肉鸡谷胱甘肽过氧化物酶活性的影响时发现，对照组的血浆谷胱甘肽过氧化物酶活性显著低于补充硒组的酶活性（$P < 0.01$）。Mateo 等（2007）比较了相同水平添加量的亚硒酸钠与硒酵母对猪的生长性能的影响，发现两者并无显著差异，但是硒的补充与阴性对照组相比，猪肉的滴水损失显著降低。Calvo 等（2016）发现，补充硒不仅会降低猪肉滴水损失，也会增加猪肉的 pH，而补硒引起的滴水损失变化与猪肉中蛋白的水解作用存在潜在的关联。与甲基硒代半胱氨酸和亚硒酸盐相比，补充硒代蛋氨酸对猪肉中硒的沉积效果更为明显。沉积在猪肉中的硒，超过 70% 以硒代蛋氨酸的形态存在，硒代半胱氨酸约占 11%。这一研究结果提示硒代蛋氨酸可以作为生产富硒猪肉良好的硒补充剂来使用。张增源（2014）研究发现与无机硒相比，酵母硒添加到饲料中可显著提高鸡的肌肉硬度和黏性，降低其滴水损失。蒋宗勇等（2010）以育肥猪为研究对象，发现添加硒代蛋氨酸的实验组使得育肥猪屠宰后肉色的亮度（L^*）值显著降低，且 pH 的下降也较对照组有所延缓，说明硒的添加可通过影响肉色和肉的 pH 来改善猪肉品质。Ripoll 等人（2010）的研究结果表明硒可以增加羔羊肉的亮度。Silva Vanessa Avelar 等（2019）研究补充不同水平硒代蛋氨酸对肉鸡肉质影响时也发现，0.5mg/kg 的有机硒可降低鸡胸肉的滴水损失和蒸煮损失。何宏超等研究发现，与在生长育肥猪日粮添加 0.3mg/kg 硒水平的 Na_2SeO_3 硒源相比，添加同等水平的酵母硒不仅对肉品质有所改善，而且肉样中的粗蛋白、粗脂肪和水分等营养成分的含量也均有改善。王燕燕等（2013）研究表明，通过在阉羔羊肌肉中注射 Na_2SeO_3-维生素 E 预混液补充硒可显著提高山羊肌肉中的硒沉积，单只阉羔羊注射 0.92mg 硒时，羊肉的蛋白含量与系水力得到较好的改善。Baltic 等人（2015）在研究日粮中补充有机硒如何影响鸭酮体和肉品质时发现，添加 4 种不同水平硒酵母的雏鸭（樱桃谷杂种）肉的蛋白质和脂质含量存在差异，饮食中硒含量最高的鸭胸肉（0.6mg/kg）与添加硒 0mg/kg 和 0.2mg/kg 的鸭胸肉相比，其蛋白质含量更高（$P < 0.01$），而随着硒补充水平的增加，大腿肌肉组织的脂肪含量也随之增加。肉的品质下降的主要原因是由于脂质氧化造成，而在肉类工业中，

我们通常采用延迟氧化变质来延长肉类产品的货架期。硒作为一种天然抗氧化剂可减少脂质氧化、滴水损失并能够维持肉色的稳定性，因此，在动物日粮中添加抗氧化的硒成为人们改善肉品质、提高肉类货架期的一个重要途径。

不同硒源均能提高产品的抗氧化性能，但影响程度不同。已有研究探讨了细菌硒蛋白与无机硒对肉鸡胸肉的硒含量、抗氧化状态的影响。结果表明，与亚硒酸钠相比，细菌硒蛋白具有在胸肉中沉积更多硒的能力。两种硒源均显著降低了肉鸡胸肉的烹饪损失和硫代巴比妥酸反应物质（TBARS），并增加了总抗氧化剂（TAC）和谷胱甘肽过氧化物酶（GPX）活性。总之，细菌硒蛋白在提高肉鸡胸肉的硒沉积和氧化能力方面比亚硒酸钠更有效。在畜禽肉加工的过程中，直接添加外源硒强化剂，能够有效抑制肉品氧化，例如将硒化卡拉胶添加到猪肉脯中，能够得到富硒猪肉脯，并抑制脂质氧化，改善肉脯食用品质。硒化卡拉胶（Se-K）是一种食品添加剂和硒营养强化剂，具有乳化、凝胶以及抗氧化作用，可应用于面包、含乳饮料中，但在肉制品中的应用研究报道较少。

下面简要介绍不同添加量的 Se-K（1mg/100g肉、5mg/100g肉、10mg/100g肉）添加到乳化香肠中的研究结果。选取 Se-K 作为抗氧化剂加入香肠中，宏观探究其对香肠贮藏期间理化性质和抗氧化能力的影响，并建立蛋白质和脂肪的提取简化体系以排除其他因素的干扰，从微观层面探究 Se-K 对蛋白质和脂肪的影响，揭示 Se-K 抗香肠氧化的机理。以不添加 Se-K 和添加 0.1% 异抗坏血酸钠作为对照组，4℃下贮藏28d。结果表明，Se-K 能够抑制香肠贮藏前期氢过氧化物的积累和整个贮藏期间脂肪二级氧化产物的生成，当添加量≥5mg/100g 肉时，对羰基的生成、疏基减少的抑制效果优于添加 0.1% 异抗坏血酸钠。总之，当 Se-K 添加量为 5mg/100g 原料肉时，香肠的品质和抗氧化能力显著提升，且抗氧化能力略高于添加 0.1% 异抗坏血酸钠组，能够有效抑制蛋白质和脂质的氧化，且符合湖北省食品安全地方标准 DBS 42/002—2022《食品安全地方标准　富有机硒食品硒含量要求》的规定（熊哲民等，2023）。

四、加工方式对含硒动物产品中硒生物可及性的影响

加工方式通过直接影响食物中硒的含量和形态，从而间接改变其生物可及性和生物利用度。常见的体外模拟消化过程中，食品中硒的生物可及性的计算公式为：

生物可及性＝（消化后消化液中硒含量/样品消化前硒含量）×100％

一般来说硒在肠中的生物可及性高于其在胃里的生物可及性。这是因为肠道中的胰酶和胆盐可以降解多糖，并进一步分解蛋白质或多肽，从而提高硒的生物可及性。

(一) 预处理

关于牛肉成熟（后熟）的研究发现，牛肉在成熟之前硒的生物可及性在75％～91％，而成熟后大多数肌肉中硒的生物可及性显著下降。

(二) 热加工

研究发现，牛肉煮熟后硒的生物利用率更高，表现为在体内的肝脏和肌肉组织中硒的积累量更多，肝脏谷胱甘肽酶活性更高。还有一些研究表明，热加工对某些食品中的硒生物可及性没有显著影响，如水煮和烘烤不会改变金枪鱼中的硒生物可及性，但烘烤会降低大西洋白鲑鱼中的硒生物可及性。蓝鲨的硒生物可及性在蒸煮和烘烤后均下降，但效果不大。这表明食物的品种也是影响加工对硒生物可及性的重要因素。

第四节　富硒动物产品的利用

硒作为一种人体和动物的必需微量元素，参与多个生理功能的正常运作，包括免疫系统的维持、甲状腺功能的正常化、心血管健康等，在维护人体健康方面起着重要作用。富硒畜禽水产品含有丰富的硒元素，可为人们提供充足的硒营养素，有助于预防一些与硒缺乏有关的疾病。通过对富硒畜禽水产品进行深加工，或提取有效功能成分，可开发系列补硒功能性

食品，如富硒蛋制品、肉制品（肉脯、肉干、香肠）、乳制品和水产品等，不仅能起到定量补硒的作用，还能在食品功能特性方面具有优势，有效延长食品货架期，具有广阔的发展前景。

刘琪（2021）开展了"富硒鸡蛋蛋清的营养品质、功能特性及胃肠消化特性的研究"，以富硒鸡蛋蛋清（EW-2）为原料，以普通鸡蛋蛋清（EW-1）为对照，研究了 EW-2 的营养品质、功能特性及胃肠消化特性，发现富硒鸡蛋的新鲜度、营养品质、凝胶特性等优于对照，并且其蛋白更易被胃肠消化成小分子肽和氨基酸，且胃肠消化产物的抗氧化性更强。

中国发明专利"一种从富硒鸡蛋中提取硒蛋白的方法"（CN 201710843973.5，发明人：李丽娟），公开了一种从富硒鸡蛋中提取硒蛋白的方法。本发明由以下步骤制备而成：①选择富硒鸡蛋，清洗消毒，取鸡蛋使用清水冲洗，之后采用食用酒精、贝壳碳酸钙溶液、乳酸链球菌素溶液浸泡，最后使用清水冲洗；②将蛋壳和壳内物质分离，之后利用均质机将壳内物质进行机械分散；③将分散料液转入喷雾流化床造粒机中进行造粒；④将制备得到的鸡蛋粉使用紫外线杀菌、加氮包装；⑤将制得的鸡蛋粉颗粒加水进行浸提，再向浸提液中加入活性炭节能型吸附；⑥将净化液静置，去除沉淀物；⑦分别加入去离子水、NaOH、NaCl、Tris-HCl 和 PBS 提取液，缓慢加入硫酸铵以沉淀含硒蛋白，经静置、离心、透析、冻干，得粗蛋白，测定其含硒量。

◆ 主要参考文献

[1] 白俊杰，李胜杰 . 我国大口黑鲈产业现状分析与发展对策 [J]. 中国渔业经济，2013，31（5）：104-108.

[2] 曹盛丰，程美蓉，陈鲁勇 . 蛋鸡日粮碘和硒水平的调控对碘和硒向蛋转运的影响 [J]. 西北农业学报，2005（6）：7-10.

[3] 陈佳静，刘冰，张梦雪，等 . 富硒鸡蛋的研究进展及生物学作用 [J]. 今日畜牧兽医，2024，40（4）：71-73.

[4] 陈俊杰，陈季旺，谭玲，等 . 富硒虹鳟鱼冷藏过程中食用和营养品质的变化 [J]. 武汉轻工大学学报，2021，40（3）：1-9.

[5] 陈丽园，任红伟，刘克龙，等 . 富硒鸡蛋生产中影响蛋硒含量因素分析 [J]. 粮食与

饲料工业，2021 (2)：41 - 44，53.

[6] 冯曼，李占印，王亚男，等．饲喂玉米和大麦型日粮坝上长尾鸡鸡蛋氨基酸成分分析 [J]．中国家禽，2016，38 (12)：47 - 50.

[7] 葛鑫禹，杨泽莎，张立君，等．基于硒化卡拉胶的富硒猪肉脯制备工艺及品质评估 [J]．安徽农业大学学报，2022，49 (2)：344 - 351.

[8] 何宏超，李彪．不同硒源对肥育猪生长性能及肉品质的影响 [J]．饲料研究，2010 (12)：27 - 28，35.

[9] 黄健，邓红，刘作华．富硒猪肉生产研究进展 [J]．畜禽业，2022，33 (12)：4 - 8.

[10] 简少卿，洪一江，袁小龙，等．即食蛙肉脯加工工艺 [J]．科学养鱼，2017 (5)：72.

[11] 江涛．富硒鲟鱼硒形态研究及不同烹饪方式对其硒形态的影响 [D]．武汉：武汉轻工大学，2024.

[12] 蒋宗勇，王燕，林映才，等．硒代蛋氨酸对肥育猪生产性能和肉品质的影响 [J]．动物营养学报，2010，22 (2)：293 - 300.

[13] 雷小龙．一种富硒鸡蛋蛋卷及其制备方法 [P]．中国发明专利 (CN 202211437686.1)．

[14] 李乾玉，刘丽萍，刘玉兰，等．不同种类含硒补充剂饲喂三黄鸡中硒和硒形态分布 [J]．中国无机分析化学，2024，14 (11)：1595 - 1602.

[15] 李丽娟．一种从富硒鸡蛋中提取硒蛋白的方法 [P]．中国发明专利 (CN 201710843973.5)

[16] 李小霞，陈锋，潘庆，等．硒源对凡纳滨对虾生长、体组成和抗氧化能力的影响 [J]．水产科学，2016，35 (3)：199 - 203.

[17] 李毓华，谢建亮，张国坪，等．富硒酵母饲喂生长肥育猪对其猪肉硒含量的影响 [J]．畜牧兽医杂志，2020，39 (2)：34 - 36.

[18] 刘广霞，蒋广震，鲁康乐，等．饲料硒对团头鲂生长、组织硒含量、肌肉组成及肉品质的影响 [C] //中国水产学会．2015 年中国水产学会学术年会论文摘要集．南京农业大学动物科技学院，2015.

[19] 刘琪．富硒鸡蛋蛋清的营养品质、功能特性及胃肠消化特性的研究 [D]．广州：华南理工大学，2021.

[20] 刘玺，宋照军，王树宁，等．富硒发酵香肠的工艺研究 [J]．食品科学，2009，30 (20)：471 - 474.

[21] 梁丛丛，胡治铭，国洪旭，等．富硒益生菌对蛋鸡生产性能及鸡蛋中硒含量的影响 [J]．安徽农业科学，2015，43 (05)：99 - 100，210.

[22] 梁兴唐，刘永贤，钟书明，等．沿海典型海产品硒含量及其富硒化研究进展 [J]．

生物技术进展，2017，7（5）：450－456.

[23] 梁勇，陈旭，李书艺，等.加工对食品中硒及其生物可及性影响研究进展 [J]. 食品科技，2023，48（11）：32－40.

[24] 吕硕.3D 打印富硒鲢鱼鱼糜制品的工艺研究 [D]. 杨凌：西北农林科技大学，2023.

[25] 马世新.纳米硒对大口黑鲈生长性能和肌肉品质的影响 [D]. 钦州：北部湾大学，2022.

[26] 孟宪敏，李燕萍，常麟书.天然富硒香酥肠段的研制 [J]. 肉类研究，1993（2）：12－14.

[27] 缪建芹，张慜.厨房加工方法对鸡硒质量分数的影响 [J]. 食品与生物技术学报，2017，36（7）：738－742.

[28] 农业农村部渔业渔政管理局.2020 年中国渔业统计年鉴 [M]. 北京：中国农业出版社，2020.

[29] 权群学，陈少谋，胡登明.利用天然富硒玉米生产富硒鸡蛋试验 [J]. 黑龙江畜牧兽医，2016（12）：106－107.

[30] 权群学，陈立强，魏仁铃，等.利用酵母硒生产富硒猪肉的研究 [J]. 食品研究与开发，2016，37（8）：109－111.

[31] 阮国安，郑永慈，余双祥，等.富硒肉鸽（食品）的研究 [J]. 养禽与禽病防治，2017（5）：40－44.

[32] 司雪阳.酵母硒对饲喂膨化亚麻籽型饲粮蛋鸡生产性能、蛋品质和储存稳定性的影响 [D]. 北京：中国农业科学院，2020.

[33] 孙玲玲.蛋氨酸硒羟基类似物或酵母硒对泌乳奶牛血清及乳中硒浓度、生产性能及抗氧化能力的影响 [D]. 北京：中国农业科学院，2018.

[34] 孙庆艳.不同硒源在产蛋鸡上的评价 [D]. 北京：中国农业科学院，2016.

[35] 唐辛悦，张文斌，蒋将，等.摄入有机硒与亚麻籽油对猪肉及其肉制品品质的影响 [J]. 食品与机械，2017，33（5）：59－64.

[36] 汪波，李文芬，杨宏华，等.富硒虾生产工艺研究 [J]. 农学学报，2019，9（8）：54－57.

[37] 王井亮，叶良宏，周明.硒源和硒水平对克氏螯虾肉品质的影响 [J]. 湖南饲料，2010（3）：24－26.

[38] 王燕燕，吴森，陈福财，等.补硒对肉羊血硒水平、产肉性能和肉品质的影响 [J]. 家畜生态学报，2013，34（6）：21－25.

[39] 魏慧娟.日粮添加有机硒对肉牛生长性能、牛肉品质及肌肉硒富集规律的影响 [D]. 杨凌：西北农林科技大学，2023.

[40] 伍智文，汤珍山．利用生物活性硒生产天然富硒牛奶的试验报告［J］．当代畜牧，2004（3）：5-6.

[41] 熊哲民，熊可心，张子豪，等．硒化卡拉胶对香肠贮藏品质和抗氧化能力的影响［J］．食品科技，2023，48（4）：127-134.

[42] 杨清丽，彭豫东，曲湘勇，等．纳米硒对产蛋鸡生产性能、血清免疫和生化指标及蛋黄中硒含量的影响［J］．动物营养学报，2017，29（1）：280-289.

[43] 余青，熊哲民，陈嘉浩，等．富硒西蓝花粉及普通西蓝花粉对香肠品质特性的影响［J］．肉类研究，2021，35（9）：13-19.

[44] 赵婉竹，高毅刚，王增凯，等．富硒锗酵母对延边黄牛肉贮藏品质影响［J］．食品与机械，2017，33（9）：136-140.

[45] 赵玉鑫．"富硒益生菌"在蛋鸡生产中的应用研究［D］．南京：南京农业大学，2007.

[46] 张乃生，龚伟，叶远森，等．天然富硒牛奶的实验研究［J］．中国兽医学报，1996，16（5）：36-42.

[47] 张蓉，刘冬，张敏，等．富硒酸奶发酵条件优化及贮藏期间理化性质研究［J］．合肥工业大学学报（自然科学版），2013，36（10）：1259-1264.

[48] 张增源．酵母硒对鸡生长性能、抗氧化和肉品质的影响［D］．南京：南京农业大学，2014.

[49] 钟永生，万承波，林黛琴．富硒鸡蛋中微量元素硒的形态分析［J］．江西化工，2019（4）：30-32.

[50] 郑威，黄思思，余侃，等．富有机硒生物猪饲料的制备及其对猪肉硒含量的影响［J］．黑龙江畜牧兽医，2020（22）：114-118，123.

[51] 庄安宁，梁稼烨，王若勇，等．添加酵母硒生产富硒牛奶的研究［J］．中国牛业科学，2016，42（5）：26-28，66.

[52] Baltić M Ž，Starčević M D，Bašić M，et al. Effects of selenium yeast level in diet on carcass and meat quality，tissue selenium distribution and glutathione peroxidase activity in ducks［J］．Animal Feed Science and Technology，2015（210）：225-233.

[53] Bami M K，Afsharmanesh M，Espahbodi M，et al. Effects of dietary nano-selenium supplementation on broiler chicken performance，meat selenium content，intestinal microflora，intestinal morphology，and immune response［J］．Journal of Trace Elements in Medicine and Biology，2022（69）：126 897.

[54] Benede S，Molina E. Chicken egg proteins and derived peptides with antioxidant properties［J］．Foods，2020，9（6）：735.

[55] Bhattacharjee A，Basu A，Bhattacharya S. Selenium nanoparticles are less toxic than

inorganic and organic selenium to mice in vivo [J]. The Nucleus, 2019 (62): 259 - 268.

[56] Bratakos M S, Zafiropoulos T F, Siskos P A, et al. Selenium losseson cooking Greek foods [J]. International Journal of Food Science & Technology, 1988, 23 (6): 585 - 590.

[57] Calvo L, Toldrá F, Aristoy M C, et al. Effect of dietary organic selenium on muscle proteolytic activity and water - holding capacity in pork [J]. Meat Science, 2016 (121): 1 - 11.

[58] Calvo L, Toldrá F, Rodríguez A I, et al. Effect of dietary selenium source (organic vs. mineral) and muscle pH on meat quality characteristics of pigs [J]. Food Science & Nutrition, 2016, 5 (1): 94 - 102.

[59] Chen J, Tian M, Guan W, et al. Increasing selenium supplementation to a moderately - reduced energy and protein diet improves antioxidant status and meat quality without affecting growth performance in finishing pigs [J]. Journal of Trace Elements in Medicine and Biology, 2019 (56): 38 - 45.

[60] Čobanová K, Petrovič V, Mellen M, et al. Effects of dietary form of selenium on its distribution in eggs [J]. Biological Trace Element Research, 2011 (144): 736 - 746.

[61] Falk M, Bernhoft A, Framstad T, et al. Effects of dietary sodium selenite and organic selenium sources on immune and inflammatory responses and selenium deposition in growing pigs [J]. Journal of Trace Elements in Medicine and Biology, 2018 (50): 527 - 536.

[62] Fisinin V I, Papazyan T T, Surai P E. Producing selenium - enriched eggs and meat to improve the selenium status of the general population [J]. Critical Reviews In Biotechnology, 2009, 29 (1): 18 - 28.

[63] Hou L, Qiu H, Sun P, et al. Selenium - enriched Saccharomyces cerevisiae improves the meat quality of broiler chickens via activation of the glutathione and thioredoxin systems [J]. Poultry Science, 2020, 99 (11): 6045 - 6054.

[64] Juniper D T, Bertin G. Effects of dietary selenium supplementation on tissue selenium distribution and glutathione peroxidase activity in Chinese Ring necked Pheasants [J]. Animal, 2013, 7 (4): 562 - 570.

[65] Markovic R, Ciric J, Drljacic A. The effects of dietary Selenium - yeast level on glutathione peroxidase activity, tissueselenium content, growth performance, and carcass and meat quality of broilers [J]. Poultry Science, 2018, 97 (8): 2861 - 2870.

[66] Mateo R D, Spallholz J E, Elder R, et al. Efficacy of dietary selenium sources on growth and carcass characteristics of growing finishing pigs fed diets containing high endogenous selenium [J]. Journal of Animal Science, 2007, 85 (5): 1177 - 1183.

［67］Mielcarek K，Puscion - Jakubik A，Gromkowska - Kepka K J，et al. Comparison of zinc，copper and selenium content in raw，smoked and pickled freshwater fish ［J］. Molecules，2020，25 (17)：16.

［68］Mierke - Klemeyer S，Larsen R，Oehlenschlaeger J，et al. Retention of health - related beneficial components during house hold preparation of selenium - enriched Africancat fish（*Clariasgariepinus*）fillets ［J］. European Food Research and Technology，2008，227 (3)：7.

［69］Mohamed D A，Sazili A Q，Teck Chwen L，et al. Effect of microbiota - selenoprotein on meat selenium content and meat quality of broiler chickens ［J］. Animals，2020，10 (6)：981.

［70］Ning F J，Ge Z Z，Qiu L，et al. Double - induced se - enriched peanut protein nanoparticles preparation，characterization and stabilized food - grade pickering emulsions ［J］. Food Hydrocolloids，2020 (99)：8.

［71］Ramos A，Cabrera M C，Saadoun A. Bioaccessibility of Se，Cu，Zn，Mn and Fe，andheme iron content in unaged and aged meat of Hereford and Braford steers fed pasture ［J］. Meat Science，2012，91 (2)：116 - 124.

［72］Rehault - Godbert S，Guyot N，Nys Y. The golden egg：nutritional value，bioactivities，and emerging benefits for human health ［J］. Nutrients，2019，11 (3)：26.

［73］Ripoll G，Joy M，F Muñoz. Use of dietary vitamin E and selenium (Se) to increase the shelf life of modified atmosphere packaged light lamb meat ［J］. Meat Science，2010，87 (1)：88 - 93.

［74］Sauveur B，Nys Y. Valeur nutritionnelle des oeufs ［J］. Productions Animales，2004，17 (5)：385 - 393.

［75］Silva V A，Clemente A H S，Nogueira B R F，et al. Supplementation of selenomethionine at different ages and levels on meat quality，tissue deposition，and selenium retention in broiler chickens ［J］. Poultry Science，2019，85 (5)：2150 - 2159.

［76］Singhato A，Judprasong K，Sridonpai P，et al. Effect of different cooking methods on selenium content of fish commonly consumed in Thailand ［J］. Foods，2022，11 (12)：11.

［77］Sissener N H，Julshamn K，Espe M，et al. Surveillance of selected nutrients，additives and undesirables in commercial Norwegian fish feeds in the years 2000 - 2010 ［J］. Aquaculture Nutrition，2013，19 (4)：555 - 572.

［78］Tang J Y，He Z，Liu Y G，et al. Effect of supplementing hydroxy selenomethionine on meat quality of yellow feather broiler [J]. Poultry Science, 2021, 100 (10): 101389.

[79] Vicente - Zurdo D, Gómez - Gómez B, Pérez - Corona M T, et al. Impact of fish growing conditions and cooking methods on selenium species in swordfish and salmon fillets [J]. Journal of Food Composition and Analysis, 2019 (83): 103 275.

[80] Vignola G, Lambertini L, Mazzone G, et al. Effects of selenium source and level of supplementation on the performance and meat quality of lambs [J]. Meat Science, 2009, 81 (4): 678 - 685.

[81] Wang G L, Duan J N. Relationship between selenium and agricultural products [J]. Journal of Hunan Agricultural University, 2005, 31 (2): 224 - 228.

[82] Zhang K, Guo X, Zhao Q, et al. Development and application of a HPLC - ICP - MS method to determine selenium speciationin muscle of pigs treated with different selenium supplements [J]. Food Chemistry, 2020 (302): 125371.